200 Questions of Adaptation to Climate Change

气候变化适应 200 问

郑大玮　潘志华　潘学标　等 编著

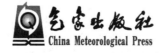

China Meteorological Press

内 容 简 介

气候变化是人类面临的最大环境挑战,中国是受全球气候变化影响最大的国家之一。本书针对目前应对气候变化工作,适应明显滞后于减缓的现状,全面论述了气候变化对我国自然系统与社会经济系统的影响,阐述了适应气候变化的意义、内涵、机制与技术途径,分析了目前适应气候变化工作存在的误区及原因,提出了科学有序适应气候变化的基本原则。在总结国内现有研究成果的基础上,提出了不同领域、行业和地区适应气候变化的基本对策,试图通过初步建立具有中国特色的适应气候变化理论与技术体系的框架,以推动适应气候变化行动在全社会的开展。为便于公众理解,采取问答的形式,共分九大部分210个问题。本书是一本高级科普读物,可供从事应对气候变化管理工作的各级干部、应对气候变化相关科研人员和关注气候变化的公众阅读。

图书在版编目(CIP)数据

气候变化适应 200 问 / 郑大玮等编著. —

北京:气象出版社,2016.4

ISBN 978-7-5029-6233-3

Ⅰ.①气… Ⅱ.①郑… Ⅲ.①气候变化—问题解答
Ⅳ.①P467-44

中国版本图书馆 CIP 数据核字(2016)第 069711 号

出版发行:	气象出版社		
地　　址:	北京市海淀区中关村南大街 46 号	邮政编码:	100081
总 编 室:	010-68407112	发 行 部:	010-68409198
网　　址:	http://www.cmp.cma.gov.cn	E-mail:	qxcbs@cma.gov.cn
责任编辑:	王元庆	终　审:	邵俊年
责任校对:	王丽梅	责任技编:	赵相宁
封面设计:	易普锐		
印　　刷:	北京京科印刷有限公司		
开　　本:	710 mm×1000 mm　1/16	印　张:	17.5
字　　数:	343 千字		
版　　次:	2016 年 4 月第 1 版	印　次:	2016 年 4 月第 1 次印刷
定　　价:	36.00 元		

本书如存在文字不清、漏印以及缺页、倒页、脱页等,请与本社发行部联系调换

《气候变化适应 200 问》
编委会名单

主　　编：郑大玮　　潘志华　　潘学标

编　　委：（按拼音字母排序）

白 蕤	崔国辉	戴 彤	董智强	冯利平
高继卿	高嘉辰	顾生浩	何奇瑾	赫 迪
黄彬香	黄 蕾	李克南	李 娜	李 宁
李秋月	李彦磊	刘志娟	刘志娟	龙步菊
潘学标	潘志华	邵长秀	施生锦	孙 爽
王晶晶	王 靖	王立为	王 娜	王 旗
王 森	王潇潇	王晓煜	王雪姣	魏 培
伍 露	徐 琳	杨 宁	杨晓光	张婧婷
张立祯	赵 锦	郑大玮	郑冬晓	

前　言

　　气候变化已经成为人类面临的最大挑战之一。继 1992 年联合国环境与发展大会签署《气候变化框架公约》和 1997 年签订《京都议定书》之后,2015 年 12 月巴黎世界气候大会通过全球气候变化新协议,提出 21 世纪内将全球升温控制在 2℃ 以内的目标,成为人类建立合作共赢全球气候治理体系新的里程碑。

　　《气候变化框架公约》把减缓与适应作为人类应对气候变化相辅相成的两大基本对策,由于所处社会、经济发展阶段和所面临气候变化风险更大,适应对于发展中国家尤为紧迫和现实。习近平主席在巴黎气候大会开幕式上的讲话明确指出要"坚持减缓与适应气候变化并重。"但在实际工作中一直存在重减缓,轻适应的倾向。究其原因,首先是对"适应气候变化"的意义、内涵、机制、途径、方法等认识不清,相关研究也比较薄弱。虽然国家发改委、科技部、中国气象局等部门在应对气候变化方面开展了大量基础性研究与科普工作,但其中有关适应气候变化的科普读物很少,远不能满足全面开展适应工作的需要。

　　2009—2011 年本书作者参加了科技部《适应气候变化国家战略研究》一书的编写。2011 年,为配合《国家适应气候变化战略》的编制,本书作者承担了中国清洁发展机制基金赠款项目"中国适应气候变化整体战略研究"和其他相关课题,为配合 2013 年 11 月《国家适应气候变化战略》的发布,在《中国改革报》上发表了一系列解读文章。本书作者还参加了中英瑞(士)国际合作项目"中国适应气候变化"(ACCC)的工作,参与了国家发改委与住建部组织编写的《城市适应气候变化行动方案》。本书作者在中国农业大学开设了全球气候变化的课程,编写出版了《气候变化科学导论》教材,中国农业大学气象系师生先后发表了数十篇涉及适应气候变化的论文。通过上述科研工作与学术活动,使我们对于适应气候变化有了更加全面和深入的认识。

　　本书综合了中国农业大学气象系师生多年来的科研成果,同时尽可能吸收了国内外迄今适应领域的最新研究成果，还吸收了各地和各行各业自发适应气候变化的许多经验并加以提炼和归纳。为便于公众理解，本书采取问答形式，尽量回避过于深奥的学术用语，同时又要兼顾相关领域科技工作者的需要，对适应气候变化的理论进行了初步探讨和阐述。希望本书的出版能有助于提高公众对于适应气候变化意义的认识，加强适应气候变化的科技支撑，推动全社会适应气候变化行动的开展。

本书由郑大玮、潘志华、潘学标策划、编写与统稿，编委会成员共同拟定了编写大纲。参与本书编写的研究生均在相关问答中署名。

本书出版得到了国家公益性行业(气象)科研专项(GYHY201506016)、国家重大科学研究计划"973"项目(2012CB956204)、国家发改委中国清洁发展机制基金赠款项目"中国适应气候变化整体战略研究"和中英瑞(士)国际合作项目的支持，在此一并表示感谢。

由于适应气候变化研究开展的时间不长，除自然系统和农业等领域外，其他领域的资料不多，加上编者水平的限制，书中还有许多不完善之处，希望本书能起到抛砖引玉的作用，读者与同行能对本书不足之处不吝批评和指正。

郑大玮、潘志华、潘学标

2016 年 3 月 23 日

前言

CONTENTS

一、气候变化及其应对

1. 什么是气候变化？

气候变化是指气候状态在统计意义上的巨大变化或持续较长一段时间的气候变动,不但包括平均值的变化,也包括变率的变化。自地球大气层形成以来的绝大部分时间,气候变化都是由自然原因造成的。工业革命以来,人类活动的规模和强度空前增大,特别是近百年来大量排放温室气体和改变土地利用与覆被格局,越来越成为全球气候变化的主导因素。为此,在《联合国气候变化框架公约》中将"气候变化"定义为:"经过相当一段时间的观察,在自然气候变化之外由人类活动直接或间接地改变全球大气组成所导致的气候改变。"

气候变化的时间尺度从最长的几十亿年到最短的年际变化,分为地质时期气候变化、历史时期的气候变化和近代气候变化。

(1)地质时期气候变化。指地球形成以后有地层记录的漫长时期,气候变化尺度为万年到亿年,主要根据动植物化石及各种遗迹的间接研究考证地球气候经历过的冰期与间冰期交替变化过程。

(2)历史时期气候变化。指人类文明产生至有仪器观测记录之前的时期,气候变化尺度为百年到千年,主要依据历史文献记录、动植物种群与物候变化、树木年轮分析等手段研究。其间经历过温暖期与寒冷期、干期与湿期的交替变化,全球不同地区既有同步变化,又有反向变化。

(3)近代气候气候变化。指有气象仪器观测记录的时期,变化尺度以年代计,主要根据系统的气象观测记录。从19世纪末到20世纪上半叶,北半球气候回暖,南半球变化不大。20世纪50年代到70年代明显变冷,以后全球又迅速变暖。

(高嘉辰)

2. 地质时期的气候是怎样变化的？

地质时期指地球历史中有地层记录的漫长时期,目前已发现最老地层的同位素年龄值约46亿年。各地质时代的气候主要根据地质考察的各种证据推断,包括物质成分、沉积岩结构特点和生物化石等。

在地质史的几十亿年中,全球规模的冰雪覆盖扩展和退缩,寒冷期和温暖期相互交替,分别称为冰期和间冰期,寒暖波动时间尺度约百万年到上亿年。前寒武纪以来全球至少出现过三次大冰期:前寒武纪大冰期(距今约6亿年以前)、石炭—二叠纪大冰期(距今2亿~3亿年)和第四纪大冰期(距今200万~300万年至1万~2万年)。此前还可能有另外的大冰期,但因资料不足尚无法判断。

第四纪气候以极地冰川和中高纬度山岳冰川覆盖为主要特征,依覆盖面积变化可划分出几次冰期和间冰期,其海洋温度振幅约为6℃,大陆温度波动较大,冰盖边缘地区如欧洲约为12℃,但高山雪线处只有4~6℃。

冰后期从距今一万多年起,冰川覆盖面积缩小,海平面上升,地球气候进入较温暖时期。

(王立为)

3. 历史时期的气候是怎样变化的?

历史时期是指人类文明出现到有仪器观测资料之前的时期,其时间上限尚无定论。在中国概指仰韶文化(公元前5000—前3000年)以来的气候,其他国家一般指公元前4000年自古埃及文化出现以来的气候。

世界气候经历了多次冷暖干湿的变迁:

公元前4050—前2650年,温暖多雨,平均气温比现代高2.5℃,热带雨量约为现代3倍。

公元前2650—前2050年,气候转寒,海平面比现代约低4m。

公元前2050—前1500年,气候转暖。

公元前1500—前750年,气候寒冷干燥。

公元前750—前150年,气候暖湿。

公元前150—公元350年,气候干凉,冰川一度扩展。

公元350—700年,气候干暖,但热带多雨潮湿。

公元600—800年,西北欧转冷,热带降雨减少。

公元800—1200年,为近2000年最暖。西北欧气候暖干,墨西哥热湿。

公元1200—1450年,西北欧冷湿,美洲冷干。

公元1450—1550年,世界性海平面升高,赤道雨量丰富。

公元1550—1890年,气候转冷,世界大部冰雪达上次冰期结束以来最大值,史称小冰期,以17世纪气候最为恶劣,严冬频繁,潮湿冷夏导致作物歉收。

根据历史文献和考古发掘资料,中国历史时期气候变迁与世界大致相似。

因受西伯利亚高压控制,我国东部温度升降比较统一。自我国著名科学家竺可桢开始,科学家大多以冬季温度升降作为我国气候变动指标。近5000年的前2000年即仰韶文化到安阳殷墟时代是温暖期,1月温度比现今高3~5℃,但距今4000年左右气候曾一度转寒。后3000年有一系列冷暖波动,年平均气温波幅2~3℃,有4

次明显的寒冷期,分别出现在公元前 1000 年前后(殷末周初)、公元 400 年前后(南北朝)、公元 1200 年前后(南宋与金)和公元 1700 年前后(明末清初),其间的秦汉、隋唐和元代分别为温暖时期。最温暖的殷墟时代,黄河流域绿竹繁茂,野象、犀牛出没林莽,年平均温度比现今高 2℃左右。最冷时期如南宋和明末寒冬屡现,太湖、洞庭湖和鄱阳湖多次封冻,热带地区冰雪频繁,江南柑橘和福建荔枝历遭冻毁,年平均气温比现今低 1℃多。纵观整个 5000 年,总的趋势是逐渐变冷。

近 500 年的史料更为丰富,记载有 3 次明显冷暖交替过程。寒冷时段分别在公元 1470—1520 年、1620—1720 年和 1840—1890 年,温暖时段为 1550—1620 年、1770—1830 年和 1900—1950 年。自 20 世纪 60 年代以来开始第 4 次寒冷时段。近500 年气温波动振幅约为 1.8~2.0℃,最冷 10 年平均冬温比现今低 1℃多。根据史料有关旱涝记载推断干湿变化有明显的阶段性,16—17 世纪较干旱,18—19 世纪较湿润,20 世纪以来又趋向干旱。

(王立为)

4.近代全球气候发生了什么变化?

近百年来,全球气候经历了以变暖为主要特征的显著变化。

温度:《IPCC 第五次评估报告》指出,1880—2012 年全球平均地表温度上升了0.85℃,1951—2012 年升温速率为 0.12℃/10a。我国 1951—2009 年平均气温上升1.6℃,增温速率达 0.27℃/10a。20 世纪增温主要发生在 1910—1945 年及 1976 年以后。20 世纪可能是过去 1000 年中北半球增温最明显的一个世纪,20 世纪 90 年代可能是最暖的 10 年。

降水:除东亚外北半球中高纬度陆地年降水量持续增加,每十年增加 0.5%~1%;副热带地区则呈下降趋势,每十年约减少 0.3%;热带陆地每十年增加 0.2%~0.3%。但南半球没有检测到比较系统性的降水变化。

冰雪覆盖:20 世纪北半球中高纬度江湖结冰期约减少两周,非极地区山地冰川广泛消退。近几十年北极夏末秋初海冰厚度可能减少约 40%,但南极冰盖范围有所扩大。

海平面:近 100 多年来全球海平面平均上升 0.1~0.2m。

极端天气气候事件:北半球中高纬度 20 世纪后 50 年强降水事件发生频率增加2%~4%,20 世纪全球大陆严重干旱和洪涝影响面积有少量增加,许多地区的气温日较差减小,大部分中高纬地区无霜期加长。

(伍露)

5.近代中国气候发生了什么变化?

近百年来中国气候变化趋势与全球基本一致,但具有区域特点。

百年尺度我国陆地表面气温明显增加,以 20 世纪 30—40 年代和 80 年代以后增

· 3 ·

温最为明显。

1880年以来,我国降水总量无明显趋势性变化,但存在20～30年尺度的年代际震荡。1956—2008年西部降水普遍增加,东部从黄河流域到东北呈减少趋势,长江流域及华南为增加趋势。

1950年以来,西部冰川面积缩小10%以上,90年代以后退缩加剧,多年冻土面积减小。20世纪以来青藏高原与新疆北部积雪深度稳定增加,东北—内蒙古无明显变化,但90年代以来波动加大。我国海平面在过去100年上升20～30cm,平均每年上升2.5mm。

1960年以来,东亚夏季阻塞高压、副热带高压和南亚高压都有增强趋势,冬夏季风均减弱。1950年以来我国地面接收的太阳总辐射量持续减少。

1950年以来,我国各类极端天气气候事件的发生频率和强度存在地区差异。长江中下游、东南和西部地区强降水事件有所增加和增强,但全国范围小雨频率明显减少,干旱面积增加,华北和东北较为明显。冷夜、冷昼和寒潮、霜冻日数减少,暖夜、暖昼日数增加。登陆台风频数下降,降水量明显减少,但强台风、超强台风有增加趋势。全国大雾日数略减,东部霾日明显增加。北方地区沙尘暴发生频率总体显著减少。

(高嘉辰)

6. 气候变化是什么原因引起的?

关于气候变化的原因有多种观点与假说,概括起来可分为自然原因与人类活动原因两大类。

自然因素主要涉及宇宙环境、太阳活动、地球轨道参数、大气环流、海洋环流、海气耦合变化及地球自身运动等。如太阳绕银心(即银河系的核心)运动周期为2.8亿～3.2亿年,与地质史上的四次大冰期及间冰期的周期大致吻合。太阳活动的11年、22年和世纪周期均会引起到达地球表层的辐射能变化。地球轨道偏心率、赤黄交角及岁差等参数的长期变化也会导致地球气候的显著变化。地壳板块运动和海陆分布的变化、大洋环流变化、地磁场变化、地球内能释放(如火山爆发、地震)、外来星体碰撞等也会在不同时空尺度上改变地球的气候。

人类依赖于自然生存和发展,同时也在不断改变着自然环境。从古至今,人们不断对下垫面进行破坏和建设,各种土地利用方式极大改变了全球土地覆被状况,诸如砍伐森林、开垦草原、围湖造田、修建水库、灌溉土地等,改变了地面反射率、粗糙度和水分循环,直接或间接影响着区域乃至全球的气候,尤其是城市化进程加快产生了包括热岛效应的"五岛效应",并形成特殊的城市气候。大气成分的改变对全球气候变化有重大影响,人类活动大量排放的二氧化碳、甲烷和其他微量气体具有明显的温室效应,但烟尘(气溶胶)大量增加可造成阳伞效应,促使云量、降水量和雾霾增加而对地表起到冷却作用,氟利昂等物质的排放可破坏大气臭氧层,使到达地面的紫外辐射增加。人类在生产和生活中不断消耗能源还向大气释放了大量废热。工业化以前由于人类活动规模较小,全球气候变化主要由自然因素引起;但工业革命以后由于人类大规模改变土地利用格局和大量排放温室气体,人类活动越来越成为全球气候变化的主要驱动因素。

(徐琳)

7. 地球气候的温室效应是怎样产生的?

1896 年 4 月,瑞典科学家阿伦纽斯(Svante Arrhenius)在"伦敦、爱丁堡、都柏林哲学与科学杂志"上发表题为"空气中碳酸对地面温度的影响"的论文,首次对大气二氧化碳浓度对地表温度的影响进行量化评估。Wood 于 1909 年首先在大气—地球系统中使用了"温室效应(greenhouse effect)"一词。

根据物理学原理,自然界的任何物体都在向外辐射能量,温度越高,辐射强度越大,而且短波辐射所占比重越大;温度越低,辐射强度越小,长波辐射所占比例越大。太阳表面温度约为 6000K,辐射最强波段位于可见光;地球表面的平均温度约288K,辐射最强波段位于红外区。白天太阳辐射透过大气层到达地表,被岩石、土壤和水面吸收,使地球表面温度上升;与此同时,地球表面物质也在向大气发射红外辐射,尤其是在夜间。由于大气层中存在水汽、CO_2、CH_4、N_2O 等能强烈吸收红外辐射并向地面反射的气体成分,使得低层大气和地表发射的红外辐射不至于向外空散失,也可以说会使地表与低层大气温度增高,因其作用类似人工栽培作物的温室,故名大气的温室效应,这些具有温室效应的气体被称为温室气体。温室气体在大气中的浓度增加时,大气的温室效应加剧,全球平均气温会升高。如果大气层中没有这些微量温室气体,地球表面的温度应为 −18℃,不会有液态水存在,也就不会有生命。由于温室气体的作用,使目前全球地表平均温度保持在 15℃,为动植物生存提供了基本条件。但如大气层中的温室气体含量过多,地球表面温度就会超过正常水平,不适合生物与人类的生存。金星的大气就是主要由十分浓密的 CO_2 所组成,强烈的温室效应使金星表面温度高达 400 多℃,任何生物都不能生存。如果人类无节制地向大气排放温室气体,地球就会变得像金星一样。

(王森)

8. 土地利用与土地覆盖变化对气候有什么影响?

研究表明,土地利用与土地覆盖变化(Land Use and Land Cover Change,LUCC)是除温室效应以外,导致现代全球气候变化的又一重要驱动力。

土地利用是指人类利用土地的自然和社会属性来满足自身需求的行为过程,反映了一定区域范围和时间段的土地利用类型、数量、质量、分布、效益等。土地覆盖是指自然营造物和人工建筑物所覆盖的地表诸要素的综合体,包括植被、土壤、湖泊、沼泽湿地及各种人工建筑物(如道路、楼房等),具有特定的时间和空间属性,其形态和状态可在多种时空尺度上变化。土地覆盖与土地利用有着密切的关系,是研究地表自然过程必不可少的因素,也是各种地表过程的产物。全球气候变化与土地利用和土地覆盖变化存在着相互作用。一方面,全球气候变化通过影响地表植被分布间接改变土地利用方式和土地覆盖状况;另一方面,土地利用和土地覆盖变化通过改变地表覆盖状况和地理特征,并通过排入大气的烟尘与温室气体影响地表与大气的能量和水分交换过程,从而影响着气候。

研究表明,土地利用与土地覆盖变化对气候的影响主要通过两个途径:一是化石燃料燃烧及土地利用与土地覆盖变化等人类活动使大气中温室气体的含量增多,如砍伐森林和开垦草原使植被光合作用对 CO_2 的固定减少,工业化和城市化使煤炭、石油、天然气等化石燃料消耗增加,从而导致排放到大气中的 CO_2、CH_4、N_2O 等的浓度持续增大,由此产生的温室效应导致全球气候变暖和波动加剧。二是土地利用与土地覆盖变化使地球表面的反射率、下垫面粗糙度、植被叶面积及植被覆盖比例等发生改变,引起地表的温度、湿度、风速及降水发生变化,最终导致区域水分循环和热量平衡的改变以及局地与区域的气候变化,尤其是城市化土地利用形成的热岛效应是改变局地气候的最好例证。

(王晶晶)

9. 气候变化与全球变化有什么区别和联系?

全球变化(global change)是指由自然因素或人类因素驱动,在全球范围发生,对人类现在和未来生存与发展有重要直接或潜在影响的地球环境变化或与全球环境有重要关联的区域环境变化,包括气候、土地生产力、海洋、陆地水资源、生态系统等的全球或区域性变化,以及使地球承载生命能力发生的改变。

气候变化与全球变化有着密切的关系。气候对人类现在和未来的生存与发展有重要的直接或潜在影响,气候变化是全球变化的重要表现和主要内容之一。但全球变化还包括其他内容,如生物地球化学循环的改变、土地利用与覆盖的改变、生物多样性减少、环境污染等。由于大气圈是地球表面各圈层中最活跃和变化最快的圈层,气候变化是全球环境变化最重要的驱动力之一。气候变化可引起全球水循环、碳循环、氮循环和其他物质循环的改变,并引起全球生态系统分布、结构、功能和演替的改变,从而对全球环境产生深远的影响。因此,对气候系统的认识也已不限于大气圈,而是一个包括大气圈、水圈、陆地表面、冰冻圈和生物圈在内,能够决定气候形成、分布和气候变化的统一的物理系统。当然,另一方面,地球其他环境因素的变化,特别是人类向大气排放污染物质和土地利用与覆被的变化,也会影响到全球气候状况的改变(图1-1)。

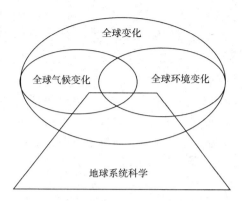

图 1-1 气候变化与全球变化的关系(曲建升 等,2008)

10.什么是人类圈和人类纪?

人类圈(anthroposphere)又称智慧圈,是地球表层系统中最高级和最复杂的圈层。1999 年 Schellnhuber 首次把人类从生物圈中分离出来,称为"人类圈",确立了人类在地球系统中的特殊地位。人类圈是由生物圈进化而产生的,是要素众多、结构复杂、区域明显的大系统,其基本组成包括地球上的人群、人类主观能动作用创造的人造物质环境,如乡村、城市、农田、人工牧场、人工林场、水利设施、交通工具、宇宙飞船、道路、通信设施、工厂等,以及作为人类大脑活动产物的文化。人类圈是一个具有耗散结构的开放系统,通过与地球表层其他圈层不断地进行物质和能量交换,一方面从环境获取负熵以维持自身的生存和发展,同时也引起环境的熵增即环境退化。太阳辐射作为外部负熵输入,维持了地球表层系统各大圈层的稳定与平衡,并在人类圈中转化为各种人造物和以信息储存形成人类文化。人类圈区别于其他圈层的主要特征是具有自我调控能力,可以将人类圈引起的环境熵增控制在允许范围内,保持人类与自然环境的协调发展。

由于人类文明的不断发展,人类已经成为影响全球地形和地球进化的重要地质驱动力,改变了根据地层和古生物划分地质年代的传统格局。自全新世以来,人类对地球的影响愈来愈大。为强调人类的核心作用,生态学家尤金·斯托莫(Eugene Stoermer)和保罗·克鲁岑(Paul Crutzen)2000 年在《全球变化通讯》发表文章,正式提出了一个全新的地质时期——人类纪(anthropogene)。指出自 18 世纪末以瓦特发明蒸汽机为起点的工业革命以来,大量使用化石燃料引起大气层二氧化碳和其他温室气体含量的日益增加。全球人口在过去三个世纪增长了 10 倍,自然资源消耗增长了 16 倍,物种消亡速率是人类出现以前的 1000 倍。诸多证据表明人类已成为地球系统的核心,人类活动成为影响和改变地球的主导力量,人类已经成为地球环境变化的主要驱动力,无序的人类活动使地球环境迅速恶化,并将威胁到人类自身的存在。我们要通过有序的人类活动实现人类社会与自然界的和谐相处和可持续发展。

(徐琳)

11. 什么是地球系统科学与全球变化科学？

当前全球环境问题的严重性主要在于人类本身对环境的影响已经接近并超过自然变化的强度和速率，正在并将继续对未来人类的生存环境产生长远的影响。这些重大全球环境问题已远远超出单一学科的范围，迫切要求从整体上研究地球环境和生命系统的变化，从而提出了地球系统的概念，即由大气圈、水圈、岩石圈、生物圈和人类圈组成的一个整体。现代观测技术的发展，特别是卫星遥感提供了对整个地球系统行为进行监测的能力；计算机技术的发展为处理大量地球系统信息和建立复杂的地球系统数值模式提供了工具，为地球系统科学（Earth system science）的产生创造了条件。地球系统科学是研究地球系统各组成部分之间相互作用，以及发生在地球系统内的物理、化学和生物过程之间相互作用的一门新兴学科。1983 年 11 月，由美国国家航空航天局（NASA）顾问委员会任命的地球系统科学委员会组织撰写了《地球系统科学》一书，首次介绍了"地球系统科学"的观点，并系统阐述了其概念和内涵。

全球变化学（studies on global change）是研究地球系统整体行为的一门科学。它把地球的各个层圈（包括大气圈、水圈、岩石圈和生物圈）作为一个整体，研究地球系统过去、现在和未来的变化规律、原因和控制这些变化的机制，建立全球变化预测的科学基础，并为地球系统的管理提供科学依据。全球变化科学的产生和发展是人类为解决一系列全球性环境问题的需要，也是科学技术向深度和广度发展的必然结果。

全球变化研究已成为一门跨地球科学、环境科学、生物学、天体科学、遥感技术以及有关社会科学的综合性、交叉性和系统性的科学体系，其研究对象是地球系统的各圈层及其相互作用，即地球系统中的物理、化学、生物和人类等子系统过程及其相互作用。地球系统科学是全球变化学的重要理论基础。

近 30 年来，通过国际地圈-生物圈计划（IGBP）、全球变化人文因素计划（IHDP）、世界气候研究计划（WCRP）、生物多样性计划（DIVERSITAS）等重大科学研究计划，全球变化科学研究取得了显著进展，揭示出许多人类先前所未知的事实，为人类社会采取全球协调一致的行动，应对各种全球性环境挑战提供了重要的科学依据。

12. 什么是气候情景，气候情景在气候变化预估中有什么应用？

情景（scenario）是对未来世界发展可能性的一种描述，一个情景由许多相互关联的变量组成，在一系列连贯的有关主要发展驱动力及其相互关系所做的协调一致和合理解释的基础上，形成对未来世界的总体描述，各种不同的情景构成了可供选择的未来世界的发展蓝图。

气候情景（climate scenario）是情景的一种特殊类型，是在预设的温室气体排放情景下，运用全球气候模型模拟的未来气候可能变化的状态。

由于未来气候变化一方面取决于气候自身的演变规律,通常以各种气候模式来描述;另一方面又与不同社会经济发展情境下,由温室气体排放水平所形成的辐射强迫有关,通常以不同的温室气体排放情景来描述。由于其中存在大量的不确定因素,人们运用各种模式推算未来可能出现的气候状况称为气候预估,而不能称为气候预测。

为适应应对气候变化与气候谈判进行未来气候预估的需要,国际上先后开发出多种气候情景模式。

(1)温室气体排放情景

1990 年的 IPCC 指出的排放情景包括 A、B、C、D 四种,A 情景为不采取减排措施,B、C、D 为采取不同控制措施的减排。

IS92 情景即 1992 年 IPCC 报告中提出的温室气体排放情景组合,包括六种不同的排放情景,分别考虑高、中、低的人口与经济增长并考虑温室气体与气溶胶不同排放水平的预测。

SRES 情景指 2000 年 IPCC 排放情景特别报告(the special report on emissions,SRES)在对已有温室气体排放情景进行分析的基础上设计的四种未来全球发展模式。假设完全不同的未来世界发展方向,考虑有些温室气体排放的主要驱动因素为人口、技术、经济、能源和农业(土地利用)等,并且这些主要驱动因素的未来变化是相互关联的。SRES 情景考虑的社会经济发展的主要方向包括全球或区域性经济发展以及侧重于经济或环境保护。主要分为 A1、A2、B1、B2 四个情景族,包含 6 族共 40 个温室气体排放参考情景。其中 A1 情景族又分为 A1FI(化石燃料密集型)、A1T(非化石燃料能源)、A1B(各种能源平衡)三种情景。A2 情景族强调区域性经济社会发展。B1 情景族强调全球趋同的经济、社会与环境可持续发展。B2 情景族强调区域性经济、社会、环境的可持续发展。

(2)气候模式

全球气候模式(global climate model,GCM)是构建未来气候情景并进行气候变化分析的有效工具,但由于分辨率仅有几百千米,难以描述区域尺度的复杂地形植被分布和物理过程,对区域尺度的气候及其变化,尤其是降水的模拟和预测能力较差。在生成气候情景进行区域气候变化影响预估时需要通过降尺度分析方法添加局地信息。区域气候模式(regional climate model,RCM)具有较高的分辨率和相对完善的物理过程,对区域气候的模拟更加接近实际。目前世界各国已开发出多种GCM 和 RCM 气候模式,英国哈特莱气候中心开发的 PRECIS 区域气候模式系统于 2004 年正式发布,可提供区域水平高分辨率的气候情景及数据,与不同的温室气体排放情景模式相结合,广泛应用于世界各地的区域气候情景模拟。自 2003 年引进中国以后,已广泛应用于不同领域气候变化影响的研究,运用历史气候数据验证也取得了较好的效果。

13.气候变化、气候波动与气候突变有什么区别和联系？

气候变化是指气候平均状态统计学意义上随时间的巨大变化；气候波动（climate variation）是指气候要素值围绕多年平均值的脉动变化；气候突变（climate sudden change），又称"气候跃变"，是指气候在较短的时期内从一个稳定气候阶段向另一个稳定气候阶段过渡的现象，过渡期的长度远小于各气候阶段的持续时期。

气候变化、气候波动和气候突变虽然都反映了气候状态的改变，但有着明显的区别。气候变化具有明显的长期趋势与倾向性，如全球气候变暖或某个区域的气候持续变干或变湿。气候波动则没有明显的趋势，而是围绕气候要素的平均值上下波动，通常具有一定的准周期性，如地质史上的冰期与间冰期交替、20世纪以来拉马德雷现象的冷暖位相交替、太阳活动11年或22年周期引起的旱涝灾害发生态势改变等。气候突变通常由天文或地球物理因素引发，使气候状态在较短时期内发生显著的变化，如火山大量喷发和小行星撞击地球导致全球气候在一段时期内变冷。

另一方面，气候变化与气候波动和气候突变之间又有着密切的联系。如近百年来以变暖为主要特征的全球气候变化就伴随着极端天气气候事件的增加；剧烈的气候波动往往是气候发生突变的前兆，如东汉末与三国时期频繁发生的寒冷事件标志公元3—6世纪小冰期的到来。

从时空尺度上看，气候变化通常指较大的时空尺度，包括全球和大区域空间尺度及年代际到世纪的时间尺度；气候波动既可以指冰期与间冰期这样的大时空尺度，也可以指局地和逐日变化的小时空尺度，任何时间和空间下都存在气候的波动；气候突变则通常具有较大的空间尺度和相对较短的时间尺度，只在气候转折时期发生。从变化幅度看，气候变化的气候要素值在短时期内变化不很大，但长期积累的结果将明显偏离气候变化前的多年平均值；气候波动的气候要素值可以在短时期内有较大的改变，但长时期变化不会明显偏离多年平均值；气候突变时的气候要素值可在短时期内发生很大的变化，但在突变之后将围绕新的平均状态上下发生小的波动。以气温为例，气候变化、气候波动和气候突变的气候要素变化可用图1-2曲线表示。

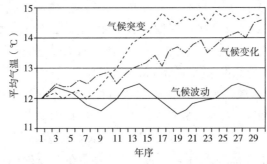

图1-2　气候变化、气候波动、气候突变示意图

（王潇潇、郑大玮）

14. 什么是极端天气气候事件?

极端天气气候事件是指气象要素出现异常值时的天气或气候现象。世界气象组织规定当气候要素(气压、气温、湿度等)的时、日、月、年值达到 25 年一遇,或者与相应的 30 年平均值之差超过标准差的两倍时,就可以将此归为极端天气气候。

极端天气事件是在某一特定地点和时间,发生概率很小的天气事件,通常只占该类天气现象的 10% 或更低。极端气候事件则是在给定时期内,大量极端天气事件的平均状况,这种平均状态相对于该类天气现象的气候平均状态是极端的。二者的极端性均体现在超出一定阈值的天气或气候极端值及其发生的极低概率,如某气象要素所出现的正负距平超出某一临界值或以极低的概率发生。

极端天气气候事件主要分为三类:

①极端的天气和气候变量(如温度、降水、风速等);

②影响极端天气或气候变量发生或本身是极端的天气和气候现象(如季风、厄尔尼诺、其他变率模态、热带气旋、温带气旋等);

③对自然环境的影响(如干旱、洪水、风暴潮、海水侵蚀、冰川退缩、地面下沉、沙尘暴等),三者之间是相互关联的。

在全球变暖的大背景下,极端天气气候事件频繁发生,使人类的生存和发展面临巨大挑战。如过去几十年小概率降水事件的强度逐渐增大,美国极端最低温度明显上升,东南亚及南太平洋暖日和暖夜数显著增加,冷日和冷夜数显著减少,俄罗斯在过去几十年极端最高温度日数显著增加,北大西洋地区极端高温事件频数增加,近 50 年暴雨发生频率增加 2%~4%,低纬度和中低纬度地区夏季极端干旱事件增多,与海平面升高有关的极端事件(主要是风暴潮)增多。

国内研究表明,暖日(大于日最高气温序列的 90%)和暖夜(大于日最低气温序列的 90%)发生频率有增加趋势;冷日数(小于日最高气温序列的 10%)减少,冷夜数(小于日最低气温序列的 10%)减少更明显。我国北方极端最低气温和极端最高气温都趋于升高。北方大部地区降水量减少,干旱频发。南方降水增多,洪涝与季节性干旱加重。西北地区融雪性洪水增多。

(王潇潇)

15. 联合国气候变化框架公约的主要宗旨是什么?

《联合国气候变化框架公约》(United Nations Framework Convention on Climate Change,UNFCCC,以下简称《公约》)是 1992 年 5 月 22 日联合国政府间谈判委员会就气候变化问题达成的公约,6 月 4 日在巴西里约热内卢由各国政府首脑参加的联合国环境与发展大会上签署,是世界上第一个为全面控制二氧化碳等温室气体排放,以应对全球气候变暖给人类经济和社会带来不利影响的国际公约,也是国际社会应对全球气候变化进行国际合作的基本框架。为支持该公约的实施,联合国还专门设立了秘书处。

(1)《公约》的产生

早在1898年,就有科学家警告说二氧化碳排放可能会导致全球气候变暖。但直到20世纪70年代,科学家们对地球大气系统才有了更加深入的了解,并引起公众的广泛关注。为了让决策者和社会公众更好地理解这些科研成果,联合国环境规划署(UNEP)和世界气象组织(WMO)于1988年成立了政府间气候变化专门委员会(IPCC),并于1990年发布了第一份评估报告。该报告经数百名顶尖科学家和专家的评议,确定了气候变化的科学依据,影响了后续的气候变化公约谈判。1990年,世界气象组织(WMO),联合国环境署(UNEP)和其他国际组织共同举办的第二次世界气候大会期间,由137个国家加上欧洲共同体进行了部长级谈判,呼吁建立一个气候变化框架条约。大会的宣言虽然没有指定任何国际减排目标,但所确定的一些原则为以后的气候变化公约奠定了基础,这些原则包括:气候变化是人类共同关注的,公平原则,不同发展水平国家"共同但有区别的责任",可持续发展和预防原则。

1990年12月,联合国第四十五届大会通过第45/212号决议,决定成立由联合国全体会员国参加的气候公约政府间谈判委员会(INC),立即开始起草《公约》的谈判。1991年2月至5月召开了5次会议,150个国家的代表最终确定于1992年6月在巴西里约热内卢举行的联合国环境与发展大会签署公约。

(2)《公约》提出的目标和原则

《公约》的第二条规定:"本公约以及缔约方会议可能通过的任何相关法律文书的最终目标是:根据本公约的各项有关规定,将大气中温室气体的浓度稳定在防止气候系统受到危险的人为干扰的水平上。这一水平应当在足以使生态系统能够自然地适应气候变化、确保粮食生产免受威胁并使经济发展能够可持续地进行的时间范围内实现。"

为实现上述目标,公约确立了五个基本原则:一、"共同但有区别的责任"原则,要求发达国家应率先采取措施应对气候变化;二、要考虑发展中国家的具体需要和国情;三、各缔约方应采取必要措施,预测、防止和减少引起气候变化的因素;四、尊重各缔约方的可持续发展权;五、加强国际合作,应对气候变化的措施不能成为国际贸易的壁垒。

(3)《公约》的生效与履行

据统计,迄今已有190多个国家批准了《公约》,称为《公约》的缔约方。各缔约方做出了许多旨在解决气候变化问题的承诺。每个缔约方都必须定期提交专项报告,其内容必须包含该缔约方的温室气体排放信息,并说明为实施《公约》所执行的计划及具体措施。《公约》已于1994年3月正式生效,奠定了应对气候变化国际合作的法律基础,是具有权威性、普遍性、全面性的国际框架。

从 1995 年起每年举行一次《公约》缔约方大会,简称"联合国气候变化大会"(COP)。1997 年 12 月,第 3 次缔约方大会在日本京都举行,会议通过了《京都议定书》,对 2012 年前主要发达国家减排温室气体的种类、减排时间表和额度等做出了具体规定。以后的历次大会经过反复和艰苦的谈判取得了有限的进展,就减排和适应气候变化达成了若干协议,但多数发达国家并未充分履行。

(赫迪)

16. 什么是应对气候变化"共同但有区别的责任"?

"共同但有区别的责任"的理念萌芽于 1972 年 6 月 16 日在斯德哥尔摩召开的联合国人类环境会议,会议呼吁发达国家为环境保护做出主要贡献,同意在国际环境法体制内给予发展中国家特别的、有差别的待遇。1992 年签署的《联合国气候变化框架公约》中,进一步明确了这一原则。1997 年签订的《京都议定书》是以"共同但有区别的责任"原则为基础制定的。目前,该原则已经被认为是国际环境法的基本原则之一。具体内容指,由于全球生态系统的整体性,以及考虑到全球环境退化的各种不同因素,国际环境法各主体均应共同承担起保护和改善全球环境并最终解决环境问题的责任,但在承担责任的领域、大小、方式、手段以及时间等方面应当结合各主体的基本情况区别对待。

研究表明,工业革命以来的人为化石燃料排放已经对大气温度、海洋热容量、海冰覆盖率等气候系统重要因子带来了显著影响,其中发达国家对气候变化负有 2/3 的责任。仅在 1990—2005 年,发达国家通过国际贸易又将 9.4% 的责任转移到了发展中国家。减缓全球变化的过程必须考虑发达国家对全球环境变化所应承担的历史责任、贸易转移排放及相对于发展中国家绝对的经济和技术优势。发展中国家已经成为全球气候变化后果的主要承担者和受害者,这些国家现阶段的排放主要是生存排放和国际转移排放,而不是发达国家的消费排放。此外,发展中国家还肩负着经济和社会发展及消除贫困的重任。相对于减排,适应气候变化对于发展中国家是更为紧迫的任务。"共同但有区别的责任"原则维护了国际秩序中的公平与正义,有利于发展中国家的建设,明确了各国应尽的职责和义务,对减缓全球气候变化意义重大。

(赫迪)

17. 国际社会应对气候变化设立了哪些组织机构?

气候变化已成为世界各国面临的最大环境挑战,国际社会为应对气候变化成立了一系列组织机构,除联合国已有的世界气象组织、环境规划署等机构外,还先后成立了以下机构:

(1)政府间气候变化专门委员会(Intergovernmental Panel on Climate Change,

IPCC)

IPCC 于 1988 年由世界气象组织(WMO)和联合国环境规划署(UNEP)建立,其任务是评估气候与气候变化科学知识的现状,分析气候变化对社会、经济的潜在影响,并提出减缓、适应气候变化的可能对策。其作用是在全面、客观、公开和透明的基础上,对世界上有关全球气候变化的最好的现有科学、技术和社会经济信息进行评估。

(2)气候议程机构间委员会(Inter-Agency Committee on the Climate Agenda, IACCA)

于 1997 年由联合国粮农组织(FAO)、国际科学理事会(ICSU)、联合国环境规划署(UNEP)、联合国教科文组织(UNESCO)及其政府间海洋学委员会(IOC)、世界卫生组织(WHO)、世界气象组织(WMO)等联合协商建立。其作用是提供对气候议程的整体协调与指导,成员包括气候议程科学委员会主席、政府间气候变化论坛的代表、气候变化框架公约秘书处、联合国防治荒漠化公约秘书处以及国际主要气候研究创始与计划发起者、管理者的高级代表等。

(3)世界气候研究计划(World Climate Program,WCP)

于 1980 年由世界气象组织(WMO)、国际科学理事会(ICSU)和政府间海洋学委员会(IOC)共同制定。WCP 由世界气候资料计划(World Climate Data Program,WCDP)、世界气候应用计划(World Climate Application Program,WCAP)、世界气候影响计划(World Climate Influence Program,WCIP)和世界气候研究计划(World Climate Research Program,WCRP)等 4 个子计划组成,WCRP 是其中最主要的组成部分,其总目标是研究气候能够预测到什么程度和人类活动对气候能影响到什么程度,主要研究内容包括气候模式、气候的可预报性、气候的敏感性、气候诊断、对气候资料的要求等。

(4)清洁发展机制执行理事会

清洁发展机制(Clean Development Mechanism,CDM),是《京都议定书》中引入的灵活履约机制之一,允许发达国家和发展中国家进行项目级的减排量抵销额的转让与获得。清洁发展机制执行理事会负责监管 CDM 的实施,并对成员国大会负责。执行理事会由 10 个专家组成,在 2001 年 11 月马拉喀什政治谈判期间召开了首次会议,标志着 CDM 的正式启动。执行理事会授权一种称之为"经营实体"的独立组织对所申报 CDM 项目进行审查,核实项目产生的减排量,并签署减排信用文件。执行理事会的另一个关键任务是维持 CDM 活动的注册登记。

此外,世界各国还成立了许多应对气候变化的研究机构与大量的环境保护民间组织及网站,就不一一介绍了。

(李宁)

18. 国际社会应对气候变化采取了哪些重大行动？

气候变化是全人类面临的重大挑战,国际社会采取了一系列协调一致的行动来应对全球气候变化。

(1)签订国际公约

国际公约是世界各国采取联合行动,共同适应和减缓气候变化的主要依据。1992 年联合国政府间谈判委员会就气候变化问题达成《联合国气候变化框架公约》,1997 年基于《公约》通过了《京都议定书》并于 2005 年 2 月 16 日正式生效,截至 2010 年 1 月 31 日,已有 55 个国家递交了到 2020 年的温室气体减排和控制承诺。

(2)建立国际标准

国际标准作为减缓全球气候变化的一种有效技术途径,也在减缓气候变化中发挥着重要作用。目前 ISO(国际标准化组织)、IEC(国际电工委员会)和 ITU(国际电信联盟)三大国际标准化组织已就应对气候变化制定和发布了一系列标准化解决方案,同时 WRI(世界资源研究所)和 WBCSD(世界可持续发展商务理事会)也积极参与到应对气候变化的标准制定工作中,2002 年正式公布的关于企业温室气体核算与报告准则的《温室气体议定书》已得到广泛应用,2007 年 11 月在此基础上开始制定针对企业供应链的排放和针对单个产品在生命周期内的温室气体排放核算和报告标准。

(3)主要国家和地区的政策和行动计划法案

欧盟于 2003 年 6 月规定,从 2005 年 1 月起,包括电力、炼油、冶金、水泥等 12000 个设施须获得许可才能排放二氧化碳等温室气体。2007 年 6 月发布了《欧洲适应气候变化——欧盟行动选择》,2009 年 4 月 1 日发布了《适应气候变化白皮书:面向一个欧洲的行动框架》。英国于 2008 年正式通过《气候变化法案》并在同年发布了《适应英国的气候变化》。德国早在 1991 年出台了《可再生能源发电并网法》,并于 2004 年和 2008 年再次修订,2008 年 12 月 17 日通过了《德国适应气候变化战略》。法国 2005 年发布了《法国适应气候变化战略》,2008 年起对汽车二氧化碳排放发布奖罚制度。美国于 2009 年通过了《美国清洁能源与安全法案》,许多州也建立设定了各自的政策法规。芬兰农林部于 2005 年发布《芬兰适应气候变化国家战略》。澳大利亚于 2007 年 4 月 13 日发布《国家气候变化适应框架》。日本于 2008 年 3 月发布《凉爽地球能源创新技术计划》,提出大幅度减排二氧化碳的 21 项技术,同年 5 月还发布了《面向低碳社会的 12 大行动》,7 月 29 日又通过了《建设低碳社会行动计划》。

(4)相关技术研究开发与创新

气候变化政府间专门委员会的有关报告认为,CCS(碳捕获和储存)对削减温室气体的作用可能大于提高能源效率、发展可再生能源或核电厂等,为此,德国联邦政府大力着手发展低碳发电站技术(应用清洁煤技术的发电站),同时大力支持风力发电和热电联产技术。美国、英国等西方发达国家也投入了大量资金用于风力涡轮机、太阳能电池、生物质能源、氢能为主的低碳系能源的开发与应用研究。此外,一些国家增加对气候、能源的投入,用于设施节能改造及其相关研究。例如瑞典政府2008—2010年间实施"气候10亿"举措,并与2009—2011年间近6亿克朗以支持相关研究;德国计划每年拨款10亿欧元用于现有民用建筑的节能改造,还有2亿欧元用于地方设施改造,并计划在未来10年内投入10亿欧元支持相关技术研究。

(戴彤)

19. 国际社会应对气候变化的两大对策是什么?

全球变暖已经是不争的科学事实,对自然系统和人类系统都产生了深刻的影响,并还将产生长期的巨大影响,已成为人类面临的巨大环境挑战。

减缓和适应是人类应对气候变化的两大主要对策。减缓是指二氧化碳等温室气体的减排与增汇,是解决气候变化问题的根本出路。适应是"通过调整自然系统和人类系统以应对实际发生或预估的气候变化或影响",是针对气候变化影响趋利避害的基本对策。减缓与适应二者相辅相成,缺一不可。

(1)减缓对策(mitigation)

联合国大会于1990年12月提交讨论的《联合国气候变化框架公约》文本首次提出实施温室气体排放相关的国家战略,适应气候变化的预期影响,并规定发达国家应在20世纪末将温室气体排放恢复到其1990年的水平,但没有为发达国家规定量化的减排指标。《公约》缔约方于1997年12月制定的《〈联合国气候变化框架公约〉京都议定书》成为第一个为发达国家规定量化减排指标的国际法律文件,但没有为发展中国家规定任何减排或限排义务。文件以1990年为基准年,2008—2012为目标年,规定欧盟等国家减排8%,美国减排7%,日本、加拿大、匈牙利、波兰减排6%,克罗地亚减排5%,新西兰、俄罗斯、乌克兰保持平稳。《京都议定书》缔约方于2005年制定了落实议定书的一系列具体规则及法律程序,并就减排途径提出了三种灵活机制,即联合履行(Joint Implementation, JI)、清洁发展机制(Clean Development Mechanism, CDM)和排放贸易(Emissions Trading, ET),使会议成为国际社会应对气候变化挑战的一个重要里程碑,标志着采取减排行动的全球努力进入实质性阶段。但大多数发达国家并未充分履行上述文件中规定的义务。截至2015年12月,只有58个缔约方批准了《京都议定书》2013年至2020年的第二承诺期,远低于第二承诺期生效所需的144个批准数量。美国和加拿大甚至在2011年宣布退出京都议定书。

作为发展中大国,我国正处于经济高速增长的工业化阶段,在现有以能源和资源投入为主的发展方式下,温室气体排放总量和人均排放量日益增长。作为世界第二大经济体和第一大温室气体排放国,面临国际社会日益增大的减排压力。2009年时任总理温家宝在哥本哈根世界气候大会上承诺,到2020年中国单位国内生产总值二氧化碳排放比2005年下降40%~45%。"十一五"和"十二五"期间的节能减排目标均已超额完成。我国风能、太阳能和水能等可再生能源的开发利用与产品生产规模以及人工林的营造规模和保存面积均居世界首位,为减缓温室气体排放做出了积极贡献。

(2)适应对策(adaptation)

由于气候、生态和社会经济系统的巨大惯性,即使人类能够在不久的将来把全球温室气体浓度降低到工业革命以前的水平,气候变暖及其不利影响仍将持续数百年,而发展中国家现有温室气体排放水平很低,又处于工业化和城市化的历史发展阶段,能源需求迅速增长。减排是长期、艰巨的任务,而气候变化的不利影响更为突出,适应更具有现实性和紧迫性。对于发达国家,由于气候变化及极端天气气候事件的影响日益凸显,适应气候变化也势在必行。

适应气候变化的研究经历了影响评价模型、第一代脆弱性评价模型、第二代脆弱性评价模型、适应政策开发(评价)模型等阶段。随着适应研究的不断深入,最终将纳入可持续发展的主流。推进政策开发需要适应战略的引导,建立综合的适应战略开发(评价)模型,主要内容包括:以确定适应战略与其他相关战略的关系为定位和目标;以促进非气候驱动力为目的拟定战略方针和原则;以优先领域和适应政策措施为主体,包括直接针对不利影响,降低暴露度,降低敏感性,改善非气候因素为直接目的的实施性适应措施和以提高适应能力为目标的促进性适应政策;以国际合作为重要促进手段,最终实现降低国家系统脆弱性的目的。

由于不同类型国家间的利益冲突,减缓的国际谈判进展缓慢。但近几次世界气候大会在适应气候变化领域达成了一系列协议,设立了适应基金,成立了国际适应气候变化专家委员会,主要国家先后制定了适应气候变化的国家战略或行动方案,联合国还帮助几十个发展中国家制定适应气候变化行动计划。自2010年起,每两年召开一次适应气候变化国际研讨会。中国也在2013年11月发布了《国家适应气候变化战略》。

(顾生浩)

20. 什么是低碳经济,怎样构建低碳社会?

工业革命以来人类创造了巨大的生产力,实现了经济飞速发展,但与此同时也产生了全球气候变暖、能源危机与生态失衡等诸多负效应,人类社会的可持续发展形势极为严峻。发展低碳经济、构建低碳社会应运而生。

"低碳经济"概念首先由英国于2003年在《我们未来的能源——创建低碳经济》的白皮书中提出。白皮书指出,低碳经济是正在兴起的经济模式,其核心是在市场机制基础上,通过制度框架和政策措施的制定和创新,推动提高能效技术、节约能源技术、可再生能源技术和温室气体减排技术的运用,促进整个社会经济朝向高能效、低能耗和低碳排放的模式转型。中国环境与发展国际合作委员会2008年发布《中国发展低碳经济途径研究》报告,将"低碳经济"定义为:一个新的经济、技术和社会体系,与传统经济体系相比在生产和消费中能够节省能源、减少温室气体排放,同时还能保持经济和社会发展的势头。随后,在这一概念的基础上,国内外学者从不同的研究角度提出对低碳经济的概念、实现的可能性、市场价值等方面提出自己的理解,但归根结底都在表达同样的内涵,就是在不影响经济和社会发展的前提下,通过技术创新和制度创新,尽可能最大限度地减少温室气体排放,减缓全球气候变化,实现经济和社会的清洁发展与可持续发展。

经济系统只是整个大的社会系统的一部分,要想实现低碳发展,不仅局限在技术层面实行低碳经济,而是需要推动整个社会的变革。目前,构建低碳社会与实现人类社会的低碳发展已经成为国际社会的共识。总结国际社会的经验,构建低碳社会主要通过以下四个方面进行:

(1)以政府为主导施行长期稳定的政策支持

欧美等国家从1990年制定《非化石燃料公约》开始,已多次制定《能源白皮书》、《碳封存研究计划》、《能源法》、《低碳经济法案》等政策与法案,对构建低碳社会实施长期稳定的政策支持和法律保障。

(2)加强环境保护教育,培养低碳参与意识

作为构建低碳社会、发展低碳经济的主力,公众的意识和观念在推进低碳社会建设过程中发挥着积极的主观能动作用,并直接决定公众的参与程度。只有公众真正理解构建低碳社会的意义并愿意节约资源,低碳社会才能得以构建。

(3)实行环境经济政策以促进低碳经济发展

环境经济政策是指按照市场经济规律的要求,运用价格、税收、财政、信贷、收费、保险等经济手段,调节或影响市场主体的行为,以实现经济建设与环境保护协调发展的政策手段。环境经济政策体系的主要形式有收取资源、环境税费,排污权交易,完善低碳融资渠道。目前,该手段是国际社会解决环境问题最有效、最能形成长效机制的办法。

(4)加大低碳技术研发投入,推进产业结构调整

技术进步是发展低碳经济、构建低碳社会的重要途径之一。发达国家不断加大在节约能源技术、可再生能源技术和碳捕捉与封存技术方面的投入,并取得了显著成效。我国目前低碳技术研发投入较低,科技手段与创新能力严重不足,科技成果转化率还很低,应积极引进国外低碳技术,建立国家低碳科技创新体系,增加低碳科技要素比重,建立企业低碳技术创新体系。

(顾生浩)

21. 巴黎气候大会取得了哪些成果?

2015年12月12日,参加巴黎气候大会的《联合国气候变化框架公约》近200个

缔约方经过 13 天的艰苦谈判,一致通过了具有里程碑意义的《巴黎协定》。中国气候变化事务特别代表解振华在大会发言中表示,《巴黎协定》是一个公平合理、全面平衡、富有雄心、持久有效、具有法律约束力的协定,传递出全球将实现绿色低碳、气候适应型和可持续发展的强有力积极信号。

《巴黎协定》共 29 条,坚持了"共同但有区别的责任"原则、公平原则和各自能力原则,包含减缓、适应、资金、技术、能力建设、透明度等全球应对气候变化的关键要素。按照协定,发达国家将继续带头减排,并加强对发展中国家的资金、技术和能力建设支持,帮助后者减缓和适应气候变化。

《巴黎协定》提出了全球应对气候变化的目标,即把全球平均气温较工业化前水平升高控制在 2℃ 之内,并为把升温控制在 1.5℃ 之内而努力。全球将尽快实现温室气体排放达峰,21 世纪下半叶实现温室气体净零排放。各方将以"自主贡献"的方式参与全球应对气候变化行动。截至会议期间已有 180 多国提交了自主贡献文件,涉及全球 95% 以上的碳排放。

《巴黎协定》还规定从 2023 年开始,每 5 年将对全球行动总体进展进行一次盘点,以帮助各国提高力度、加强国际合作,实现全球应对气候变化长期目标。

《巴黎协定》是历史上第一份全体缔约方通过的持续有效、具有法律约束力的协议。中国代表团团长解振华指出"《巴黎协定》凝聚着各方最广泛的共识,凝聚着各国领导人、各国部长和谈判代表的心血,体现了世界各国利益和全球利益的平衡,是全球气候治理进程的里程碑。".

中国一直积极推动巴黎谈判取得成功,在会前提交了国家自主贡献文件,并对 2015 年协议谈判提出了若干意见。习近平主席就此多次与有关国家领导人发表联合声明,并出席巴黎大会开幕式,系统阐述加强合作应对气候变化的主张,为谈判提供了重要政治指导。中方团队本着负责任、合作精神和建设性态度参与谈判,为促成巴黎大会达成协议做出了重要贡献。解振华指出,中国作为一个负责任的发展中国家,应对气候变化既是推动本国可持续发展的内在需要,也是打造人类命运共同体的责任担当。中方将主动承担与自身国情、发展阶段和实际能力相符的国际义务,继续兑现 2020 年前应对气候变化行动目标,积极落实自主贡献,努力争取尽早达峰,并与各方一道努力,按照公约的各项原则,推动《巴黎协定》的实施,推动建立合作共赢的全球气候治理体系。

适应气候变化也是巴黎气候大会上的重要议题。习近平主席在开幕式上的讲话明确指出要"坚持减缓与适应气候变化并重。"《巴黎协定》要求各方在适应气候变化、损失和损害、各国可持续发展和消除贫困等方面进一步加强合作。《巴黎协定》规定,发达国家应协助发展中国家,在减缓和适应两方面提供资金资源。同时将"2020 年后每年提供 1000 亿美元帮助发展中国家应对气候变化"作为底线,提出各方最迟应在 2025 年前确定新的资金资助目标。《巴黎协定》提出在 21 世纪以内将全球升温控制在 2℃ 以内的目标,也给适应气候变化工作提出了新的内容。

二、气候变化对自然系统与人类系统的影响

22.气候变化对全球生态环境带来了哪些重大挑战?

由于长期以来不合理的人类活动,导致全球面临着严重的环境危机,目前威胁着人类生存的十大环境问题是:全球气候变暖,臭氧层耗损与破坏,生物多样性减少,酸雨蔓延,森林锐减,土地荒漠化,大气污染,水污染,海洋污染,危险性废物越境转移。值得注意的是,全球变暖名列十大环境问题之首。

为什么说气候变化是当今全球最大的环境挑战?

(1)气候变化是全球环境变化最重要的驱动力,引发和加剧了其他环境问题

近百年来的气候变化主要是人类活动大量排放温室气体和改变土地利用与覆盖格局引起的,这些人类活动不但造成全球气候的持续变暖,而且导致森林面积减少、各类生态系统退化、水土流失加重、许多地方水资源匮乏和环境污染加重,严重威胁人类的生存条件。氧化亚氮与氟氯烃等温室气体还能破坏臭氧层,臭氧量每下降1%,到达地面的紫外辐射将增加2%,尤其是短波紫外辐射对陆地生物具有很强的杀伤力。气候变暖还促使有害生物向更高纬度与海拔蔓延,发生期提前,危害期延长,威胁人类健康和农业生产。

(2)导致极端天气气候事件增加,灾害损失加重

气候变暖使地表气温升高,高温危害加重;同时因水面蒸发加大,水循环速率加快,可能增加极端降水事件及局部洪涝的频率;个别地区的龙卷风、强雷暴、风暴等强对流天气也会增多,强台风和超强台风的发生更加频繁。根据慕尼黑再保险集团的统计,从图2-1可以看出,自气候迅速变暖的20世纪80年代以来全球自然灾害经济损失有加大趋势。根据联合国减灾署公布的数据,2000—2011年全球自然灾害经济损失平均为1150亿美元。

(3)导致海平面上升,对沿海地区和小岛屿国家造成灭顶之灾

气候变暖导致两极和高山冰雪加速融化,加上海水的热膨胀,使全球海平面不断升高。长此下去,许多沿海低地和小岛屿将会被海水淹没,而世界大多数人口与经济总量都分布在沿海地区。

(4)导致全球自然资源分布格局改变,加剧社会经济发展不平衡

气候变暖将使大多数地处低纬度发展中国家的环境更加恶化,但对地处较高纬

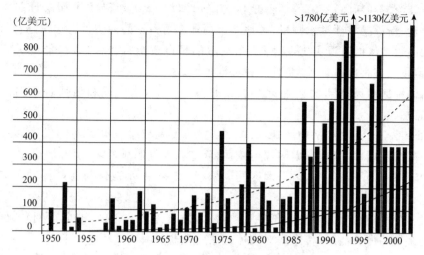

图 2-1　全球自然灾害经济损失的增长趋势(陈颙 等,2007)

度的大多数发达国家不利影响相对较少,导致世界各国社会经济发展和贫富差距拉大,气候严重恶化地区还会形成大量"气候难民",引发更多社会矛盾与政治纠纷。

(5)导致生物多样性减少,影响生态系统正常进程,最终威胁人类的生存

由于气候变化的速度越来越超过生态系统演替的适应能力,将导致生态系统的退化与生物多样性的减少。自然界的生物都是互相依存和互相制约的,一些物种的绝迹预示其他许多物种也将濒临灭绝,生物多样性的大量丧失,最终必将导致人类自身的消亡。

由于气候变化对人类生存发展有着巨大和深远的威胁,世界各国在 1992 年召开的联合国的环境与发展大会上签署了《气候变化框架公约》,决心采取协调一致的行动,将大气中温室气体的浓度稳定在防止气候系统受到危险的人为干扰的水平上。

23.气候变化带来了自然灾害的哪些新特点?

虽然气候变化总体上导致极端天气气候事件的增加与危害加重,但对于不同灾种和不同地区,气候变化对自然灾害的影响很不相同。从世界上看,总体上高温灾害加重,低温灾害有所减轻;极端降水与洪涝事件增加,但部分地区的干旱缺水加重;风暴潮与赤潮等海洋灾害加重;沙尘暴减少。

从中国的情况看,近几十年自然灾害造成的经济损失在不断加大,但由于减灾能力增强,人员伤亡和经济损失占 GDP 的比例持续下降。随着气候变化,某些灾害加重,某些灾害减轻,不同地区之间有着明显的差异。

华北、东北和西北东部的气候持续暖干化,干旱缺水日趋严重。西南地区的冬春干旱和长江流域的伏旱等季节性干旱也有所加重,干旱与高温相结合时的危害更大。

长江流域和新疆、青藏等西部地区的降水增加,南方洪涝灾害加重且多次发生旱涝急转,新疆融雪性洪水频发,各地城市局地暴雨引发的内涝也有加重趋势。

大多数地区的高温灾害明显加重,热浪酷暑严重影响人体健康;低温灾害总体减轻,但霜冻灾害明显加重,尤其是在黄淮地区。

沿海地区台风登陆次数未见增加或略有减少,但强台风和超强台风的次数增加,危害加重。

由于冷空气活动和平均风速减弱,沙尘暴、大风和冰雹等灾害的发生频率有所下降。气溶胶增多、风速和太阳辐射减弱,使雾霾天气明显增多,阴害加重。

由于海平面不断升高,沿海地区的风暴潮、咸潮、海水入侵与海岸侵蚀等灾害明显加重。

气候变暖使得有害生物的越冬基数增加,发育提前,病虫害的危害期延长,并且向更高纬度与海拔蔓延,传染病对人体健康的威胁加大。

24. 为什么在气候变暖的大背景下我国霜冻灾害反而有加重趋势?

虽然气候变暖使我国的低温灾害总体上有所减轻,但对于霜冻却是一个例外,近几十年来明显加重,尤其是在黄淮地区。

霜冻是指作物在气候转换季节由接近 0℃ 的短时零下低温所造成的伤害。我国大部分地区的霜冻主要发生在春秋两季。随着气候变暖,低温事件的强度总体减弱,春霜冻提前结束,秋霜冻推迟到来,全年的无霜期延长,有霜期缩短,气候学意义上的霜冻发生无疑是减轻的。但植物的生长发育随着气候变暖也在同步改变,春季的萌芽与开花提前,秋季的落叶与休眠推迟,只要冬季还没有消失,霜冻灾害的发生就不会由于气候变暖而减轻。

那么,为什么我国大部分地区的霜冻灾害还会加重呢?首先,在气候变暖的同时,气候的波动也在增大。多年平均的气温在升高,但有些年份还会出现强烈的低温,例如 2010 年 4 月 28 日山西和陕西部分地区强烈降温还下了雪,正在开花的苹果树严重受冻;2012 年河北省中南部迟至 4 月 20 日还下了雪,河南东部与安徽北部,正在孕穗或已经抽穗的小麦严重受冻。这两次的霜冻与降雪之晚,都打破了气象观测记录。2006 年 9 月 7—10 日的一场霜冻,使得内蒙古中部地区玉米大面积枯死,秋霜冻发生之早,也打破了当地的气象纪录。其次,气候变暖诱导植物的抗寒力降低。植物的抗寒性在春季是随着气温的升高而逐渐降低的。过去发生霜冻前的气温不太高,现在发生霜冻前植物往往处于较高温度下活跃生长,在同等低温强度下,由于降温幅度更大,植物更加不适应。第三,农民为了充分利用气候变暖所增加的热量资源,往往在春天提早播种和移栽,并使用生育期更长或抗寒性较差的品种,秋季收获也推迟了。尽管平均而言无霜期是延长了,但由于作物发育期在春季提前和在秋季延迟,霜冻危害风险并未降低。

春霜冻危害的加重在黄淮平原中东部尤为明显,这与该地区的地形有关。黄淮海平原春季发生强冷空气入侵时,北部地区由于作物发育较晚,对于低温尚有较强抵抗力,加上气流越过燕山和太行山的下沉增温效应,春霜冻危害较轻。黄淮平原作物发育明显提早,春季强冷空气入侵时,黄淮西部由于山脉阻挡,对作物的危害较轻。但中东部由于远离山脉,已不存在下沉增温效应,冷空气沿黑龙港到豫东、鲁西和皖北长驱直下,成为我国东部地区春霜冻灾害最严重的地区。

我国也有霜冻危害减轻的地区。过去青藏高原在夏季也经常发生霜冻,使尚未成熟的青稞、小麦和油菜等作物受冻。现在随着夏季温度升高,霜冻灾害有所减轻。华南南部过去霜冻灾害主要发生在冬季。随着气候变暖,有些地方气候学意义上的冬季基本不存在了,霜冻发生频率有所降低。

(伍露、郑大玮)

25. 为什么全球变暖会导致风速减弱和多数地区的荒漠化减轻?

风速减弱在全球具有普遍性,这是因为中高纬度的气候变暖明显大于低纬度地区,又以冬季变暖明显大于夏季的变暖。由于高纬度与低纬度之间的空气密度差变小,导致气压梯度缩小和风速的减弱。在中国具体表现为西伯利亚高压减弱,海陆温差和气压差减小,亚洲纬向环流加强、经向环流指数减弱,亚洲冬季风和夏季风减弱导致中国平均风速减小。但不排除发生极端天气气候事件时,短时间发生瞬时风速的极大值,特别是沿海地区出现超强台风时。

根据1971—2007年中国540个气象台站的风速观测记录,平均风速变化倾向率为每十年降低0.17m/s,其中20世纪70年代至80年代平均降低0.25m/s;1991—1995年保持平稳,1996年之后每十年降低0.1m/s。

荒漠化是指包括气候变异和人类活动在内的各种因素造成的干旱、半干旱地区和亚湿润干旱地区的土地退化。自20世纪50年代以来,我国沙质荒漠化土地面积不断扩大,给我国带来了严重的经济损失。但近十多年来荒漠化扩展的趋势已经开始逆转。根据国家林业局发布的第三次和第四次中国荒漠化和沙化状况公报,2004年与1999年相比,全国荒漠化土地面积减少37924km²,年均减少7585km²。2004年到2009年底,荒漠化土地面积净减少12454km²,年均减少2491km²;沙化土地面积净减少8587km²,年均减少1717km²,仅在局部地区仍有扩展。

20世纪中后期我国土地荒漠化一度扩展和近十多年来荒漠化有所减轻,固然与过去几十年的滥垦、过牧等不合理人类活动及近十多年来的生态环境建设加强有关,但全球气候变化也是一个重要的因素。砂质土地荒漠化的主要驱动因素是风蚀,气候变暖导致风速减弱使得风蚀强度减小,加上西北地区的降水量与融雪量增加,使风蚀明显减轻。沙尘暴是引起严重风蚀的强对流天气,从图2-2可以看出,由于冷空气势力和风速减弱,几十年来中国北方沙尘暴发生次数呈波动减少趋势,这是我国土地荒漠化减轻的重要外因。

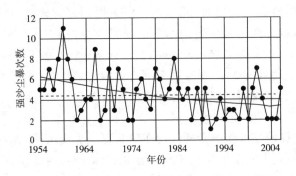

图 2-2　中国北方沙尘暴发生次数的演变(李万元 等,2012)

(魏培、郑大玮)

26.为什么气候变化会加剧城市的雾霾和大气污染?

　　气候变化对城市雾霾和大气污染有很大的影响。研究表明,气温升高可能会使臭氧(O_3)的主要前体物即挥发性有机物(volatile organic compounds,VOCs)的排放量增加,从而使大气中的臭氧浓度增加,尤其是在城市区域,超过安全浓度会危害人体健康。气候变化对大气颗粒物的影响更加复杂,降水频率和混合层厚度是颗粒物浓度最重要的影响因子,但不确定性也最大,气候变暖引发的火灾可能是颗粒物污染加剧的元凶。但城市雾霾天气增多最主要的原因是化石能源消费增多造成大气污染物排放量的逐年增加,主要污染源包括热电厂、重化工业、汽车尾气、冬季供暖、居民生活以及地面尘土。由于高纬度地区增温幅度要大于低纬度地区,又以冬季最为明显,气压差变小导致风速减弱,不利于污染物的扩散和稀释。城市排放的大气污染物比乡村多得多,大量燃烧化石能源排放的气溶胶可成为水汽的凝结核,密集的人工建筑和所形成的特殊的城市气团进一步削弱了风速,使大气污染物更容易累积和更难于扩散。气候变化导致我国北方的冷空气活动减少,空气湿度增大但降水很少,在静稳天气下更容易出现严重的雾霾污染天气。气溶胶在白天的"阳伞效应"使到达地面的太阳辐射减少,也将减弱近地面的空气对流,延长雾霾存在的时间。

　　目前我国雾霾污染最严重的是华北平原,一方面是由于重化工业的盲目扩展和机动车数量的迅速增加导致排放到大气中污染物浓度空前加大,另一方面也与气候变化导致华北地区降水显著减少和风速明显降低有关。另外,华北平原由燕山、太行山和泰沂山地组成的类似盆地地貌也不利于大气污染物的扩散。由于山地与平原热力差异形成的山谷风本来能起到一定的扩散稀释大气污染物的作用,但在城市面积数十倍扩大后已形成稳定的城市气团,非得刮大风或下大雨才能有效转移和扩散城市上空的污染气团,风雨过后,随着污染物的不断累积,空气质量逐日恶化。因此,在华北平原要采取更加强有力的措施大幅度削减污染源,才能从根本上改善本地区的大气环境质量。

(王旗)

27.气候变化对我国的水资源有什么影响?

水资源是指由大气降水补给,具有一定数量,可供人类生产生活直接利用,且年复一年循环再生的淡水。其他水体如城市和工业废水以及海水,经过加工或淡化处理,还有空气中的水汽经人工催化,也可以成为非常规水资源。

水是生物和人类赖以生存的重要自然资源和环境条件。虽然地球上总储水量约有 13.8 亿 km^3,但其中淡水资源只占 2.53%,目前人类能够直接利用的地表径流和浅层地下水只占淡水总量的 0.3%,加上分布不均和人口的迅速增长,目前在世界大多数地区淡水已成为一种稀缺资源。中国人均水资源量仅为世界的 1/4,而且时空分布极不均匀。长江流域以及以南地区的国土面积占 36.5%,人口占 54.7%,水资源却占全国的 81%,北方人均水资源量只有南方的 28%,其中海河流域人均仅为 260 m^3,京津两市甚至不足 100 m^3,成为世界上缺水最严重的地区。

一个区域的水资源数量和水循环状况在很大程度上取决于气候,气候变化将改变全球水文循环现状,引起水资源的时空重新分配,并直接影响到降水、蒸发、径流、地下水补给等水文要素。

(1)对降水量的影响

气候变化导致华北、东北、西北东部和西南地区的降水减少,南方大部、新疆和青藏高原的降水增加,加上经济发展和人口增加造成用水量加大,北方大部地区的水资源日益紧缺。南方虽然降水总量略增,但季节差异变大,旱季缺水也变得更加突出。

(2)对径流的影响

近 50 年来,特别是 1980 年以来,由于降水减少和用水量增加,我国北方实测径流普遍下降,其中海河流域 1980 年以来下降 4~7 成,各大支流普遍断流,黄河中下游径流也明显下降。但降水增多与冰雪消融较快使长江上游与黄河上游的径流量近十几年明显增加。长江中下游冬季和伏旱期间水位显著下降,经常发生断航,雨季水位迅速抬高,洪涝风险增大。1999 年以来,新疆的内陆河径流量显著增加,频繁发生融雪性洪水。但未来如西部地区降水增加不多,冰雪大量消融后也有可能导致河川径流量的萎缩。

(3)对蒸散量的影响

气候变暖无疑会加大土壤水分蒸发与植被蒸腾速率,但由于太阳辐射和风速普遍减弱,全国大多数气象站和水文站的实测水面蒸发量在减少,同时也抑制了植被的蒸腾。CO_2浓度增高使叶片气孔的开度缩小,阻力加大,也是遏制蒸腾的一个重要因素。对于缺水最严重的黄淮海平原,理论计算的潜在蒸散量也在下降。但另一方面,气候变暖导致作物生长期延长和生物量增加也会加大水分的消耗,气候变暖后农田的实际蒸散是增加还是减少仍需深入研究,不同地区和不同作物以及不同的栽培管理措施下的结果可能很不相同。

（4）对地下水的影响

地下水的补给主要来自降水与河川径流的渗漏。气候变化通过对降水时空分布与河川径流的改变间接影响到地下水资源。近几十年来我国大部地区的小雨次数减少,阵性降水增多,河流径流量的季节差异显著变大,都不利于对地下水的补给。但目前气候变化对地下水位下降的影响远不及人为超采的影响大。

（5）对需水量的影响

气候变暖和社会经济发展使工业冷却用水、居民生活用水和城市生态用水都明显增加,将挤占农业用水与河流的生态用水。虽然植物叶面的蒸腾速率未见增大,但由于生长期延长和生物量增加,总耗水量也将增加。

（王旗、郑大玮）

28．气候变化对我国的水环境有什么影响？

水环境是指自然界中水的形成、分布和转化所处空间的环境。水环境污染和破坏已成为当今世界主要环境问题之一。按照水体类型,水环境可分为海洋环境、湖泊环境、河流环境和地下水环境等。

我国水环境形势十分严峻。2013年全国不符合饮用水源标准的Ⅳ类、Ⅴ类和劣Ⅴ类水河长合计占评价河长的31.4％,其中黄河区、辽河区、淮河区水质为差,海河区水质为劣。对全国119个主要湖泊的水质评价,Ⅳ类、Ⅴ类和劣Ⅴ类湖泊占到总数的68.1％。水功能区水质达标的仅占评价区总数的49.4％。依据1229眼水质监测井的资料,不适合作为饮用水源的占到77.1％。我国淡水生态系统功能整体呈现"局部改善、整体退化"态势,表现为江河断流、湖泊萎缩、湿地减少、水生物种减少和生境退化。虽然大量排放污染物是水环境恶化的主要原因,但气候变化的影响也是一个重要因素,具体表现在以下方面:

（1）温度升高的影响

水温是水体对气候变化最直接的响应。温度变化影响水环境的各个要素,气温增高除直接促使水温升高外,还将改变水体温度层的分布,加大温跃层深度,延长分层期。温度上升会引起水中含氧量减少,尤其是湖泊或水库底部沉积物发生一系列微生物厌氧反应,产生有毒气体和盐类,并随水体季节性对流转移到表层,在适宜温度下导致浮游生物大量生长和繁殖,引起富营养化。水温升高虽然可加快污染物的降解,但往往导致重金属的毒性增大。生物体新陈代谢速率增加使水生态系统中原有难降解的有毒物质在生物体中的积累增加。

水温每升高 3℃，水体的饱和溶解氧量会减少 10％。水温升高还加快水体有机物降解转化，增加有机物生物化学反应的需氧量，也会导致水体溶解氧含量降低，鱼类和水生动物大量死亡，有机物厌氧降解还会生成 CH_4、CO_2、H_2S 等有害气体和厌氧微生物，使水体变黑变臭。

（2）气候变化与水体富营养化

气温升高使农田施用化肥与农药的挥发加快，阵性降水易使污染物和过量施用的 N、P 肥料冲入水体。降水减少的地区由于缺乏水体不能及时更新，污染物难以稀释扩散而不断累积，尤其是流速较低的湖泊。温度增高，流量减少都将导致浮游植物的过量繁殖与腐烂分解，严重威胁水环境和水生态。

（3）CO_2 浓度增高的影响

人类向大气排放大量 CO_2 的同时，也增大了水体中 CO_2 的含量，引起水质酸化并降低水中溶解氧的浓度，影响水生生物的生长和繁衍。

（4）极端事件的影响

洪涝、干旱等水文极端事件改变着污染物的迁移转化和水体稀释能力，控制藻类生存条件及浮游植物的种类组成和存量，直接影响水体环境。

降水减少地区的河道或湖泊径流量不断减少，导致水温增高，悬浮固体颗粒、N、P 等营养物质和有机物溶解浓度增大，有利于藻类浮游植物生长，污染程度加重。水滞留时间延长使水体污染物迁移转化和稀释能力下降，浓度增加。但低流量时一些污染物含量减少，流速降低增强了底泥的吸附和络合作用，又可减少水体重金属的含量，泥沙沉积也改善了水体的透明度，藻类植物的适度生长可提高水体溶解氧的含量。降水增加地区由于水交换增大，能增加水层混合，破坏藻类等浮游植物的繁殖和生存条件，减缓富营养化进程和降低水华发生频率。西北雨量减少的地区进入湖泊的水量减少，盐分含量增加，可导致淡水湖变为咸水湖。

在人类大量排放污染物引起水质恶化的情况下，雨量和径流增大有利于改善水质，但暴雨和洪水冲刷侵蚀也会造成污染物输入量增加，特别是长期干旱后更容易给水体带来严重污染负荷，将上游的泥沙与污染物带到中下游。持续干旱后突降暴雨常使城市下水道与河口排水失去控制，冲刷城乡排放的垃圾与废水进入河道造成严重污染。

综上所述，气候变化对水环境的影响有利有弊，但总体上弊大于利。

29. 气候变化与海平面上升有什么关系？

海洋并不是一个平面，不同地方的海平面高度并不相同，人类关心和观测到的是沿岸海平面。影响沿岸海平面变化的因素很多并具有不同的时间尺度。

人类很早就对沿岸海平面变化进行了观测，从公元 1 世纪到 1900 年，地中海的海平面变化幅度没有超过正负 25cm,在每年 0 到 2mm 之间。19 世纪后半期有了验潮仪,才有对所有大洋洋面高度的监测数据,发现有明显的海平面加速上升趋势。全面系统的观测从 1961 年开始,1961 年到 2003 年间,全球海平面上升平均速度是每年 1.8±0.5mm。更加全面的海平面数据从 1993 年的卫星测量开始,发现 1993 年到 2003 年间,全球海平面上升速度是每年 3.1±0.7mm,明显比此前加快。

海平面上升的原因,一是海水增温引起的水体热膨胀和冰川融化,具有全球性,称为绝对海平面上升;二是区域性的相对海平面上升,由于沿海地区地壳构造升降、地面下沉及河口水位趋势性抬升等所致。研究表明,自 1993 年以来,全球海平面涨幅的一半是由海洋热膨胀造成,另一半是由于冰川融化造成。

沿海地区,特别是位于河口的城市,如天津、上海及珠江三角洲,地质构造以泥质和沙质为主,强度不高,有一定的可压缩性。由于近年来经济迅速发展,地下水过量开采和大型建筑物群的地面负载加速了地面沉降,也造成了海平面的相对上升。

气候变化引起某些海域的洋流路径发生改变,也会引起海平面的变化,甚至可以在全球海平面普遍上升的情况下,少数海岸的海平面有所下降。目前最大的海平面上升发生在太平洋西部和印度洋东部,整个大西洋海平面除了北大西洋部分地区外基本上都在上升,但在太平洋东部的部分地区和印度洋西部,海平面实际在下降。

总的来看,气候变暖是全球海平面上升的主要驱动力。如继续变暖使两极和高原冰雪大量消融,全球海平面还将加速上升。

30.气候变化对海洋生态系统有什么影响?

海洋生态系统是海洋中由生物群落及其环境相互作用所构成的自然系统。海洋面积占全球的 71%,具有储存及交换热量、CO_2 和其他活性气体的巨大能力。海洋生态系统对全球变化有着至关重要的调节作用,也为全世界提供了丰富的优良动物蛋白资源。海洋渔业年获量约 1.2 亿 t,提供了全球约 20% 的动物蛋白质,目前全球有近半数人口集中在离海岸 100km 以内的沿海区且仍在快速增长。海洋生物多样性是全球生物多样性的重要组成部分,如海洋动物门类达 35 个,远高于陆地的 11 个动物门类。海岸带及近海生态系统为社会经济发展提供了巨大的产品与服务,同时也承载着巨大的压力,资源与环境在不断恶化。由于海洋的特殊物理性质,海洋生态系统比陆地生态系统更为复杂,稳定性也远比陆地低。

气候变化引起的海洋表层温度、CO_2 浓度增高和海平面上升、降雨量变化、海洋水文结构变化以及紫外辐射增强等是对海洋生态系统最重要的影响因子。

全球平均海洋表层温度上升速率约为陆地的 50%,1979 年以来,海水表层温度每 10 年平均上升 0.13℃,影响一些海洋生物的生理过程和海水流体物理过程,导致冷水层下降和海冰漂浮,导致海洋生物物种分布和组成发生变化,对热带海域物种组成的影响尤其严重。随着全球持续变暖,大范围珊瑚礁白化起初每 10~20 年发生

1次,估计未来几十年内可能与恩索事件①的发生频率同步,即每3~4年一次,再过30~50年甚至将在大多数热带海区每年发生1次。海温升高还促进了暖水物种向更高纬度海域迁移,

海水CO_2分压升高导致pH值下降,使海水酸化,估计过去200年海水pH值已下降了0.1,不利于珊瑚礁和许多海洋生物的骨骼钙化,直接影响贝类、石珊瑚、浮游有孔虫、球石藻、翼足类以及珊瑚礁钙质藻等钙化物种的钙化速率,导致珊瑚礁骨骼脆弱化,侵蚀概率上升,物种组成和群落结构改变,最终导致珊瑚礁分布范围缩小和向低纬度海区移动,严重威胁依赖珊瑚礁生境的物种生存。1880—2002年,我国南沙珊瑚礁生态系平均钙化速率已下降12%,预计到2100年将减少33%。

海平面上升将促使退潮时搁浅的生物将暴露在空气中而干死,并导致沿海大片湿地丧失,大部分海岸带生态系统向内陆方向迁移,改变生物的栖息地生境,威胁海洋生物多样性,改变局部营养盐循环。海平面上升还造成部分红树林消失,海温升高已造成部分红树林的消失。

海温升高加上近岸海域的富营养化加剧微生物活动,使溶解氧减少,影响海洋生物的呼吸。

海平面上升和海温的变化还将引起洋流路径和鱼类洄游时间与路线的变化,导致渔业资源分布格局的改变。

(李秋月)

31. 气候变化和海平面上升对海岸带生态环境与经济发展有什么影响?

目前全球一半以上的人口居住在海拔不超过200m的沿海地区,平均人口密度较内陆高出约10倍,而且大都是经济最发达的地区。其中海拔10m以下聚集了世界十分之一以上的人口。全球气候变化及其所引起的海平面上升越来越受到国际社会,尤其是沿海国家和小岛屿国家的关注。2013年《IPCC第五次评估报告》的第一工作组报告指出,从1901年到2010年,全球海平面平均上升了0.19m。预测与1986—2006年相比,2080—2100年全球海平面将上升0.26~0.82m。海平面的持续上升对人类的生存与发展构成严重威胁,尤其是对沿海低地和小岛屿国家会形成灭顶之灾。

---

① 恩索事件(ENSO)是厄尔尼诺与南方涛动的合称。厄尔尼诺事件是指热带中、东太平洋海表面大范围持续异常偏暖的现象,拉尼娜又称反厄尔尼诺,是指热带中、东太平洋海表面大范围持续异常偏冷的现象。南方涛动(Southern Oscillation)是指热带太平洋、印度洋之间气压的一种大尺度起伏振荡。赤道东太平洋气压偏低是海面气温偏高的结果,即厄尔尼诺现象;气压偏高则海面气温偏低,即拉尼娜现象。二者密切相关,合称"厄尔尼诺与南方涛动",简称恩索(ENSO)。厄尔尼诺也称ENSO暖事件,拉尼娜也称ENSO冷事件。ENSO事件是全球尺度年际变化最突出的例子,对全球大气环流和气候异常有重要影响。

（1）对海岸带生态环境的影响

海平面上升将导致沿海沼泽、潮间带、红树林和珊瑚礁等湿地面积减少，原有栖息物种将被迫迁徙以适应环境变迁。

海平面上升使沿海城市的排污难度加大，甚至发生倒灌。海平面上升使沿海江河受到潮水顶托的范围上溯，不仅引起河道泥沙沉积改变，还威胁到沿海地区的淡水供应和饮用水水质。海平面上升加剧了海岸侵蚀和土壤盐渍化，有些地区还导致地下水的盐化。

（2）对海岸带经济的影响

虽然海平面上升有可能扩大沿海水域面积，有利于发展水产养殖业，但所引起的风暴潮、海浪、赤潮等灾害加重会损毁养殖设施和损伤养殖生物。更重要的是海侵将减少沿海陆地的面积，造成海岸带城市和工业用地、耕地和盐田的巨大损失。台风、海浪、海冰、赤潮等海洋灾害的频繁发生将使对海上航运、油气开采、海洋捕捞、海岛旅游等海洋产业的损失加重。

（3）对海岸带灾害的影响

气候变化虽然并未增加沿海地区台风登陆次数，但台风强度明显增强，强台风、超强台风频繁出现，对海岸带居民的生命财产和设施构成极大威胁。

海平面上升将加剧台风、风暴潮、海浪、海啸等海洋灾害的危害，并对陆地洪水起到顶托壅高的作用，加大汛期排水压力，加重沿海地区的洪涝灾害。咸潮上溯和地下水盐化都严重影响沿海居民的饮用水安全与人体健康。

32. 气候变化对我国的森林生态系统和林业有什么影响？

森林生态系统是陆地生态系统中面积最大和最重要的自然生态系统。林业是指保护生态环境，保持生态平衡，培育和保护森林以取得木材和其他林产品，利用林木自然特性以发挥其生态功能的生产部门。随着社会经济的发展和生态文明建设的推进，林业生产的重点从木材与林产品生产转变为生态环境保护与生态服务功能的发挥。气候变化对森林生态系统与林业生产的影响表现在以下几个方面：

（1）对森林生态系统结构与功能的影响

随着气候变暖，我国春季森林物候在过去30年平均每十年提前2.3～5.2天。

植被类型分布向极地和高海拔扩展，群落结构改变。1961—2003年大兴安岭的兴安落叶松和小兴安岭及东部山地的云杉、冷杉、红杉可能分布范围和最适分布范围均北移。我国东部常绿阔叶林的分布范围北扩。但森林生态系统的演替要比气候变化滞后数十到一二百年，灌丛和树线向更高纬度与海拔的上升则要快得多。海平面上升威胁沿海红树林，过去20年世界红树林面积减少了35％。但森林向极地和高海拔迁移，极有可能导致某些物种的灭绝。

CO_2浓度倍增时，10％～50％的冻土带将被森林替代，但暖干化地区树木可能退化甚至大量死亡,被灌木和草本替代。

气候变暖和 CO_2 的施肥效应使 1982—1999 年全球森林净初级生产力提高了 6%,热带尤为明显,但某些气候暖干化地区因呼吸加剧或降水减少导致森林生产力下降。由于北方增温更为显著和西北西部降水增加,中国森林净初级生产力的变化率由东南向西北递增。

气候变暖改善了高寒地区的交通条件,增加了炎热季节到林区避暑的市场需求,有利于森林生态旅游业的发展。

(2)对森林火灾的影响

中国华北和东北气候暖干化,干旱事件增加了可燃物的积累,森林防火期明显延长,早春和初夏森林火灾多发,分布范围扩大。如大兴安岭林区过去夏季很少发生林火,现在发生次数有时甚至超过春季防火期。2006 年夏秋川渝大旱时,过去夏秋几乎没有林火的重庆市发生了 158 起。其他极端天气气候事件也增加了森林火灾的风险,如 2008 年初南方的冰雪灾害使森林底边易燃可燃物增加 2~10 倍,湖南省当年 3 月的森林火灾次数就超过了 1999—2007 年 3 月发生次数的总和。森林火灾的频发有利于耐火树种的生存,使其丰度增大。气候变化还影响到人类活动区域的改变,从而影响到森林火灾的火源分布。

(3)对森林有害生物的影响

气候变暖扩大了森林有害生物的分布范围。我国北方油松毛虫一直在向北向西扩展。20 世纪 50—60 年代白蚁只在广东危害严重,后扩散到江南和江淮,70 年代扩展到徐州,2000—2001 年已在京津发现。过去在东南丘陵常见的松瘤象、松褐天牛、切梢小蠹等目前在辽宁和吉林危害严重。气候暖干化地区的森林鼠害也日益加重。

(4)极端天气气候事件

气候变化使极端天气气候事件增多,2008 年低温雨雪冰冻灾害涉及 19 个省、自治区、直辖市,全国林地受灾 3.13 亿亩[①],森林蓄积损失 3.71 亿 m^3。2009—2010 年的西南大旱使许多树木枯死,还引发了大量森林火灾。1993 年 5 月北半球中纬度持续干旱多风,在中国东北、俄罗斯远东、西班牙、意大利、希腊和加拿大等国引发了多起森林火灾,其中以我国大兴安岭的森林火灾损失最为惨重。冬季变暖使冻害和日烧病等越冬灾害总体减轻,但气候暖干化地区干旱频发有可能加剧冬末早春苗木与嫩枝的抽条。

(5)土地退化与荒漠化

气候暖干化地区由于降水减少使森林和草原植被退化,可能加剧土地荒漠化。但冷空气活动和风速减弱使沙尘暴发生次数减少,又有利于遏制土壤风蚀和减轻土地荒漠化。近几十年来我国南方频繁发生旱涝急转,前期受旱山坡土壤变得疏松和

---

① 1 亩＝1/15hm²,后同。

植被生长不良,突降暴雨会加剧水土流失,破坏森林植被。

(6)对林业生产作业的影响

气候变暖导致森林春季物候提早,秋季落叶与休眠推迟,以及降水量的季节分配改变,也将影响到植树、苗木抚育、林地整理、间伐等林业生产作业的时间和方式。

33. 气候变化对我国的湿地生态系统产生了什么影响?

湿地是世界上最具生产力的生态系统之一。全球湿地面积约 5.7 亿 hm^2,占陆地面积的 6%,包括湖泊、沼泽、沿海滩涂和洪泛平原,其中各类沼泽的面积占到 76%。中国湿地面积约占世界的 10%。湿地具有涵养水源,减缓洪水,补充地下水,控制侵蚀,稳定海岸线,保持碳、营养物、沉淀物和污染物等重要的生态功能,被称为"地球之肾"。湿地通过碳汇效应与蓄热作用对于全球气候变化起到重要的缓冲作用。湿地还提供洁净水、鱼类、木材、泥炭、野生动物资源等经济产品。目前世界与中国的湿地退化都很严重,中国湿地面积近 20 年来减少了 11.46%,尤其沿海和新疆的湿地已累计丧失过半,近 50 年来三江平原湿地面积所占比例由 52.49% 下降到 15.71%。因人口增长和经济发展侵占湿地是湿地退化与丧失的主要原因,但气候变化与环境恶化也起到了重要作用。

气候变化对湿地的影响主要包括以下几个方面:

(1)水文变化对内陆湿地的影响

气候变化引起的区域降水量与蒸发量的变化影响到河流、湖泊、沼泽等陆地湿地,干旱和半干旱地区的湿地对降水变化尤其敏感。如在 20 世纪 70 年代,由于降雨的减少,若尔盖泥炭地的尕海湖面积由 2000 hm^2 减少到 400 hm^2,同时还因水位降低导致泥炭地的退化。气候变暖引起我国西部冰川积雪加速融化,近十多年来青藏高原的湖泊面积在扩大,但在未来冰川消失后水量将会减少。温度升高将导致中东部富营养化湖泊的水质下降和促进外来物种的入侵和蔓延。

(2)海平面上升对沿海湿地的影响

海平面上升将淹没大量沿海滩涂和湿地,气候暖干化地区河流的入海径流与泥沙减少更加剧了海水对河口三角洲的侵蚀,在黄河三角洲表现尤为明显,自 20 世纪 80 年代以后已由历史上长期存在的淤长增生陆地转变为岸线蚀退,湿地面积不断减少。如果海平面上升 48cm,黄河三角洲大约 40% 将被淹没。世界许多三角洲是迁徙涉禽的重要停歇地,海平面上升和其他与气候相关因素引起湿地的变化将威胁水鸟和其他野生动物的生存。海平面上升还将导致大量盐沼和红树林丧失。

(3)气候变化对与湿地相关农业生产的影响

水稻是热带和亚热带地区居民的主要食物,气温升高、极端降水事件和强台风都对水稻生产产生不利影响。气候变化导致我国江南旱季更旱,雨季更涝,河流湖泊水位的季节变化更加剧烈,增加了水稻生产和淡水养殖的不稳定性。

(4)气候变化改变人类活动而间接影响湿地

气候暖干化地区由于水资源严重短缺和超采地下水导致许多河流干涸,湖泊消失。如内蒙古高原的湖泊总面积在过去 30 年里缩小了 30.3%。气候变暖有利于水稻种植向北扩展,大面积扩种水稻和长期以来的围垦导致三江平原的湿地面积到2010 年已经比新中国成立初期减少了 80%。

34. 气候变化对土壤肥力产生了什么影响?

土壤是陆生生物赖以生存的物质基础和陆地生态系统物质能量交换的重要场所。土壤有机碳是土壤肥力的重要构成要素,气候变化通过影响土壤中外源有机碳的输入和土壤有机碳的分解,直接影响土壤有机碳的蓄积。

20 世纪 60 年代我国农业土壤耕层有机质平均含量为 1.782%,80 年代为2.390%,全国农业土壤存储碳量为 31.03 亿 t。近 30 多年来尽管农业产量升高使有机质还田增多,但东北和西南地区土壤有机质呈减少趋势。研究表明,南方水稻土有机质在升温条件下分解程度小于旱地土壤,温带要比热带、亚热带明显,如黑龙江省气象局 2005 年调查,松嫩流域土壤有机碳含量在 1951−2000 年期间平均下降了2.73 个百分点,约为 38.7%。

土壤有机碳处于特定环境下的动态平衡,环境条件的改变会影响其代谢过程。气候变化从两方面对土壤碳储量产生影响:一方面影响植物生长,从而改变每年加入土壤的植物残体输入量;另一方面通过改变微生物生存条件而改变植物残体和土壤有机碳的分解速率。

(1)温度升高对土壤微生物和有机碳的影响

温度升高促进土壤微生物种群数量增长与活性加大,加速了土壤有机碳分解,并使土壤贮藏碳释放到大气中,对气候变化形成正反馈。

(2)CO_2 浓度升高和温度升高对土壤有机碳的综合影响

CO_2 是植物光合作用的重要原料,田间试验表明高 CO_2 浓度下土壤有机质增加。但气温升高和降雨量增加时,凋落物和土壤有机碳的分解速率也将加快。寒冷地区可能温度影响占主导,而温暖地区 CO_2 浓度的影响可能会更明显,气候变暖有可能导致土壤有机碳储量在温暖区域增加,在寒冷区域减少。

(3)温度升高与降水变化对土壤有机碳的综合影响

降水减少导致植物生长减慢,植株变小。降水模式改变会影响植物生长季长度。干湿交替可促进微生物的活性,加速土壤有机质分解。气候变化导致降水量分布的变化将导致土壤碳释放和生态系统贮藏碳的改变。降水对陆地生态系统土壤呼吸速率的影响较为复杂,往往与温度变化共同产生影响。气候变化使区域植被类型、分布、物种构成和生物量发生改变,从而影响到回归土壤凋落物的数量及其分解速率。如气候暖干化地区由于蒸发加大不利于植物生长,使枯落物减少;气候暖湿地区的植被生物量及其凋落物数量都会增加;但温度升高会提高土壤有机质分解速率,导致土壤有机碳储量减少。

(杨宁)

35.气候变化对生物多样性产生了什么影响?

生物多样性是指一定空间范围内多种多样活有机体的总称,是生物及其与环境之间复杂关系的体现和生物资源丰富的标志。生物多样性作为人类赖以生存的基础,不仅给人们提供了基本的生活环境,丰富的生物资源还为人类的生产和生活提供了保障。IPCC的评估报告指出:过去的气候变暖已经对生物多样性产生了极大影响,物种的物候、行为、分布和丰富度、种群大小和种间关系、生态系统结构和功能等都已发生不同程度改变,甚至引起个别物种的灭绝。预计未来全球升温幅度超过 $1.5\sim2.5℃$ 时,目前已评估过的 $20\%\sim30\%$ 的物种灭绝的风险将增加;温度升高超过 $2\sim3℃$,目前地球上 $25\%\sim40\%$ 的生态系统的结构与功能将发生巨大改变。

气候变化对生物多样性的影响主要表现在:生境退化与消失,物种向气候相对适宜的地方迁移,物候期改变,某些物种的濒危或消失等。

气候变化在基因、物种和生态系统水平上对全球生物多样性都产生了影响。在基因水平上,生物体为适应新的气候条件,物种基因序列可能发生改变,影响生物的遗传多样性;在物种水平上,研究表明,到2050年气候变暖将导致全球5个地区 24% 的物种灭绝;在生态系统水平上,降雨和温度的改变将使生态系统分界线发生移动,某些生态系统可能扩展,某些生态系统将萎缩。

气候变化导致脆弱的生境逐渐退化甚至消失,栖息于中的物种和生态系统受到威胁,濒危物种将会增加。物种分布是区域生态因子长期作用达到平衡的结果,气候变化打破了这种平衡,迫使许多物种向高纬度和高海拔迁移,途中可能遭到食物缺乏等障碍,还可能遇到天然或人为障碍,当物种无法迁移时就会造成地方性甚至全球性的灭绝。

气候变化改变了生物的物候期,引起生态紊乱。如春天提前到来会使昆虫产卵和生长高峰期提前,使长途迁徙到此的鸟类错过昆虫生长高峰期而造成食物短缺并影响繁殖,或被迫改变原有的迁徙路径和目的地。

在我国,由于气候变暖已有4500种高等植物受到威胁,占整个植物种类的 15% 。天然林在加速减少,约有400种野生动物处于濒危。生物多样性的减少直接降低了生物圈调节平衡的能力,最终会影响到人类的生存和发展。

(李秋月)

36.气候变化与有害生物入侵有什么关系？

有害生物入侵是指有害生物由原生存地经人为或自然的途径侵入到另一个新环境,并在自然或人为生态系统中定居、自行繁殖和扩散,对入侵地的生物多样性、农林牧渔业生产、人类健康和食品安全等形成危害,造成经济损失或生态灾难的现象或过程。物种对于生态系统和人类的有害或无害是相对的。由于自然界的物种之间存在复杂的食物链关系,一些在原栖息地本来无害的物种,迁入新环境后由于缺乏天敌或制约因素而无限制地繁衍扩展,也有可能成为有害物种。如欧洲家兔引入澳大利亚养殖发生逃逸,成为野兔并大量繁殖,一度造成对草原的严重破坏。

气候变化对有害生物入侵的影响表现在以下几个方面:

(1)气候变化影响外来物种的入侵途径与传播过程

气候变化使全球休闲旅游地分布、国际运输、花卉苗木及作物品种市场需求和引种等的格局发生改变,使原来传入概率较低的物种获得更多传入机会。气候变化可能改变大气与海洋环流及国际运输格局,气候变暖使候鸟、昆虫迁徙与鱼类洄游事件和路径发生改变,加上极端天气气候事件的发生都为外来物种增加了新的传入机会,如超强台风可以把一些有害生物携带到很远的地方。气候变化形成的新环境可以为受气候要素限制的外来物种提供存活定殖的机遇,尤其是抗逆性和定殖能力强的外来物种将率先占领气候扰动造成的空缺生境并建立种群。气候变暖使喜温外来物种向高海拔和高纬度地区迁移,加快虫媒病害的蔓延和异地传播;温度升高还减少了昆虫的世代历期,增加越冬存活率和一年中发生的世代数,促使已经定殖的外来入侵物种扩大分布范围和种群数量。

(2)气候变化加剧外来物种入侵的生态恶果

生物入侵过程分为传入、定居和扩散三步,过程的实现取决于当地原有生态系统的抗干扰程度。在没有外来干扰时,原来生态系能够抵抗外来物种的入侵。气候变化有可能使现有物种对外来生物的抗性弱化并激活外来物种的活性,从而间接促进外来生物对本土物种的竞争和替换。如在顶级森林生态系统中,入侵物种很难在郁闭林冠下发芽生长;但在林冠遭受自然灾害或人为干扰而破坏后就容易发芽、生长和扩散。气候暖干化可能导致更加频繁的火灾、干旱和病虫害,使入侵物种有机可乘。外来物种入侵后通过扩散和繁殖占据新的领地,改变了原有生态系统的组成、结构和功能,破坏了生态平衡,将带来一系列的生态环境和社会经济问题,甚至引发生态灾难。

(3)CO_2浓度增高对外来物种入侵的影响

CO_2浓度升高使农田生态系统中的 C_3 类杂草更具竞争力,C_4 植物为优势种的群落易被 C_3 植物入侵。CO_2 浓度增高还导致植物体内蛋白质含量降低,促使害虫寻找蛋白质含量或生物量相对较高的植物群落。

（4）气候变化与土地利用变化的综合影响

人类活动导致的土地利用方式改变使原有生态系统结构发生根本改变,也是导致物种入侵的一个重要因素。大量森林和草原开垦成农田进行单一种植,使生物多样性和有害生物的天敌锐减,为外来生物入侵提供了有利条件。城市和工业用地由于下垫面性质改变不利于原有物种的繁衍,外来物种会乘虚而入。气候变暖促进了高纬度与高海拔地区的土地开发利用和人口聚集,增加了这些地区外来物种入侵的风险,与此同时,低纬度和低海拔地区的外来物种入侵问题会变得相对缓和。

（邵长秀）

37.气候变化对我国的冰冻圈产生了什么影响?

冰冻圈是指地球表层由山地冰川、极地冰盖、积雪、冻土、海冰等固态水组成的圈层,是气候系统的重要组成部分。我国冰冻圈的主体是高纬度高海拔地区广泛分布的冰川、冻土和积雪,不仅有重要的气候效应,还是维系干旱区绿洲经济发展和确保寒区生态系统稳定的重要水源保障。

（1）气候变化对中国冰冻圈及寒区生态环境的影响

中国是世界中低纬度地区冰冻圈最为发育的国家。在全球变暖背景下,20世纪90年代以来约82%的冰川处于退缩或消失状态,面积缩小2%~18%。青藏高原多年冻土的退化迹象明显,高原季节冻结深度减薄在腹地和东北部最明显,占总冻结深度的8%~10%;积雪普遍增加,1957—1998年雪深每年增加2.3%。未来冰冻圈的变化将持续对中国西部地区生态与环境安全以及水资源的可持续利用产生广泛而深远的影响。

20世纪60—90年代我国冰川储量减少了450~590 km³,已对中国西部干旱区水资源产生了很大影响,估计自20世纪90年代以来因冰储量减少导致的冰川融水径流增加值超过5.5%。冰川的加速萎缩最终将会造成河川径流的迅速减少。山区积雪和冻土对径流变化也有重要影响。估计由于冻土变化平均每年从青藏高原多年冻土中由地下冰转化成的液态水资源将达到50×10^8~110×10^8 m³,相当于黄河兰州站年径流量的1/6~1/3。

早春黄河上游河床解冻,流冰在中游堆积成冰坝常形成凌汛灾害,气候变暖将使凌汛发生提前。

东北平原随着气候变暖冻土层变薄,春耕春播等农事活动相应提前,水稻种植面积北扩。

气候波动使积雪与海冰范围的季节和年际变化更加明显。在内蒙古草原,积雪太厚和积雪期过长将形成白灾,牲畜觅食困难,因冻饿造成掉膘甚至死亡;积雪太少则会形成黑灾,牲畜因缺乏饮水而患病、掉膘或死亡。我国的渤海与北黄海是世界上纬度最低的海冰发生海区,1969年、2010年、2012等年都发生过严重的冰情,大量船只和油气开采平台被困和损坏。

(2)冰冻圈变化对全球和区域气候变化的影响

中国科学院院士秦大河指出,冰冻圈对于气候变化的响应极为敏感。随着气候变暖,世界各地冰川不断退缩,1950 年以来北半球冬季最大季节冻土面积减少约7%,我国减少了 10%~15%。如果全球冰川融化,海平面将要比现在高 60 多 m,沿海城市和低地将被淹没。《IPCC 第四次评估报告》指出,1993—2003 年海平面每年上升 2.7~3.5mm,其中冰冻圈的贡献率为 30%~60%。北极冰雪快速消融、大量淡水注入海洋可导致北大西洋热盐环流变慢乃至停滞,对全球气候变化产生重大影响。西伯利亚多年冻土囚锢的温室气体是每年化石燃料燃烧进入大气温室气体量的 75 倍,气候持续变暖和多年冻土退化可能导致这些温室气体逐渐释放,从而影响全球气候变化。

冰雪具有极高的反照率,其时空变化显著影响全球能量平衡及水循环过程,从而改变区域或全球尺度气候动力过程;全球冰量的变化通过改变海洋盐度和温度而触发大洋环流逆变,改变全球气候格局;多年冻土的变化不仅通过改变地气水热交换过程而影响气候系统,同时还通过改变冻土碳库而影响到全球碳循环和气候变化。

青藏高原积雪变化对大气环流的反馈作用显著,对印度气压场和热带东风急流强弱存在显著影响,高原积雪的多或少会造成夏季风的弱或强,进而影响长江流域的涝或旱。

38.气候变化对城市气候产生了什么影响?

城市气候是一种在城市作用下形成,区别于大区域背景气候的局地气候。城市气候的形成与扩展可以看成全球气候变化的组成部分,气候变化也对城市气候的形成起到了重要的促进作用。

(1)城市气候与"五岛效应"的形成

城市除受当地纬度、大气环流、海陆位置、地形等区域气候因素的作用外,还受到人类释放热量及水汽的影响。城市人类活动集中,建筑物密集,下垫面性质改变和大量消耗能源,使城市地区形成了特殊的城市气候。"城市热岛效应"(urban hot island effect)就是由于城市化发展导致城市中的气温高于外围郊区气温的现象。城市由于下垫面粗糙度大,又有热岛效应,机械湍流和热力湍流都强于郊区,通过湍流垂直交换,底层水汽向上层空气的输送量比郊区多,导致城区近地面水汽压和相对湿度小于郊区,形成"城市干岛"。但由于城市风速减小,湍流减弱,下垫面凝露较少,城区近地面水汽压高于郊区,又形成"城市湿岛"。随着城市中高大建筑物密度不断增加,尤其在盛夏,建筑物空调和汽车尾气超常排放热量,对流的增强有利于城市产生降水,通常城市区域的年降水量要明显多于郊区,称为"雨岛效应"。城市向大气大量排放废弃物,导致城市空气中的气溶胶浓度增大,使得城市空气要比郊区的能见度差,低云和雾霾出现频率高于郊区,形成"城市混浊岛"现象。

城市气候尤其是"五岛效应"的形成对城市生态环境、居民生活和经济发展产生了深刻影响。

此外,虽然大量密集的高大建筑使得城市区域的风速明显小于郊区,但与风向平行的并排建筑之间会形成"风廊效应"(wind corridor effect),使局地风速突然增大并造成广告牌倒塌和高层建筑阳台物品坠落,伤害行人和损坏车辆。

(2)气候变化对城市气候的影响

全球气候变化使得城市气候的特征更加突出。气候变暖与城市热岛效应叠加,使得城市区域的高温热浪更加突出,对人体健康和生产、生活的影响和危害变得更大。由于全球风速与太阳辐射普遍减弱,城市中的污染空气更加不容易扩散和稀释,使城市区域的雾霾更加频繁,加重了大气污染。尤其是华北平原,由于降水减少和冷空气活动减弱,静稳天气增多,加上三面环山的地形不利于扩散和重化工业企业及机动车数量的迅速增长,已成为我国大气污染最严重的地区。气候变化使极端降水事件增多,城市下垫面性质的改变,一方面增强了局地对流,使得城市出现暴雨的频率增加,强度加大,同时还由于透水性下降而增大了径流系数,使得城市区域在降暴雨时迅速发生内涝,严重影响交通和居民生活,并通过对生命线系统的破坏将暴雨内涝造成的灾害损失迅速放大。

(王雪姣)

39. 气候变化对城市生命线系统有什么影响?

城市生命线系统(urban life-system)是指为保证城市系统正常运转和维系城市功能的基础性工程,主要包括电力、交通、输油、供气、供水、排水、排污、通信、网络等。现代城市生命线系统以地下和地上管网形式密布城市区域,具有公共性高,涉及面广,相互关联性强的特点。城市基础设施的功能类似人体各个器官,如城市供电和输油气管道输送能量的作用类似于血液系统,物资和商品的输入和消费类似于消化系统,排水排污和垃圾处理系统的作用类似于排泄器官,传输信息的通信与网络系统类似于神经系统,因而被称为城市生命线系统。

(1)城市生命线系统的脆弱性

城市生命线系统极大提高了经济社会服务功能,给居民生活提供许多便利,但随着我国城市化进程不断加快,有些新城新区建设缺乏科学规划,基础设施建设往往滞后于城市发展,使城市生命线系统超负荷运行,容易引发事故,尤其是有些旧城区的管网系统陈旧且多年失修,城乡接合部和地下空间等外来人口集聚地的生命线系统更加不完善,私接电线和违章建筑较多,安全隐患更加突出。

关联性强是城市生命线系统脆弱性的主要原因。城市管网的局部受损可产生连锁反应,影响周围一大片,牵一发而动全身,尤其是管网枢纽受损,整个城市的功能会陷于瘫痪,具有明显的灾损放大效应。

现代城市对生命线系统的高度依赖也带来了高度的脆弱性。经济不发达的城市,居民大多住在平房,做饭与取暖用煤炉,家用电器很不普及,仅照明少量用电,出行多用自行车或公共交通,很少有人出远门。由于对城市生命线系统的依赖程度较低,1954 年冬季我国南方的持续严寒冰雪天气对城市运行和居民生活的影响有限。但 2008 年规模相近的严寒冰雪天气,由于造成交通、供电、通信等系统的瘫痪,直接经济损失高达 1516.5 亿元。交通中断造成数百万旅客滞留车站和机场,大量汽车堵塞在公路上,大量物资无法运出,司机与乘客饥寒交迫;长时间停电导致城市居民无法取暖和用炊,工作和学习受阻;给排水管道冻裂导致供水中断和粪污横流;通信中断还造成严重的社会恐慌。北美 2003 年 8 月 14 日大停电事故影响到美国和加拿大东部的 5000 万人口,经济损失高达 300 亿美元。居住在几十层高楼上的老年居民,由于供水供电中断和电梯停运,无法外出购买食物和饮用水,一度发生生存危机。

(2)气候变化对城市生命线系统性能的影响

气温升高后电线受热容易下垂着地,引发触电事故。冬季变暖,冻土层变浅,会对输油气管道和给排水管道的埋藏深度设计和保温措施产生影响,还会影响到高寒地区道路的路基建设标准。气温升高与热岛效应使得沥青路面在盛夏中午更易熔化而引发交通事故。气溶胶增加导致的城市能见度下降也会诱发交通事故。气温升高还使城市居民夏季空调降温用电和洗浴用水急剧增加。

(3)极端天气气候事件增大了城市生命线系统的事故风险

对城市生命线系统损害最大的极端天气气候事件包括热浪、冰雪、暴雨和内涝、严重雾霾污染、大风和雷电等。此外,沿海城市还容易受到台风和风暴潮的袭击,西部绿洲城市融雪性洪水与沙尘暴频发,山地城市容易遭受暴雨引发的山洪、滑坡与泥石流等灾害。

热浪发生期间用电用水负荷急剧增大,经常引发局部区域的供电供水中断或限时限量供应。

冰雪严重阻断城市道路交通,严重的冻雨可导致高压线塔与通信塔的倒塌与供电、通信系统的瘫痪。严寒天气不但急剧增大了供热负荷,还经常冻坏给排水和排污管道,给居民生活带来极大困难。

下垫面性质改变导致城市暴雨内涝严重发生,使交通陷于瘫痪,久旱之后突降暴雨还经常造成局部路面和地面的塌陷。2012 年 7 月 21 日北京城区发生的特大暴雨除造成交通阻断外,风雨还折断电杆,冲开排水井盖,导致行人伤亡。

风速减弱和气溶胶增多使城市雾霾天气增加,并往往伴随严重的大气污染,除直接危害人体健康外,还可诱发输变电系统的"污闪"(contaminated flashover)事故,1990 年 2 月 16—17 日华北区域电网大面积污闪,数十条高压输电线路掉闸断电。为保证居民取暖,北京市对 200 多个工业大企业实行拉闸停电并对远郊区县限电,造成严重的经济损失。

现代城市虽然由于高楼林立,直击雷已很少造成人员伤亡,但感应雷对供电、通信和网络系统的危害却在增大。

40.气候变化对城市园林景观有什么影响?

园林是在一定的地域运用工程技术和艺术手段,通过改造地形、种植树木花草、营造建筑和布置园路等途径创作而成的美的自然环境和游憩境域。城市化过程使原有生物群落大为减少或不复存在,导致生态恶化和污染加重。为保持良好环境,我国规定新建城市绿地覆盖率应占30%,改建城市不应低于25%。发达国家有些城市园林占地高达60%~70%,目前我国多数城市的园林绿地覆盖率比较低,远不能适应现代化建设的需要。

(1)园林绿地对城市气候与环境的效应

城市园林具有显著的生态效益、社会效益和经济效益。

①改善城市气候

首先是能够遮阴降温,减轻热岛效应。重庆市区的观测表明,城市林地比裸地降温5~7℃,草地与灌丛可降低1~2℃。园林绿化覆盖率越高,气温下降越多。其次,园林植物通过蒸腾散失水汽和截留降水,减少地表径流和保持土壤水分,可提高相对湿度10%~20%,还具有一定的防风作用。

②减轻城市环境污染

城市建筑群间有园林绿地有利于污染空气的扩散稀释和输入新鲜空气。园林植物的遮阴可降低噪光和噪声,吸附和减少空气含尘量。许多园林植物还能吸收HF、SO_2、NO_2、O_3等有毒气体或杀菌,对污水也具有一定的净化作用,并能减轻土壤侵蚀。

③有益人体健康

园林植物固碳制氧改善了城市空气质量,绿化覆盖率35%~60%的地方负离子浓度为覆盖率小于7%地方的两倍。园林绿地还为城市居民提供了赏心悦目的景观和休闲娱乐的场所。

(2)气候变化对城市园林的影响

城市园林生态系统生物种类较少,食物链较简单,遇自然灾害或人为干扰,其结构容易被破坏,自我调节能力较低,气候变化对城市园林的影响表现在以下方面:

①物候的改变

气候变暖使植物的春季物候普遍提前,全球气温每升高1℃,我国木本植物物候期提前3~4天。城市由于热岛效应的叠加,植物候的提前更加明显,且纬度越高,城市越大,提前得越多。如桂林市气温每升高1℃,春季物候平均提早5天,秋季平均推迟8天。对于沈阳,研究表明未来平均气温每升高1℃,芽萌动期将提前9天,展叶期提前10天。异常暖冬常使一些树木提前萌芽甚至开花而容易遭受冻害,但对于需要一定时期低温刺激才能打破休眠的植物,冬季变暖有可能导致芽萌动和开花期的推迟。在气候明显暖干化地区的城市,有些草本植物也可能因水分不足而推迟返青,木本植物则推迟萌芽。

气候变暖使得城市林木的春季开花与观赏期提前,秋季变色与落叶推迟使红叶与银杏树黄叶的最佳观赏期也相应延迟。如过去北京香山的红叶最佳观赏期是在10月中旬末和下旬初,现已推迟到10月下旬末和11月初。

②对植物种类的影响

随着气候变暖,原有树种、草种可能会变得不适应,但北方城市过去不适宜栽种的喜温和相对不耐寒的树种、草种变得能够存活。降水的变化也会影响到植物种类的分布,如北京市由于降水减少和水资源短缺,提倡种植耐旱树种和灌木,城市草坪也要尽量采用耐旱草种。

③极端天气气候事件的影响

气候变化导致极端天气气候事件频繁发生。园林植物在前期气温明显偏高和发育提前的情况下再遇强烈降温,更容易遭受低温冻害。如北京市2010年1月上旬城区极端最低气温降到−20～−19℃,为40多年来所未有,冻害最严重的植物有石榴、紫薇、大叶黄杨、丝兰等,竹子和雪松的冻害也较严重。但冬季异常偏暖时,北方城市的有些早花植物也会出现二次开花,因消耗养分使长势变得衰弱,也容易遭受冻害。持续干旱缺水对园林植物的生长也十分不利,20世纪80年代以来北京市同一树种的生长速度明显慢于20世纪50—60年代。由于缺水对京密引水渠实施衬砌后,渠伴树木大量枯死。2008年1—2月南方城市的低温冰雪灾害导致大量树木倒折。

④对植物病虫害的影响

气候变暖使城市园林生态系统的生物种群结构发生改变,植物病虫害越冬基数增加,发生提前,危害期延长。如济南市2008—2009年秋季气温偏高且少雨,食叶害虫、蛀干害虫和地下害虫的为害期延长了10～20天。由于城市区域的气温明显高于郊外,加上植物种类不同,城市园林植物的病虫害种类和发生规律与乡村有很大差异。

41.气候变化对城市社会生活有什么影响?

城市是以非农业产业和非农业人口集聚为主要特征的居民聚落,是人类文明发展的产物,通常是周围地区的政治、经济、文化中心。随着生产力的发展,由以农业为主的乡村型社会向以工业和服务业等非农产业为主的城市型社会转变是历史发展的必然趋势。改革开放以来我国城市化进程明显加快,但有些地区缺乏科学规划与配合的过快城市化也带来了许多环境问题与社会问题,气候变化在一定程度上加剧了这些"城市病",不利于城市社会经济的可持续发展。

气候变化对城市社会生活的影响表现在以下几个方面：

（1）影响人体健康

气候变化将对城市居民的人体健康产生不利影响，包括夏季更热使人体感到不舒适并增加了中暑和患病的危险，有害生物向更高纬度与海拔地区扩展增大了媒传疾病传染的风险，CO_2浓度增高会改变某些农产品的养分构成，打破人体摄取食物的营养平衡。但气候变暖对于高寒地区城市居民的健康有可能利大于弊，尤其是减轻了冬季易发疾病和冻伤。

（2）作息与出行规律改变

气候变暖使得炎热地区的居民延长午休和调整上下班时间，高寒地区居民的冬季出行条件改善，工期延长。

（3）极端天气气候事件的危害

气候变化与城市扩展导致热浪、局地暴雨内涝、雾霾污染等极端天气气候事件频繁发生，除直接危害人体健康外，还严重影响城市居民生活与工作。

（4）影响社会活动

气候变暖使高寒地区城市的冬季室外活动增加，不再"猫冬"；但中低纬度城市夏季变得更加炎热，不利于公共场所政治、商贸展销、展览、文化和体育活动等的开展。

（5）影响城市规划与土地利用

气候变化导致不同地区的资源与环境条件发生改变，如气候暖干化地区由于水资源日趋短缺，沿江地区由于洪涝灾害加重，城市扩展和人口承载都将受到限制，而气候趋于改善地区的城市将吸引更多人口迁入。为减轻城市热岛效应，不得不留出更多的土地用于绿化和作为城市水面。

（6）影响城市基础设施

我国许多城市的基础设施建设滞后于城市发展，气候变化使得这一矛盾更加突出，目前我国大多数城市的排水系统只能应对一年或半年一遇的大雨或暴雨，不利天气下交通拥堵尤其严重，盛夏炎热天气经常限水限电。发生极端天气气候事件使城市生命线受到破坏甚至瘫痪，后果就更加严重。

（7）影响城市环境

气候变暖使得城市园林和绿地的原有植物和生态系统变得不适应，需要调整物种结构和抚育管理。缺水城市不得不削减城市水面，改种耐旱树木。气候变暖还使得城市园林植物的病虫害发生改变。

除人为因素外，气候变化导致全球平均风速与太阳辐射减弱，是许多城市雾霾污染加重和沙尘暴灾害减轻的主要原因。气候变暖还使得城市富营养化水体微生物加速繁殖，污染加重。

（8）适应气候变化的产业结构调整导致的就业变化

气候变化使不同区域的自然资源禀赋与环境容量发生改变，有利于某些城市和某些产业的发展,不利于另外一些城市和产业的发展,将加剧区域间社会经济发展的不平衡,在产业布局与结构调整的过程中,有些城市和产业部门的就业形势看好,有些则看差,由此产生一系列的民生问题。

(9)观念和意识的改变

气候变化对生态环境和社会经济的巨大影响促使人们高度关注全球环境危机,可持续发展理念更加深入人心,环境保护类民间社团如雨后春笋纷纷成立,环保志愿者队伍日益壮大,广泛开展了建设低碳经济和适应型社会的活动。

(10)气候移民与生态难民

随着气候变暖,原来不适于人类居住的高寒地区变得比较适宜,炎热地区和缺水严重地区变得不适宜居住,将使气候移民增加。目前,冬季去华南,夏季去东北和西北的候鸟式迁徙已成为许多城市居民的时尚。有些气候恶化的生态脆弱地区的城市居民可能成为生态难民,尤其是在经济不发达的发展中国家。

42.气候变化对城市经济有什么影响?

城市经济以城市为载体和发展空间,以二、三产业为主,生产要素高度聚集,具有规模效应、聚集效应和扩散效应,构成区域经济的核心与主体。城市经济的发展取决于区域资源禀赋、生态环境、地理位置、交通条件、人口分布与消费需求等诸多因素,气候变化通过对上述因素的影响而直接或间接影响城市经济。

(1)消费需求的改变

消费需求是产业发展的根本动力。随着气候变暖,夏令商品畅销,冬令商品需求减少。对安全防护、节能节水、空气净化、洗浴、医药等商品的需求增加。

(2)对气候敏感产业的影响

对气候变化敏感的产业包括高暴露、高耗能、高耗水、高污染、原料高依赖、消费高敏感等类型。

高暴露产业指主要在露天条件下进行生产活动的建筑业、交通运输业、旅游业、露天采矿与油气开采等。气候变暖使冬季作业条件改善,夏季作业条件恶化。极端天气气候事件增加使得露天作业时人员伤亡和设施损毁的风险加大。

高耗水产业包括造纸、冶金、纺织、皮革、化工、食品、洗浴等产业,气候变暖增加了冷却和洗涤用水,在气候干旱化地区的城市,这些产业的发展因缺水而受到严重制约或因成本提高而经济效益明显降低。节水器具生产和节水型产业发展将受到鼓励。

高污染产业包括化工、农药、电镀、制革、造纸、水泥、能源等产业。气候变化加剧了大气污染,增强了污染物的毒性,降低了城市的环境容量,严重制约高污染产业的发展,但有利于环保产业和环境友好型产业的发展。

食品、纺织、服装、餐饮、木材加工等产业以农林产品为原料,气候变化对农林业产品产量和质量的影响会直接延伸到这些原料依赖型产业。

气候变化改变了人们对食品、餐饮、服装、居室环境调控、旅游等的消费习惯,从而影响到这些产业的发展。

(3)对能源产业和高耗能产业的影响

高耗能产业包括冶金、建材、能源、化工、机械制造等。由于现代气候变化主要是人类大量排放温室气体所造成,遏制气候恶化要求加大节能减排的力度,要求高耗能产业实行节能技术改造和改用低碳或非碳能源。由于碳税的逐步推行,对低耗能产业的发展有利。

(4)对交通运输业的影响

气候变暖使高纬度高海拔地区和冬季出行条件改善,低纬度地区和夏季出行条件恶化,并对交通设施的性能和交通工程建设标准提出了新的要求。极端天气气候事件频发和能见度降低增大了交通事故发生的风险。

(5)对旅游业的影响

气候变化使自然物候、气象景观、出行规律和旅游消费需求都发生了改变,将引起旅游业时空分布和经营项目的调整。

(6)对商业与贸易的影响

气候变化引起的自然资源禀赋和环境容量改变,必然导致国内不同区域之间和世界各国之间产业分布格局的改变,气候恶化地区原有的一些主产区可能优势不再,气候变化有利地区可能迅速转变成优势产区,导致国内国际商业和贸易的格局发生改变。

(7)对文化产业的影响

气候变化引起消费需求、行为方式、心理、观念、社会结构、国际政治经济格局的一系列变化,尤其是保护环境和可持续发展的理念日益深入人心,必将反映到文化产品中。气候变化,尤其是极端天气气候事件还对历史文化遗产的保存造成了威胁。

(8)对金融、保险业的影响

为减轻气候变化的负面影响和利用所带来的某些机遇,许多产业与行业需要额外增加适应资金,联合国环境规划署2014年12月发布的报告称,2020年以前全球适应气候变化的成本将高达每年上千亿美元,是之前预计成本的三倍。如果根据各国政府之前已经同意的将温度升高控制在2℃范围以内,2025—2030年适应成本将上升到1500亿美元,到2050年适应成本为每年2500~5000亿美元。极端天气气候事件频发极大增加了对灾害保险的需求。

(9)对医药产业的影响

气候变暖将导致许多媒传疾病的北扩,增加热应激引发的中暑和心脑血管疾病的风险,气温升高增加水环境污染的风险,将导致一些发展中国家肠道传染病的流行。冬季变暖使与低温相联系的疾病有所减轻。极端天气气候事件增加了人员伤亡的风险,这些都对医药产业提出了新的要求。

(10)对科技、教育的影响

气候变化对经济、社会与生态的巨大影响,要求国际社会和各国加强对于地球系统科学与全球变化科学、节能减排和新能源开发技术、不同产业的适应对策与技术、生态系统调控与环境保护、构建低碳经济与建设气候适应性社会等方面的研究,并要求将应对气候变化的知识和技能列入教学计划,加强应对气候变化相关领域人才的培养。

43.气候变化对交通运输业有什么影响?

交通运输业指国民经济中专门从事运送货物和旅客的社会生产部门,包括铁路、公路、水运、航空、管道等运输方式。由于暴露度大,对气候变化较为敏感。气候变化对交通运输的影响包括对人员出行和物资流通的影响、对交通工程的影响、对交通工具性能的影响和对交通运行过程的影响等几个方面。

(1)对交通运输需求的影响

气候变暖改变了人们的出行规律,寒冷地区的冬季交通流量增加,炎热地区的夏季交通流量减少。气候变化导致不同产业优势产地和贸易格局的改变,也将影响到商品运输的走向。冬夏季节性迁徙人群的增加也加大了交通压力。

(2)对交通工程的影响

气候变暖改善了高寒地区的交通条件,使原来难以通行的地区变得有可能通行或阻力减少。如随着气温升高,北极海域的夏季海冰量迅速减少,北极航线一旦开通,从西北欧到东亚可缩短数千千米,具有极大的商业价值。冰雪封冻时间减少,使道路施工期得以延长。冻土层变浅要求提高路基建设标准,青藏铁路建设针对未来冻土层的变化而追加投资,使工程寿命得以延长。西部地区融雪性洪水和南方季节性旱涝转折及其引发的地质灾害增多,使交通工程建设因护坡、绕行或改建隧洞等而增加成本。气候变暖要求铺设公路改用熔点更高的沥青。海平面上升和风暴潮加剧对港口码头设施的抗风抗浪性能提出了更高的要求,沿海低地的道路也必须抬高路基或建成高架路。高温可导致铁路轨道变形和路面过度热膨胀。地温升高引起管道输送油气的体积膨胀,增加泄漏事故的风险。北方和高原的冻土层变浅可节省管道施工的成本。

(3)对交通运输工具的影响

极端天气气候事件频发对交通工具的抗灾性能提出了更高的要求。如城市局地暴雨内涝日趋严重,立交桥下和低槽路易发生淹溺窒息事故,要求机动车辆配备破窗逃生的工具;降雪增加的地区需要配备防滑链。雾霾频发使得能见度变差,要求飞机与轮船配备红外摄像仪和利用GPS准确定位。夏季变热要求车厢内改进通风与空调。极端高温天气会导致车辆过热起火和轮胎老化。强台风和超强台风频繁发生对海上航运船只的抗风浪能力提出了更高的要求。

（4）对交通运行的影响

气候暖干化地区由于降水减少导致径流量下降,过去通航里程一千多千米的海河现在只有入海口附近能通航几十千米。降水量季节变化增大使得长江干支流在枯水季节经常断航和搁浅,但丰水季节有时又因水位过高使大船难以通过桥梁。台风强度增大对海上航行安全造成了严重威胁。强降雨、冰雪和雾霾等极端天气气候事件经常造成道路交通的阻断甚至瘫痪,并造成机场关闭、航班延误或取消。炎热天气导致路面沥青熔化或冬季路面覆盖冰雪,机动车易打滑而发生交通事故。大风经常刮倒路边树木和电杆而阻断交通,新疆的一些风口甚至多次发生火车被强风掀翻的事故,全球气候变化使风速减弱可降低此类事故的发生。高温、雾霾、严寒、暴雨等恶劣天气还会影响驾驶员的心理,反应灵敏度下降,操作容易失误,容易发生交通事故。

（李娜）

44.气候变化对矿业生产有什么影响?

采矿业是通过开采和采伐等手段获取自然生成矿物的工业部门,主要包括煤炭、石油和天然气、黑色金属矿产、有色金属矿产、非金属矿产、砂石、采盐、地热、矿泉水等的开采,是国民经济的基础性产业。由于采矿业的暴露性强,也是对气象条件和气候变化比较敏感的产业部门。

（1）气候变化引起能源需求改变对采矿业的影响

应对气候变化要求世界各国加大节能减排的力度和尽可能采用低碳或无碳的清洁能源。历史上我国能源结构一直以煤炭为主,随着节能技术的改进和减排压力的增大,近年来煤炭开采的规模在压缩,劣质煤矿的开采基本废止。加快了以石油和天然气替代煤炭的步伐。将来在核能、太阳能、风能、潮汐能等非碳能源利用取得技术突破后,石油和天然气等化石能源的开采也将被压缩。

非燃料矿产的开采也属高耗能和对生态破坏较重的产业,遏制气候变化的负面效应要求尽可能降低这些矿产开采的能耗和对环境的破坏,开采成本必然会相应提高。气候变化加剧许多矿产资源趋于枯竭的态势要求尽可能提高各类矿产品的利用效率和寻找替代资源,也会影响到未来矿业生产的规模。

（2）气候变化对采矿作业的影响

采矿业由于暴露性强,受气象条件的影响很大。气候变暖会带动矿井内气温的升高,降水减少地区的矿井内空气变干燥,这些都会使井下工人感到不舒适,降低劳动效率。水力采煤和洗煤需要消耗大量的水,煤炭开采量占全国1/3山西省因降水减少,采煤水资源不足,严重制约了煤炭生产。乱开乱挖的短期行为又导致水资源的严重浪费,形成了恶性循环。

在降水减少的同时,极端降水事件的发生频率却在加大。前期的暖干天气使得矿山的尾矿与风化物大量堆积变得松散,再突降暴雨更容易发生地面塌陷、滑坡、泥石流和堰塞湖溃决等地质灾害。

（3）气候变化对煤矿安全事故的影响

虽然煤矿安全事故的发生以人为原因为主,尤其是一些依靠贿赂非法获得开采权的矿主不按规范建立安全设施,是 20 世纪 90 年代我国煤矿伤亡事故高发的主要原因,但煤矿事故的发生也与气象条件有一定关系,气候变化增大了煤矿事故发生的风险。

随着全球气候变暖,冷空气活动减弱,地面气压与风速有降低的趋势,井下气温有升高的趋势,这些都会加大井下瓦斯的涌出量和排放量,增大井下空气中的瓦斯浓度,增加了发生瓦斯爆炸事故的风险。

随着气候变化,极端天气气候事件的发生频率也在增加。根据淮北煤矿的调查,63.4% 的煤矿事故发生前 12 到 36 小时有冷锋过境,过境时气压处于低谷,温度偏高,促使井下瓦斯不断积聚。锋后风向突变,气压陡升,瓦斯大量排出,尤其是外界风向与出风口相逆时,井下瓦斯浓度迅速积聚,一旦爆炸将更加猛烈。

地面气温升高带动井下温度升高会显著增加事故发生率。为此,《矿山安全条例》规定井下工人作业地点的温度不得超过 28℃,采掘工作面的空气温度不超过 26℃,如超过应采取降温和其他保护措施。

45.气候变化对建筑业有什么影响?

建筑业是专门从事土木工程、房屋建设、设备安装及工程勘察设计的生产部门,是现代经济的支柱产业之一。建筑业的流动性和暴露性都很强,是气候变化敏感产业之一。气候变化对建筑业的影响表现在以下方面:

（1）对建筑市场需求的影响

不同地区的建筑风格与当地的气候特点密切相关。高寒地区的住宅建筑讲究背风向阳和保温,炎热地区的住宅建筑要求遮阴通风。多雨地区屋顶较尖,屋檐较长,地基较高,有利于雨水排泄,干旱地区则房顶较平,可用于晾晒。气候变化将影响不同地区对住宅建筑性能的要求改变。气候变暖有利于高寒地区的资源开发和改善交通,随着人口增加,对住宅建筑和公共设施的需求会增加;气候过于炎热地区、易被海侵的低地和内陆荒漠化加剧地区的人口将会减少,对住宅建筑的需求也随之下降。沿海地区台风登陆次数虽然没有增加,但台风强度有增大趋势,对建筑物的抗风、抗洪、抗潮能力等都提出了更高的要求。高寒地区季节性冻土层变浅,要求地基打得更深更加牢固。近年来季节性迁徙人口迅速增加,使得华南越冬避寒与北方度夏避暑地区的建筑市场需求明显增大,气候恶化内陆地区的建筑需求降低。

（2）对建筑材料的影响

大多数建筑材料的生产过程对气象条件十分敏感。随着气候变暖,要求建筑材料具有更好的隔热性能。比如,长江流域降水增多将影响混凝土浇筑时的水灰比,使强度降低。温度过低,混凝土的水化作用减弱甚至停止,表面如冻结还会产生裂缝;气温过高时因水分迅速蒸发易变形和断裂;气候变暖使冬季混凝土不能生产和浇灌的时期缩短,但同时也增大了夏季混凝土浇灌质量下降的风险。混凝土养护最适相对湿度为 90%,过干因水分蒸发加快会影响强度,过湿水泥易受潮变质,产生硬结,降低强度。因此,气候变干的地区需要及时覆盖,抑制蒸发和喷水补充,气候变湿地区要注意防雨。冬季气温过低会使钢筋塑性及韧性降低,脆性增加,还造成涂料、水泥灰浆等装修材料冻结,凝结力降低;气候变暖使北方地区建筑工程的这些风险有所降低。

建材业是我国温室气体的排放大户,尤其是水泥生产。为此,各地正在探索以节能环保的绿色建材替代水泥和混凝土,其中可浇注、高耐久、高强度石膏基本不排放 CO_2,废弃石膏墙材还可重复利用,是未来的发展方向。利用工业废渣制作建筑材料也是一个重要途径。上述绿色建材除节能外,也改善了隔热性能,可减轻气候变化带来的冷暖骤变影响,提高室内的舒适度。

虽然黏土烧砖在许多城市已不再使用,但仍是我国农村的主要建材之一。农村制砖主要在露天进行,受气候变化的影响很大。挖掘出来的黏土要经过长达半年左右的露天堆积过程,使之分解松化,再经过手工粉碎、过筛,留下细密的纯土,才能烧制。在这个过程中如发生暴雨会造成原料的大量流失。脱模后的砖坯要放置背阳处阴干以防曝晒出现裂纹和变形。一两个月后砖坯完全干燥再入窑烧制。在气候暖干化地区阴干过程将缩短,特别炎热天气要采取洒水或覆盖措施以防止晒裂。在降水显著增加的地区和季节则往往难以阴干,要采取降湿措施。

(3)对建筑施工的影响

建筑施工主要在室外进行,受气象条件影响很大。一般认为,日平均气温 5~23℃ 为最佳施工期。随着气候变暖,北方和冬半年的适宜施工期得以延长,南方和夏季的适宜施工期将会缩短。不利天气下很容易发生建筑安全事故,尤其是大风、暴雨、冰雪、热浪、风沙、雷电等。随着气候变化,全球平均风速在减弱,但对于城市高层建筑的施工,同一时间的风速明显大于低空,加上城市建筑物之间的风廊效应,工人和物品高坠事故时有发生,对于城市建筑施工的风灾仍不可轻视。同样,虽然风沙、冰雹、雷电等灾害的发生有减少趋势,但对于高层建筑施工仍然是严重的威胁。气候变暖要求加强夏季建筑施工作业的防暑降温,冬季虽然总体变暖,但在发生极端冰雪天气时也需要格外加强保护。城市气候的形成和极端降水事件增加,使城市局地暴雨内涝危害明显加重,对建筑施工安全也构成了威胁。

(4)对建筑节能和舒适度的要求

联合国环境规划署驻华代表张世钢指出,建筑行业能耗每年占全球总能耗的40%,温室气体排放占全球排放总量的 30%。中国现有建筑物绝大多数为高能耗,应对气候变化要求大幅度降低建筑耗能,呼唤绿色建筑。高耗能的主要原因是建筑材料的隔热性能不好,导致冬季室温偏低,夏季室温偏高,降低了舒适度和工作效率。需要通过改进建筑设计和材料性能来提高隔热能力,居室冬季供暖和夏季空调尽量利用太阳能和风能等可更新非碳能源。如北京市已废止黏土烧砖生产,并鼓励住宅安装太阳能热水器。针对气温波动实行智能化调控室温是未来的发展趋势。

46. 气候变化对旅游业有什么影响?

旅游业是以旅游资源为凭借、以旅游设施为条件,向旅游者提供旅行游览服务的行业。为游客提供的服务包括交通、游览、住宿、餐饮、购物、文娱等。随着社会经济的发展和人民生活水平的提高,旅游消费需求迅速增长,旅游业已成为国民经济发展最快的重要产业部门之一。2009年旅游业收入占全球GDP总量的9.3%,全球旅游业就业人数2.1亿,占就业总数的7.4%。由于暴露性强和涉及部门多,旅游业也是对气候变化最为敏感的产业部门之一。气候变化对旅游业的影响包括消费需求、旅游资源、旅游设施、旅游服务等方面。

(1)对旅游消费的影响

气候变暖使得海滨和山区夏季避暑旅游消费需求急剧增加,高寒地区的气候与交通条件改善使得那里的旅游业也得到发展。雾霾污染增多的城市居民到郊外、沿海和山区等空气质量较好地区旅游的意愿明显增大。气候变化促使环保意识增强,使生态旅游成为旅游业新的热点。

(2)对旅游资源与设施的影响

除人为设施外,自然物候、气象景观、生物多样性、气候舒适度、交通条件等旅游资源都受到气候变化的显著影响。气候变暖使植物春季萌芽、开花、结果提前,秋季落叶和变色推迟,加上候鸟迁徙、冰霜雪露等物候与气象景观的变化,导致各地春季踏青、赏花、观鸟等旅游项目逐渐提前,秋色观赏项目延迟。冬季冰雪旅游项目的延续时间缩短。一般认为,至少要有30cm厚的积雪才能开展滑雪运动,1988年在加拿大卡尔加里举办的冬奥会就曾因积雪迅速融化而不得不到更高海拔山区临时开辟滑雪场,额外增加大量成本。暖冬年在北京延庆的冰灯观赏期也被迫大大缩短。气候变暖使耐寒植物种类减少,耐热植物种类增加。北方干旱少雨,缩小了水体、湿地、冰雪类旅游产品的开发空间,南方暴雨增加地区的洪涝灾害对旅游设施造成损害。极端天气气候事件有可能损坏名胜古迹场所与建筑设施。海平面上升和风暴潮加重威胁滨海度假和旅游。内陆水体水位的明显上升会淹没一些旅游点。气候改善地区将能吸引更多游客,气候恶化地区的旅游业将会萎缩,如夏季变热预计将使地中海和加勒比海地区的游客分别下降1.11亿和1.98亿人次。海温升高使一些沿海红树林萎缩甚至消失,珊瑚礁白化,加上赤潮与风暴潮更加频发,也不利于沿海旅游业的发展。因气候变化交通条件改善的地区有利于旅游业的发展,交通条件恶化地区则更加不利。

（3）对旅游业经营和管理的影响

气候变化给旅游业经营和管理带来挑战。首先是极端天气气候事件的增多使旅游业的风险加大，如2008年初，我国南方地区的低温冰雪灾害给旅游业造成了巨额损失，仅张家界的旅游接待人数就比2007年同期减少了50.4%，旅游收入减少42%。北京市在2012年7月21日的特大暴雨中，不少游客在山区被困。气候波动增大使不同年份之间的自然物候与气象景观等旅游资源出现很大差异，也需要旅游部门加强与气象部门的合作，准确掌握最佳观赏期。如洛阳的牡丹节就曾发生过盛花期未到或已过，使游客感到大煞风景，气象部门加强了花期预报后才有所好转。旅游部门还需要高度关注气候变化引起游客消费需求的改变，提前做好交通、物资、住宿、展销、应时文娱活动等方面的准备。

（李娜）

47. 气候变化对服务业与商业有什么影响？

商业指以货币为媒介进行交换从而实现商品的流通的经济活动，是一种有组织的提供顾客所需商品与服务的行为。服务业是生产和销售服务产品的产业，服务产品与其他产业产品相比具有非实物性、不可储存性和生产与消费同时性等特征。我国国民经济核算时将服务业视同为第三产业，定义为除农业、工业之外的其他所有产业部门，商业是服务业中最大的产业部门。气候变化对服务业和商业产生了深刻的影响。

（1）气候变化促进了绿色商业的兴起

绿色商业是指商业企业在商品流通过程中充分体现环境保护意识、资源节约意识和社会责任意识，尽可能减少资源消耗，保护流通环境，满足消费者的绿色需求，科学地实现企业的经营目标和发展的可持续性。

气候变化引起的环境危机要求发展低碳经济，除开发销售节能产品与新能源外，节能环保的技术转让、投融资、排放权交易、清洁发展机制（CDM）项目交易和生态补偿注册系统交易等低碳商业和金融服务业也应运而生且规模日益扩大。

气候变化导致环境污染加剧，使绿色消费理念更加深入人心，增加了对环保器材和绿色商品的需求。如为减轻室内空气污染，空气净化器和负离子发生器畅销；为确保饮水安全，对农村饮用水源普遍进行改造；为防止摄入污染物，绿色食品和有机食品受到青睐；为保护自然资源，人们自觉地使用节水器具，限制塑料袋的用量，尽可能回收和利用废弃物；为减少食物浪费，餐余食品打包已成为时尚；为减少纸张和木材消耗，提倡电子化无纸办公；物质消费的比重缩小，精神消费的比重增加。

（2）气候变化引起的消费需求变化，促进了服务业与商业的结构调整

气候变化引起居民消费需求的改变，促进了服务业和商业结构的调整。气候变暖使夏令商品更加畅销，冬令商品的销路相对缩小，对高热量食品的需求减少，对冷饮和蔬菜、水果的需求增加。极端天气气候事件的增加促进了安全减灾设施与器材

的销售。气候变化引起有害生物活动规律的改变将导致医药、农药和兽药生产与销售种类与数量的变化。气候变暖使各地的洗浴生意更加兴隆,但降水减少的水资源缺乏地区不得不对洗浴和洗车业的用水量严格限制。

(3)原料生产格局变化引起的商业调整

气候变化带来的资源与环境格局改变使得气候敏感型产业的布局相应改变,也将促使依赖这些产业生产原料的下游产品的销售与服务业发生改变。如气候变暖有利于东北扩大水稻生产,不利于严重缺水的华北地区的水稻生产,使得我国北方商品大米生产基地从华北转向东北,加上东北大米的品质优于南方,目前已经畅销全国。为发展低碳经济必须压缩煤炭生产,尽可能改用石油、天然气和可更新能源,对油气开采和新能源开发的机械与设施的需求增长,煤炭与煤化工产品的销售下降。

(4)极端天气气候事件对服务业的影响

随着人民生活水平的提高,夏季到北方避暑,冬季到华南过冬的候鸟人群日益增多。气候变暖总体上使适于过冬的地区增加,但气候波动又往往令人措手不及。由于预期 2015 到 2016 年将是一个暖冬,海南住宿房价出现猛涨趋势,不料就在 2016 年春节前夕一股超级寒潮南下,海南省出现多年少有的持续阴冷天气,许多人取消了到海南过冬的计划,海南许多县市的宾馆、旅店门可罗雀,不得不降低租金以吸引顾客。超级寒潮还严重影响了蔬菜生产,加上雨雪阻断运输,导致市场菜价飞涨。仓储条件好的零售商则乘机发了财。

48.气候变化对历史文化遗产有什么影响?

历史文化遗产是指具有一定历史意义,与人类生活息息相关,存在历史价值的文物,其中物质文化遗产是具有历史、艺术和科学价值的文物,非物质文化遗产是指各种以非物质形态存在的与群众生活密切相关、世代相承的传统文化表现形式。全球气候变化不仅给人类社会的农业、工业、科技等领域都带来了重大而深刻的影响,引发人类针对以上领域进行了不同程度的变革,而且对历史文化遗产也带来了同样不容忽视的影响。联合国教科文组织发布了汇聚来自世界各地 50 个专家的研究成果报告《气候变化与世界遗产案例分析》,该报告详细阐述了气候变化给世界自然和文化遗产带来的严重影响,包括英国的伦敦塔、突尼斯伊其克乌尔国家公园和澳大利亚的大堡礁。

(1)气候变化对古建筑的影响

历史文化遗产中的古建筑不但年代久远,地基也很脆弱,中国的古建筑以土木结构为主。一方面气候变化引起的土壤水分状况改变、土温升高或冻土层变浅,会使这些地基更加不稳固,从而加大了对古建筑的保护难度。另一方面,气候变化带来的海平面上升和诸如洪水、风暴等灾害性天气也会对历史文化遗产产生严重的破坏。以秘鲁昌昌古城为例,厄尔尼诺现象所造成的降雨量变化破坏了这个全球著名土砖城结构的古城。在欧洲、非洲和中东的几个历史名城,气候变化导致的洪涝灾害和海水上涨的破坏也很大。洪水引起土壤湿度增加,导致建筑物表面因盐分结晶增加而受到侵蚀,也容易造成地面隆起或下沉。江河水位的急剧变化对沿岸历史文化遗址的保存也带来很大困难。气候变暖使白蚁的分布北扩,对我国南方的木质古建筑造成严重威胁。

(2)气候变化对珍贵艺术品与历史文献的影响

珍贵艺术品一般由帆布、木材、纸或皮革制成,在暖湿环境下容易发霉并吸引微生物和昆虫,如缺乏保护将会腐烂或变质。历史文献包括竹简和典籍,在气候暖湿化地区真菌和微生物的繁殖加快,使馆藏书籍容易发霉或滋生蠹虫,而气候暖干化容易使竹简干裂。

(3)气候变化对宗教文化遗址的影响

古代的宗教文化反映在各地的石窟艺术或者古城遗址,如我国洛阳的龙门石窟、甘肃的敦煌莫高窟、重庆的大足石刻和泰国东北部素可泰古城遗址等。气候变化导致局地极端降水事件增加,可能引起不同尺度的地质灾害,给依山而建的石窟文化遗产带来一定的危害。联合国环境规划署和联合国教科文组织曾经发表的一份报告中指出,由于气候变化导致的洪涝灾害,使泰国东北部素可泰古城遗址和大城遗址遭受了很大破坏。气候变化导致敦煌空气中的湿度和 CO_2 浓度增加,这种酸化的空气对敦煌莫高窟的石刻佛像和壁画都是一种潜在的威胁。

(4)气候变化对地下埋藏文物的影响

中国古代陵墓埋藏着许多珍贵的文物,在稳定的气候条件下能够长期保存。气候变化导致土壤、地质或水文环境的改变,将严重威胁埋藏文物的保存。气候变暖导致冻土层变浅和土壤温度升高,原来由于低温环境得以保存的北方古代陵墓中的陪葬物品容易霉烂变质。降水增加的地区,地下水位抬高将浸没古代墓葬。新疆的气候暖湿化将导致一些古代陵墓中的干尸腐烂和陪葬物品变质。

(5)对少数民族文化遗产的影响

气候变化使大量土著部落将失去自己的传统习俗、文化艺术及语言。有的地方为保存自己的文化习俗而不得不迁移,但有些偏远地区的小部落将会灭绝。一些少数民族在气候移民后,由于社会环境的变迁可能导致本民族原有文化丧失。

为应对气候变化的这些不利影响,必须加大对历史文化遗产的保护力度,还使得维护成本大大增加。

(王晶晶)

49.气候变化与生态脆弱地区的贫困化有什么关系?

中国的生态脆弱区大多位于生态过渡和植被类型交错区,主要分布在北方干旱半干旱区、南方丘陵区、西南山地区、青藏高原区及东部沿海水陆交接地区,与贫困地区的分布具有较高的地理空间分布一致性(图 2-3)。

气候变化导致生态脆弱区环境加剧恶化,对于中国需要扶贫的 4000 多万人,气候变化成为新的威胁。2009 年 6 月 17 日国际环保组织绿色和平与国际扶贫组织乐施会共同发布《气候变化与贫困——中国案例研究》报告,指出气候变化已成为中国贫困地区致贫甚至返贫的重要原因。95% 的中国绝对贫困人口生活在生态环境极度脆弱的地区,成为气候变化的最大受害者。气候变化正在影响这些地区的粮食生产、用水条件、房屋设施、牲畜养殖等基本生活生计,还造成了外出移民和返贫等后果。同时,由于受资源匮乏、基础设施薄弱、教育及卫生等基本社会服务水平低下的限制,贫困地区应对气候变化与灾害的能力更为薄弱。

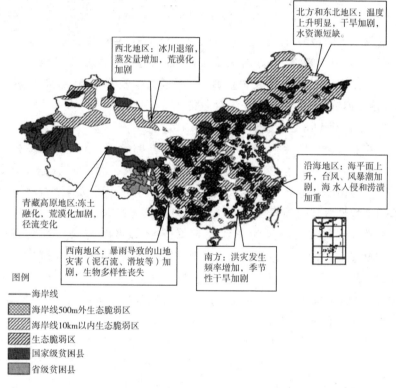

图 2-3 中国的生态脆弱区与贫困县位置关系(绿色和平与乐施会,2009)

(1)气候变化对敏感脆弱地区生态系统的影响

生态过渡地区由于边缘效应,生态系统对气候变化特别敏感。如北方农牧交错带随着气候暖干化,降水量明显减少,草地植被退化明显,干旱对作物生产的威胁日益增大,虫鼠害加剧,草地载畜能力不断下降。有些企业在流转土地上靠超采地下水种植马铃薯和玉米,虽然在承包的头几年内能获得很高的经济效益,但地下水资源迅速枯竭,使当地居民丧失了生存条件。西南岩溶地区和南方一些山区的洪涝与季节性干旱频发且经常发生旱涝急转,加重了水土流失、植被退化与石漠化。西北干旱区的降水虽然有所增加，但融雪性洪水的威胁增大，有些地区的冰川加速消融，对未来的绿洲水资源保障带来极大隐患。海平面上升使海岸带和小岛屿面临海岸侵蚀、海水淹没、咸潮上溯、风暴潮、赤潮污染等多种海洋灾害的威胁，沿海湿地与红树林不断退化或丧失。

（2）气候变化对生态脆弱地区农业生产和生计的影响

气候变化对生态脆弱地区农业生产和生计的影响突出表现在资源减少和极端天气气候事件的危害上。乐施会调查指出，甘肃省永靖县20世纪80年代以来气温升高，降水减少，干旱频率明显增多，如2006年的严重春旱造成2.9万人口粮短缺，6.9万人饮水困难，3.4万人不得不靠外出打工或投亲靠友谋生。四川省小凉山区马边县近50年降水量每10年减少25mm以上，但局地短时强降雨次数增多，洪涝频率高达36%，仅2000—2008年暴雨洪涝直接经济损失就达21379万元。宁夏中部干旱带由于降水不断减少，干旱逐年加重，缺水村民不得不长年累月跑几十里①外拉水解决人畜引用，由于洗涤、消毒用水受限，经常引起痢疾等肠道传染病。频繁发生的极端天气气候事件不但造成农牧业减产，而且由于收不抵支，经常耗尽农民的余粮和积蓄，导致赤贫、返贫甚至丧失生存条件。

（3）气候变化对生态移民的影响

人口迁移在人类历史上由来已久，以寻找更好的土地、适宜的气候和容易居住的环境为目的是主动开发性移民，以逃避恶化环境与灾害为目的的是被动逃生性移民。气候移民指由于气候环境发生改变而催生的迁徙行为，包括针对海平面上升和资源枯竭的渐变性气候风险导致的永久性人口迁移，洪涝、干旱、冰雪、风暴、沙尘暴等突发性极端天气气候事件风险导致的人口迁徙，以及与应对气候变化有关的水利、交通、围垦等引发的工程移民。对于气候致贫地区，最常见的是因气候资源渐变恶化和极端天气气候事件引发的被动逃生性移民，也称为气候难民。乐施会估计1998—2007年间，全球每年受气候灾害影响的气候难民人数约为2.43亿人，随着全球气候的进一步变化，气候难民还会增加。

国外气候难民主要来自因海平面上升已经或即将淹没的沿海低地和小岛屿居民，因降水减少干旱加重，生产与生活用水趋于枯竭，或因土地荒漠化而丧失生存条件的居民，因气温过高不适宜人类居住或经常受到洪水威胁地区的居民。中国的生态移民主要发生在中西部水土流失与地质灾害严重发生的地区、土地荒漠化与草原退化严重的地区和北方因干旱化缺乏饮用水源的石质山区。盲目迁徙的气候难民对国际社会和迁入地的社会秩序将造成严重的冲击，即使是有组织的安置，移民对迁入地的社会、经济与人文、气候环境也需要相当长的适应过程，而且容易与原住民发生种种利益冲突。

---

① 1里=0.5km，后同。

50.气候变化对人体健康有什么影响？

气候变化对人体健康的影响是多尺度、全方位和多层次的,虽然全球变暖对改善某些地区的人体健康有利,例如温和气候中冬季死亡减少以及高纬度地区的粮食产量提高,但气候变化对人体的健康的整体影响很可能主要是负面的。

（1）极端天气气候事件的直接影响

气候变暖导致暴风雨、飓风、干旱、水灾等灾害性极端天气的发生概率增加,如登陆我国的台风次数虽然没有增加,但强度与破坏力增大。气候波动加剧导致我国南方经常发生旱涝急转,使水土流失和滑坡、泥石流灾害加剧。有时台风在沿海登陆并未造成多人死伤,但深入内陆山区引发的山洪和地质灾害却造成严重的伤亡。气候变暖与降水增加导致西北地区融雪性洪水频发,严重威胁当地居民的生命安全。在全球变暖的总趋势下,由于气候波动加剧,冬季极端寒冷事件仍不断发生。如2008到2012年我国东北与新疆北部多次出现极寒天气,2008年1月下旬到2月上旬南方广大地区的雨雪冰冻因灾死亡132人,失踪4人,紧急转移安置166万人。健康的人较能适应外界气候变化,但气象条件急剧变化超过人体调节机能时仍会感到不适或诱发伤疤痛、风湿痛、心肌梗死、栓塞、感冒、中风、多发性关节炎、风湿病和一些传染病,脆弱人群甚至可能致命。

（2）对媒传疾病的影响

气候变暖引起气候带发生改变,热带传染病会扩大到温带,使传染病传播范围和时间增加;同时气候变暖使适宜媒介动物生长繁殖环境的时空范围扩大,进而使细菌、病毒生长繁殖期扩大,最终导致传染病传播范围和时间增加。比如肠道传染病,霍乱弧菌（埃尔托生物型）在外界水体中维持存活的温度为16℃,全球变暖使具备这样水温的区域和传播范围扩大。气候变暖带来的热浪和高温使病菌、病毒、寄生虫更加活跃,损害人体免疫力和抵抗力。如登革热原来只在热带地区流行,但广东省截至2014年10月21日零时,当年20个地市累计报告38753例,其中重症20例,死亡6例。近年来台湾省登革热也在迅速蔓延,尤其在台南。

（3）与高温热浪有关的疾病

气候变暖导致与热浪相关的中暑和心血管、呼吸道系统疾病的发病率和死亡率增加。如2003年夏季西欧创纪录的高温使死亡人数比往年同期多7万例以上,仅法国8月因热浪及其引发疾病死亡人数就达1.4万。

（4）气候变暖导致环境恶化的影响

高温还使臭氧和其他污染物含量上升,风速减弱使城市空气污染物不易扩散稀释,估计全球城市空气污染每年造成约120万人死亡。超常高温中花粉及其他气源性致敏原水平也较高,可引起哮喘。水温升高会加速水体的富营养化和污染,近年来各地多次发生因饮用水源污染危害居民健康的事故。气象灾害除直接导致死亡和伤残外,洪涝与高温等灾害还为传染性疾病提供了诱发环境。

(5)对人体养分平衡的影响

气候变暖将降低人们的食欲,对高脂肪和高蛋白食物的摄取减少,对清淡食物和清凉饮料的需求增加。CO_2浓度增高、太阳辐射减弱和气温日较差减小将影响到许多农产品的养分构成,特别是使一些农产品的蛋白质含量下降。因此,在气候变化背景下,需要加强对居民饮食的营养指导。

(徐琳)

51. 气候变化对人们的行为与生活方式将产生什么影响?

气候变化对生态环境和社会经济产生巨大影响的同时,也将改变当代人传统的生活方式与行为,比如提倡低碳生活和气候适应性生活方式。

(1)倡导低碳生活方式

人类大量燃烧化石能源的高碳消费释放温室气体和破坏自然植被是气候恶化的根本原因,为遏制气候继续变暖,低碳生活必然成为人类生活方式的必然选择。低碳生活方式是绿色生活方式的重要内容之一,要求人们学会与大自然和谐相处,杜绝一切浪费资源、能源和破坏环境的不文明行为,通过垃圾分类与回收利用、在日常生活中从点滴做起,节电、节水、节油、节气、节约各种物质材料,积极参与义务植树造林活动。提倡借助低能量、低消耗、低开支的生活方式,尽可能降低能量消耗,减少温室气体的排放,保护地球环境。建立在科学、高效利用能源、资源与加强环境保护基础上的低碳生活,是一种经济、健康、幸福的生活方式,不但不会降低人们的幸福指数,相反会使我们的生活更加幸福。

(2)气候适应型生活方式

由于气候系统的巨大惯性,即使能够在较短时期内把全球温室气体的平均浓度降低到工业革命前的水平,气候变暖仍将延续数百年。除提倡低碳生活方式外,还必须提倡气候适应型生活方式,即顺应气候环境的变化,调整人们在日常生活中的行为。包括根据天气变化及时增减衣着,调整饮食结构,加强营养指导,调整出行时间,注意预防在气候变暖条件下易发疾病,加强极端天气气候事件的预测和预警等。对生态脆弱地区的气候致贫人群施以援手。气候适应型生活方式并非都是消极和被动的,它体现了人类与自然和谐相处和"天人合一"的理念。与老天爷"对着干",必然会遭受大自然的惩罚。顺应自然,按照自然规律办事和生活,才能趋利避害,提高生活质量和幸福指数。

气候变化关系到全人类的前途和命运,推广低碳生活方式和气候适应型生活方式,都需要全民的积极参与。尤其是发达国家长期享受高碳消费的人群,理应率先摈弃奢侈浪费的生活方式。发展中国家则应避免重蹈发达国家走过的高碳工业化弯路,努力实现社会经济的可持续发展。

52. 气候变化对国际贸易可能产生什么影响？

气候变化导致全球资源禀赋与生态环境的深刻变化,必然带来对国际贸易的巨大影响。

(1)向低碳经济转轨带来的影响

为应对气候变化,发展低碳经济已成为全球的共识,对煤炭等高碳能源的需求减少,对低碳、非碳能源和节能技术与产品的需求增加,高能耗、高污染产业将由于成本提高和征收碳税而被迫压缩或转产,低能耗、低污染和节能的气候友好型产品与技术将大受欢迎。在非碳和可再生能源开发技术取得进一步突破后,目前十分富裕的产油国如不能及时调整产业结构,也许会变得贫穷。这些都会深刻影响国际贸易的格局。

(2)交通条件改变带来的影响

气候变暖使得高纬度高海拔地区的运输条件改善,将促进这些地区的国际贸易。如随着气候变暖,北冰洋夏季通航时间显著延长,北极航线的开通将大大缩短西北欧到东亚的运输距离,降低贸易成本。由于西伯利亚的冬季冰雪减少和气温上升,将大大减轻冬季欧亚大陆桥的运输困难。冬季变暖也使得在青藏高原修筑铁路和公路的条件改善,将促进我国与南亚、西亚国家的贸易。海平面上升使原来水深不够的海港能够停泊巨轮,但海洋灾害加重也给远洋贸易增加了困难。

(3)消费需求改变带来的影响

气候变暖导致对御寒衣物的需求下降,对防暑用品的需求上升;高寒地区的出行更加方便,炎热地区的出行将减少;生态脆弱的气候致贫地区人口减少,消费能力下降,气候变化有利地区的人口将增加,经济加快发展,消费能力增强;这些都会影响到国际贸易格局的改变。

(4)资源环境格局导致优势产地改变带来的影响

气候变暖有利于高寒地区的农业生产,气候过热和明显干旱化地区的农业将萎缩,将影响到国际农产品贸易的格局。低纬度发展中国家的粮食有可能变得更加紧缺,目前还十分荒芜的俄罗斯东部和加拿大北部,未来有可能成为新的世界粮仓。过去由于严寒难以勘探的高纬度陆地与北冰洋海底矿产资源将能开发利用。海温和洋流的变化也会导致海洋渔业资源分布和水产品贸易格局的改变。

因此,研究气候变化带来的国际贸易格局改变,及时调整我国的贸易策略应该尽快提到日程上来。

53. 气候变化对未来的国际政治格局可能产生什么影响？

政治是经济最集中的表现,而经济发展有赖于对资源的开发利用和一定的环境条件。气候变化对自然资源分布与气候环境产生了巨大影响,加剧了世界社会经济发展的不平衡,必然会对国际政治格局产生深刻影响。

(1)减排与国际气候变化政治格局

为应对气候变化,自20世纪90年代启动国际气候谈判进程以来,发达国家阵营与发展中国家阵营南北对立的基本格局贯穿始终,同时,在不同时期或不同议题上,发达国家集团内部与发展中国家集团内部又都存在许多不同的利益集团,不同利益集团之间的利益关系复杂多变。作为气候谈判的发起者,欧盟一直是推动气候变化谈判最重要的政治力量,但以美国为首,包括日本、加拿大、澳大利亚等国的"伞形"集团对于减排相对消极。发展中国家阵营一直以"77国集团加中国"模式参与谈判,但小岛屿联盟由于担心海平面上升后的灭顶之灾,支持欧盟提出的比较激进的减排目标主张。发达国家累计排放的温室气体约占工业革命以来全球增量的75%,在推进气候谈判的同时,却不肯承担气候变化的历史责任,给予受害的发展中国家足够的补偿和技术援助,同时又要求人均排放水平不高的发展中国家也要大幅度减排,实际是在剥夺发展中国家的发展权。大多数发展中国家位于中低纬度,受到气候变化负面影响更加突出,在应对气候变化的同时还要维护自身的发展权。在国际气候变化谈判的政治格局中这种南北对立还将延续。

(2)气候变化与国际资源争夺

气候变化引起的资源分布格局改变将引起国际资源争夺。降水减少地区的跨境河流的沿岸国家有可能为争夺水资源发生冲突,北极航线开通和北冰洋海底资源开发的前景诱使各国纷纷参与对该海域主权和开发权的争夺并日趋激烈。能源紧缺导致一些国家对海洋油气资源的争夺日益激烈。气候变化导致的渔业资源分布变化也导致沿岸国家对其的争夺。如北大西洋的鲭鱼资源过去由欧盟、挪威、法罗群岛等各方根据协议分配捕捞配额。但近年来由于气候变暖渔场北移,大量鱼群进入冰岛和法罗群岛专属经济区及附近海域,据此要求增加捕捞配额,但遭到挪威和一些欧盟成员国的反对。2000年起,冰岛和法罗群岛大幅提高捕捞量,招致一些欧盟成员国和挪威的强烈不满,在欧洲称为"鲭鱼战争"。

(3)气候变化与非传统安全

全球环境变化与经济全球化使得传统安全与非传统安全之间的界线日渐模糊,气候变化可能引发一系列非传统安全问题。如全球变暖导致的海平面上升将引发海岛与沿海低地国家的难民潮、严重疫情、水源紧缺和洪水泛滥,降水减少地区的干旱与荒漠化加剧将使中东、非洲和亚洲一些地区的不稳定局势恶化,甚至可能引发战争,或由此引起混乱成为内战、种族屠杀和恐怖主义扩张的温床,不同立场域外大国的介入使得这些地区的矛盾更加复杂难解。目前从非洲和中东跨海偷渡欧洲的非法移民日益增多,带来严重的社会问题与人道危机,究其原因,除西方的政治干预外,也与气候变化导致的环境恶化和减排导致石油掉价经济低迷等有关。苏丹达尔富尔地区的冲突也与环境破坏密切相关:由于气候变化、荒漠化和其他环境问题大大加剧了干旱地区的贫困,而贫困又加剧了资源短缺和难民迁徙,对资源的争夺和不同民族的移民又导致地区冲突的加剧。

三、适应气候变化的意义与类型

54.什么是气候变化的适应对策,有什么意义?

适应是人类社会应对气候变化的两大对策之一。《IPCC第五次评估报告》指出,适应是自然或人类系统对于实际或预期的环境或影响所做出调整的过程。对于人类系统,适应寻求减轻或避免气候变化所产生的危害或开发气候变化所带来的有利机遇。对于一些自然系统,适应是通过人类干预措施诱导自然系统朝向预期发生的环境或影响进行调整。

适应是人类社会针对气候变化影响趋利避害的基本对策。由于气候变化的巨大惯性,即使人类能够在不久的将来把全球温室气体浓度降低到工业革命以前的水平,全球气候变化及其影响仍将延续数百年以上,人类必须采取适应措施,在气候变化的条件下保持社会经济的可持续发展。

减缓与适应二者相辅相成,缺一不可,但对于广大发展中国家应优先考虑适应。由于发展中国家现有温室气体排放水平很低,又处于工业化和城市化的历史发展阶段,对能源的需求迅速增长,减排是长期、艰巨的任务,而气候变化对发展中国家的不利影响更为突出,适应更具有现实性和紧迫性。

适应概念最初来自生物学,指生物在生存竞争中适合环境条件而形成一定性状的现象,是自然选择的结果。后来人们把适应概念扩展到文化和社会经济领域。

适应的内涵包括适应全球与区域气候变化的基本趋势;应对极端天气气候事件;适应气候变化带来的一系列生态后果和社会经济后果,如海平面上升、冰雪消融、海水酸化、生物多样性改变、生态系统演替、资源环境格局与产业结构改变、国际经济社会发展不平衡加剧、气候致贫与气候难民问题等。

适应体现了人与自然和谐相处的理念,人类必须按照自然规律调整和规范自己的行为来适应环境,而不是盲目改造和征服自然。

适应是一个动态过程。自大气圈形成以来全球气候一直在演变,生物在不断的适应中实现物种进化。人类本身也是地质史上气候变化的产物:第四纪大冰期到来迫使类人猿从树上迁移到地面,在与恶劣气候的斗争中学会制造、使用工具并产生语言,形成原始的社会形态。几千年的文明史是人类对气候不断适应,科技与社会不断进步的过程。人类社会是在对气候不适应—适应—新的不适应—新的适应的循环往复过程中发展起来的。因此,适应并非都是消极和被动的,在一定的意义上,适应是生物进化和人类社会进步的一种动力。

适应涉及人类社会、经济和生态的方方面面,但并非所有人类活动都属于适应行为。按照IPCC的定义,适应必须是针对气候变化影响,对自然系统和人类系统进行调整的行为。

气候变化的影响有利有弊,总体上以负面影响为主。适应的核心是避害趋利。避害指最大限度减轻气候变化对自然系统和人类系统的不利影响,趋利指充分利用气候变化带来的某些有利机遇。

气候变化及其影响的长期性决定了必须长期坚持适应与减缓并重的方针。与减缓的目标是发展低碳经济和建设低碳社会相对应,适应的长期目标是发展气候智能型经济和建设气候适应型社会,这也是全球可持续发展的一个重要内容。

55.为什么仅有减缓措施还不足以全面应对气候变化?

应对气候变化的对策包括减缓与适应两大方面。虽然温室气体的减排与增汇是遏制全球变暖的根本途径,但由于气候系统的巨大惯性,即使人类能够在不久的将来能把温室气体浓度降低到工业革命前的水平,全球气候变暖趋势仍将至少维持数百年,采取趋利避害的措施来适应气候变化是人类社会的必然选择。

应对气候变化还必须正确把握和全面权衡适应、减缓与发展三者之间的关系。《联合国气候变化框架公约》的最终目标是稳定大气中温室气体浓度,使生态系统自然地适应气候变化,确保粮食生产免受威胁,并使经济能够可持续发展。但由于科学上的不确定性等原因,《公约》并未确定具体的浓度指标。随着对气候变化事实和影响认识的深入,欧盟与许多国家极力推进国际社会控制温室气体浓度稳定在450~550 ppm①,并要求就全球平均温升不超过2℃的目标达成共识,建立相应的国际减排制度和承诺机制。全球控制温室气体浓度目标的选择本质上是公平发展问题,是对气候变化适应、减缓和发展三者之间关系的权衡。严格限控温室气体排放,减小大的气温上升幅度,可以减少气候变化负面影响和损失,降低冰盖消融、海平面大幅上升等不可逆转灾害发生的风险,但同时也极大压缩了化石能源消费的空间,这会影响发展中国家的经济发展与稳定和谐,过急或过激地确定控制温室气体浓度指标会对发展中国家的现代化进程形成严重制约。除气候变化可能引发的灾害外,发展中国家还面临其他自然灾害、贫困、卫生及教育等同样急迫和重要的问题及现实威胁,这都需要在发展中逐步解决。发展中国家持续、健康的发展也有利于增强适应和减缓气候变化的能力。减缓气候变化是一项长期的、艰巨的战略任务,需要几代

---

① ppm(百万分之一):是温室气体分子数目与干燥空气总分子数目之比。例如450ppm是每100万个干燥空气分子中,有450个温室气体分子。

人不懈的努力。在未来几十年内,即使全球做出最迫切的减缓努力,也不能避免气候变化影响的进一步加剧。对发展中国家而言,当前首要的任务是应对气候变化的近期影响,适应气候变化已成为一项现实而紧迫的任务。采取积极的适应气候变化的措施可以减少气候变化负面影响的损失。

由于各国所处自然环境和条件、经济和社会发展阶段与特点、各自利益取向不同,所强调的侧重面也不同。欧盟等发达国家已具有较高经济发展水平、人均能源消费水平和技术创新能力,有条件实施温室气体减排并在国际行动中提升自身竞争优势,适应重点更强调北极冰面消融、海平面上升等长远的气候灾害和生态危机,小岛国主要担心海平面上升后被淹没,更侧重于强调立即减缓温室气体排放。大多数发展中国家则更着眼于发展,没有合理的 CO_2 排放空间,其现代化进程将会夭折,落后的经济不可能具备应用高新技术减排增汇和适应气候变化的能力。强调在可持续发展框架下应对气候变化,只有发展才能增强应对气候变化的能力,更好地适应和抵御气候变化的负面影响,更有效地发展和实施减缓温室气体排放的先进技术和对策。

(王森)

56.为什么近几届联合国气候大会更加重视适应气候变化工作?

尽管《京都议定书》对发达国家减排温室气体做出了量化规定,但到 2009 年,大多数发达国家并未兑现其承诺。面临第一承诺期即将结束,第二承诺期将要开始,一些发达国家从"共同但有区别的责任"原则倒退,不愿意兑现原有减排和资助发展中国家应对气候变化的承诺,反而要求目前人均排放水平或历史累计排放量还很低的发展中国家尽快减排。由于发达国家与发展中国家的立场尖锐对立,气候谈判陷于僵局。经过艰苦努力与各方妥协,从哥本哈根会议(COP15)、坎昆会议(COP16)、德班会议(COP17)、多哈会议(COP18)、华沙会议(COP19)到利马会议(COP20),历次气候大会仍然坚持了《气候变化框架公约》和《京都议定书》"共同但有区别的责任"的原则,明确要执行议定书规定的减排第二承诺期,但没有明确具体的量化指标,留待以后的世界气候大会继续谈判和解决。

在气候谈判步履艰难,进展缓慢的同时,全球气候变化并未停止。根据联合国减灾署在多哈气候大会期间发布的统计数据,2000—2011 年,全球气候灾害累计受灾人口达 27 亿,经济损失 1.38 万亿美元。其中 2010 年气候灾害致死人数最多,超过 30 万人;2011 年造成的经济损失最为严重,高达 3630 亿美元。气候变化对生态环境和社会经济的负面影响也日益凸显,各国人民意识到在继续努力加大减排力度的同时,必须迅速采取适应措施来减轻气候变化的负面影响。大多数缔约方在减排谈判陷于僵局的同时,也不希望整个气候谈判完全失败。由于在适应领域发达国家与发展中国家之间没有明显的矛盾,自坎昆会议以后,历次气候大会在适应领域达成了一些协议,取得了比较明显的进展。

虽然2001年的巴厘岛会议(COP7)提出建立适应基金,2005年的内罗毕会议(COP10)的1号决议正式启动了"气候变化影响、脆弱性和适应的五年工作计划",但由于没有适应行动的专门组织与指导机构,资金来源也仅限于从CDM活动经核证减排量收入中提取2%,截至2011年6月底的到位经费仅1230万美元,严重制约了适应行动的开展。

2010年气候大会(COP16)通过的"坎昆协议"指出,在应对气候变化方面,"适应"和"减缓"同处优先解决地位。认可发展中国家达到峰值的时间稍长,经济和社会发展以及减贫是发展中国家最重要的优先事务。决定建立以适应委员会、国家适应计划进程、损失与危害工作计划、国家机制安排和区域适应中心为主要内容的《坎昆适应框架》。大会决定建立气候变化适应委员会并确定了其职能框架,同意建立新的全球"绿色基金"以帮助发展中国家实施气候变化减缓和适应行动。

2011年的德班会议启动了绿色气候基金;进一步明确和细化了适应、技术、能力建设和透明度的机制安排。同意在缔约方大会下建立适应委员会,协调全球适应行动,帮助发展中国家尤其是最不发达国家提高适应能力。启动技术转让相关工作机构、运行模式和程序等。

2012年的多哈会议在发展中国家持续呼吁和敦促下,一些发达国家除有条件接受《议定书》第二承诺期外,也承诺向"绿色气候基金"注资,德国、英国、瑞典、丹麦等6个欧洲国家为此编列了预算。但承诺总量仅数十亿美元,离到2020年每年需要1000亿美元适应资金的目标相距甚远。

2013年的华沙会议,发达国家再次承诺出资,并就损失损害补偿机制问题达成了初步协议,为推动绿色气候基金注资和运转奠定了基础。

2014年的利马会议,绿色气候基金获得捐资承诺超过100亿美元,虽然远不能满足发展中国家的需求,但仍然发出了积极信号。适应委员会和华沙损失与危害国际机制的建立,加强了《公约》内外适应气候变化行动的协调与整合。

57.国际社会有哪些重大的适应行动?

(1)历次世界气候大会对适应工作的推动

1992年在巴西里约热内卢召开环境与发展世界大会通过的《气候变化框架公约》中6次提到适应并纳入总体目标。以后的历次气候大会都对适应气候变化做出了一定安排,尤其是2010年的坎昆气候大会(COP16)通过了《坎昆适应框架》,决定设立绿色气候基金,建立适应委员会。

(2)编制国家适应规划或行动计划

多数发达国家先后制定了适应气候变化的国家战略及行动计划。截至2011年底,发达国家资助 47 个发展中国家制定适应行动计划(NAPA)并开始实施。

(3)广泛开展国际合作

欧盟、东南亚、中南美、南亚和非洲先后开展了区域适应气候变化的国际合作。部分发达国家对最不发达国家和小岛屿国家的适应进行了资助。中英瑞合作中国适应气候变化项目(ACCC)一期已经完成,二期开始启动。我国农业部开展了相应研究,将把适应气候变化纳入与发展中国家的南南合作计划中。由联合国开发计划署(UNDP)资助、中国国际经济技术交流中心和中国科学院新疆生态与地理研究所共同承担的"中亚地区综合减防灾与适应气候变化项目"启动会 2015 年 6 月 12 日在乌鲁木齐召开。

(4)科研先行,学术交流日趋活跃

已召开三届适应气候变化国际研讨会(Adaptation－Futures),第四届 2016 年将在鹿特丹召开,设计规模 5000 人。各国进行了大量相关研究和学术交流,有关适应气候变化的论文数量近年来迅速增加。IPCC 已发布五次气候变化评估报告,其中第五次评估报告的第二工作组的报告以"气候变化 2014:影响、适应和脆弱性"为题,全面反映了国际学术界在气候变化影响与适应领域的研究进展。与 1990 年的第一次评估报告(影响评估)相比,有关气候变化对人类系统影响和适应对策的篇幅大大增加。

(5)存在问题

资金缺口较大,发达国家曾承诺到 2020 年达到每年出资 1000 亿美元,但截至 2014 年利马大会(COP20),已承诺资金仅 100 亿美元。

大多数发展中国家的适应能力和适应技术研发能力较弱,发达国家向发展中国家的适应技术转让存在障碍。

与减缓相比,对于适应概念的内涵、类型、适应机制、技术途径及适应与常规工作之间的区别等还存在模糊认识,缺乏定量考核的指标体系。

58.适应对策与减缓对策有什么区别和联系?

减缓与适应两大对策相辅相成,同等重要,缺一不可,也不能相互替代。

(1)适应与减缓的内涵不同

适应气候变化是指"通过调整自然和人类系统以应对实际发生的或预估的气候变化或影响",减缓则指通过节能和以低碳、无碳能源替代化石能源来减少温室气体的排放,并通过植树和封存固碳增汇。虽然某些措施如造林绿化同时具有减缓和适应的效果,但绝大多数减缓措施与适应措施的做法和效果都是完全不同的,混淆减缓行动与适应行动会造成决策失误或资源浪费。

图 3-1 给出减缓与适应的主要内涵。

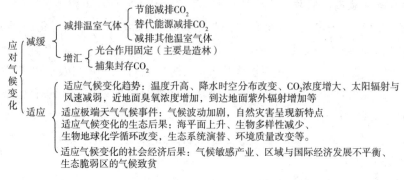

图 3-1　应对气候变化的减缓与适应对策的内涵

（2）适应与减缓不能相互替代

虽然减缓是遏制气候变化的根本途径，但由于气候变化是巨系统的行为，具有巨大的惯性，即使人类实现在不久的将来能够把全球温室气体排放强度降低到工业革命以前的水平，全球变暖仍然要延续数百年甚至更长。何况目前世界上大多数发展中国家仍处于工业化和城镇化进程中，能源消耗增长趋势短期内难以遏制。要最大限度减轻气候变化带来的不利影响，就必须采取适应对策。

通过采取适应行动虽然可以在一段时期内缓解气候变化的负面效应，甚至可以利用气候变化带来的某些机遇，但适应行动并不能阻止气候变化。当温室气体排放继续积累，气候变化的程度超出自然系统和人类系统的适应能力时，将酿成巨大的灾难。因此，适应行动也不能替代减缓行动。

（3）减缓与适应的目标不同

减缓的目标是建设低碳经济（low carbon economy）和低碳社会（low carbon society），适应的目标是建设气候智能型经济（climate－smart economy）和气候变化适应型社会（society adaptation to climate change）。这些目标都从属和服从于人类社会可持续发展的根本目标。

59.为什么说适应气候变化的核心是趋利避害？

适应气候变化是针对气候变化的影响，这些影响对于人类社会有利有弊，需要正确辨识，区别对待。

（1）有利影响与趋利适应

气候变暖在高纬度和高海拔地区更加明显，有利于这些地区的经济活动与资源开发，如作物生长期延长和种植界限北扩有利于增产，道路交通条件改善，建筑施工期延长，海冰融化使北冰洋夏季通航时间延长。对中纬度地区农业生产也有一些有利影响，可提高复种指数或改用生长期更长、增产潜力更大的品种。

二氧化碳浓度增高对于植物具有施肥效应,可促进光合作用,由于气孔开度变小还能提高作物的水分利用效率。我国西部高山高原冰雪消融增加了可利用水资源数量。在降水量没有减少的中高纬度地区,气温升高可使植被生长更加茂盛。

气候变暖使低温灾害总体减轻。由于高纬度地区气候变暖程度大于低纬度地区,导致全球经向气压梯度缩小,风速减弱,大风、冰雹、雷电、沙尘暴等灾害也有所减轻。

针对上述有利因素,对现有的生产技术、经济结构、工程技术标准、管理方式、生态系统、减灾措施等进行的调整都属于趋利适应,经济工作者和企业家尤其要注意发现和利用这类商机。

（2）不利影响与避害适应

气温升高使动植物的高温热害加重,发育加快,使生育期缩短,加上气溶胶增加,使太阳辐射减弱,不利于光合作用,对农业生产不利,尤其是低纬度地区。

高温热浪频发,到达地面的紫外辐射增加,都对动植物和人体健康造成了威胁。

气候暖干化地区水资源更加短缺,植被与生态系统退化,局部地区荒漠化有可能加重。

海平面上升对沿海平原和小岛屿居民的生存构成严重威胁。沿海地区的风暴潮、海浪、海水入侵、海岸侵蚀等灾害都会加重。

气温升高加速微生物繁殖,加速水体的污染和富营养化。风速减弱不利于城市大气污染物的稀释扩散。

气候变暖使病虫害的越冬基数增加,发生提早,危害期延长,世代数增加,范围北扩。

气候迅速改变使许多物种难以适应,导致生物多样性减少,生态平衡破坏和生态系统不稳定。

气候波动加剧,极端天气气候事件频繁发生,威胁人类生命财产安全。

针对上述不利影响,对现有的生产技术、经济结构、工程技术标准、管理方式、生态系统、减灾措施等进行的调整都属于避害适应,尤其要注意针对一些潜在危险采取预防的适应措施。

（3）趋利适应与避害适应的相互关系

气候变化对于受体系统的影响是利弊并存的,有的受体以趋利适应为主,有的以避害适应为主,所有受体系统都要综合考虑趋利和避害两个方面,缺一不可。

气候变化对于自然系统和人类系统的利和弊具有相对性,这是由于两类系统都具有多样性。在自然系统中,不同的气候环境下存在不同的物种类型与生态系统。气候的变化对于某些物种有利,对于另一些物种不利。在人类系统中,不同气候环境下有着不同的产业结构、工艺技术、环境调控方式与管理模式。同一种适应措施对于某些受体系统有利,对于另一些受体系统却可能有害。适应气候变化的本质是通过对受体系统类型的选择与内部结构、功能的调整,使之与变化了的气候环境相协调,达到既趋利又避害的效果。

气候变化与人类社会都在不断发展,如果气候变化的幅度过大或过快,不利因素会进一步增加,对避害适应的需求将更加迫切。如果科学技术取得重大突破,对趋利适应的要求也会进一步提高。

60. 为什么说适应气候变化的关键在于对自然系统和人类系统进行调整?

目前,人们对于适应工作的理解存在两种偏差:一种是把现有工作,包括各种经济活动、减灾、扶贫、生态环境建设、计划生育、卫生防疫等,都说成是适应行动;另一种是认为没有气候变化上述活动也照样开展,都不属于适应行动。这两种偏差的产生都是源于将适应工作与现有工作的混淆,都会导致适应气候变化工作的削弱甚至取消,从"什么都是适应",变成"什么都不是适应"。

IPCC指出,适应气候变化是指"通过调整自然和人类系统以应对实际发生的或预估的气候变化或影响","调整"是其中的关键词。

一方面,我们要看到适应不可能脱离现有的各项工作,否则就成了缺乏基础的空中楼阁。另一方面,又不能把现有的工作与适应混为一谈。气候变化对生态系统、自然资源、生存环境、敏感产业、经济结构、生活方式、社会发展、国际关系都产生了深刻影响,出现许多新情况和新问题,原有的技术、标准、结构、观念、管理等都已不完全适用于变化了的气候环境,就必须做出适当的调整。各种人类活动中,针对气候变化的影响所做出的调整部分,就是适应行动。例如常规的减灾工作自古以来就在做,但只有针对气候变化带来的灾害新特点,对原有的减灾技术、工程布局、管理等做出的调整部分才属于适应工作。又如贫困的产生有多种原因,只有针对气候变化产生新的贫困现象或原有贫困程度的加剧而采取的扶贫行动才属于适应的范畴。在农业生产中,自古以来就有品种选育、耕作、栽培、饲养等,均属各项常规农事活动。随着气候变化,对选用品种、播种期、耕作方式、种植制度、饲料配方等做出的调整才属于适应措施。

适应气候变化也包括部分创新性工作。这是由于气候变化带来了某些过去从未有过或未发现的新问题,如有害生物的新物种产生或迁移到新的区域,北极地区海冰与永冻土消融带来的资源开发前景等,需要开展一些前瞻性的风险评估和适应技术途径研究。

61. 为什么说适应气候变化是生物进化与人类社会进步的一种驱动力?

适应是一个动态过程。事实上,自大气圈形成以来,全球气候就一直在演变中,生物在不断的适应中实现物种的进化。人类本身也是地质史上气候变化的产物,几千年的文明进化史也是人类通过对气候的不断适应取得技术与社会不断进步的过程。适应是生物进化和人类社会发展的一种驱动力。

(1) 生物的适应与进化

生物界的历史发展表明，生物进化是从水生到陆生、从简单到复杂、从低等到高等的过程。生物在进化的过程中，多次发生大量物种在短时间内的灭绝和新物种爆发式的产生，以气候为主导的环境突变是主要的驱动因素。

地球形成的初期由于温度过高，不可能存在任何生物。随着地球表面温度的逐渐下降，形成了以一氧化碳（CO）、二氧化碳（CO_2）、水汽（H_2O）、甲烷（CH_4）、和氨（NH_3）为主要成分的原始大气。美国科学家米勒曾在实验室内模拟原始地球大气的条件，成功合成出复杂的生命物质，认为是简单的气体分子在吸收紫外线和闪电等的高能量后变得异常活跃，产生的化学反应形成了最初的生命物质。

由于短波紫外线对生物具有强烈灭杀作用，最初的生物只能在海洋生存，因为只要有很薄的水层就能将短波紫外线完全吸收。由于海洋中的绿色藻类植物进行光合作用大量吸收 CO_2 和释放 O_2，使原始大气的组成逐渐演变成以 N_2 和 O_2 为主。大气中有一部分 O_2 在闪电作用下形成对短波紫外线具有强烈吸收作用的臭氧（O_3），并在地球大气的平流层中形成了一个臭氧层，给地球上的生命撑起了保护伞，此后，海洋中的部分生物才能迁移到陆地上繁衍开来。

在距今 2 亿 3 千万年前到 6500 万年前的中生代，地球气候持续温暖湿润，恐龙曾经是地球上占绝对优势的大型动物。约在 6500 万年前的白垩纪晚期，地球气候发生突变，气温大幅下降并造成大气含氧量下降，作为没有毛被的冷血动物的恐龙，无法适应地球气温的陡降而被冻死。作为恒温动物，具有羽毛的鸟类和具有体毛的哺乳动物存活下来并成为当今世界占优势的动物。

关于气候突变的原因有多种假说，其中被普遍认可的是小行星撞击说。一颗直径 10 km 的小行星以 40 km/s 的速度撞进大海撞出巨坑，海水蒸气喷射高空达数万米，掀起海啸高达 5 km，巨浪席卷陆地。小行星撞击地球还引起了火山喷发，天空尘烟翻滚，乌云密布，地球因终年不见阳光而进入低温期，导致恐龙和大量物种的灭绝。

(2) 人类的适应与社会发展

人类本身也是地质史上气候变化的产物。距今两三千万年前，地球上的气候温暖湿润，古猿生活在热带和亚热带的森林中。约四百万年前的第四纪大冰期到来使类人猿不得不从树上迁移到地面，在与恶劣气候环境的斗争中学会了制造、使用工具并产生了语言，形成了最原始的社会形态。

自人类产生以来地球气候又经过了多次变迁，每一次大的变迁都对人类社会的发展带来了巨大的冲击和灾难。大禹吸取了其父鲧失败的教训，改封堵为主为疏导为主，治理洪涝取得成功。历代王朝在经历了多次大灾与饥荒之后，建立了粮食仓储制度与救灾体制，形成比较完整的荒政体系。历史上的大规模农民起义大多是在发生重大自然灾害，阶级矛盾尖锐化的背景下爆发，对旧王朝腐朽统治冲击的结果，在一定程度上促进了新王朝初期的生产力发展与社会进步。人类在与灾害的斗争中积累了丰富的经验，推动了科技进步。针对气候变化导致极端天气气候事件频发,联合国先后开展了"国际减灾十年"活动和"国际减灾战略"行动,全球减灾管理进入一个新阶段。

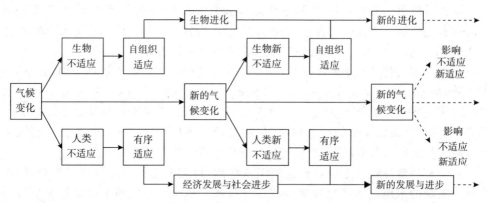

图 3-2　适应气候变化与生物进化和人类经济发展、社会进步的关系

62. 为什么说适应气候变化对于发展中国家尤为现实和紧迫?

当代的气候危机主要是工业革命以来发达国家累计大量排放温室气体的后果,他们理应率先大幅度减排,并偿还历史欠债。但对于广大发展中国家,适应是更为现实和紧迫的任务。

(1)不公平的排放权

目前全球大气 CO_2 浓度已达到 400ppm,与工业革命前相比的增量,70%以上来自发达国家一二百年的累积排放。虽然有些发达国家采取了一些减排措施,但人均能源消耗与温室气体排放量仍然远高于发展中国家,参见图 3-3。

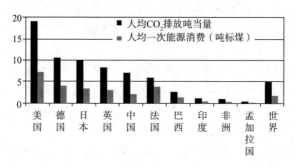

图 3-3　2013 年世界主要国家人均 CO_2 当量排放与一次能源消费量(王伟光 等,2014)

从图 3-3 可以看出,大多数发展中国家目前的人均能源消费与 CO_2 排放仍处于很低的水平,与发达国家的奢侈排放不同,属于生存排放。如果现在就要减排,实际上是剥夺发展中国家的发展权,也是最重要的人权。发达国家还把高排放高污染和劳动密集型产业向发展中国家转移,估计中国的温室气体排放至少有 20%是用于出

口到发达国家的消费品。

（2）社会经济发展阶段

发达国家的工业化时期由于大多数发展中国家仍处于殖民地或半殖民地状态，少数国家的率先工业化具有充分的环境容量和资源承载力，而且他们还向殖民地输出大量人口而降低了国内的资源与环境压力。目前发达国家已进入后工业社会，具备大幅度减排的物质与技术条件。现在大多数发展中国家刚进入工业化与城镇化发展阶段，能源消耗不可避免要增加。目前中国正处于工业化的中期和农村人口城镇化的高潮时期，预计要到 2030 年才能达到温室气体排放的峰值，以后将逐步下降。

（3）地处较低纬度更为敏感

世界上的发展中国家大多处于较低纬度，已经受到气候变化的显著影响，尤其是沿海低地、小岛屿和气候明显干旱化的国家，气候变化威胁到生态脆弱地区人民的生计，有些地区已经出现气候致贫和气候难民。

综上所述，由于大多数发展中国家目前不具备大幅度减排的条件，气候变化的不利影响又日益凸显，与减缓相比，应该把适应放到优先地位，尤其要针对气候变化带来的新情况，抓好生态脆弱地区的减灾、扶贫、生计开发工作与适应能力建设。

（4）处理好适应与减缓的关系

虽然目前对于大多数发展中国家，适应是应对气候变化的当务之急，但也要处理好适应与减缓的关系，至少争取较大幅度降低排放强度，遏制温室气体排放的无节制增长，提高经济效益。这不但是承担自己的国际责任，也是改善本国生态环境与人体健康所必需。中国过去一段时期某些地区重化工业的盲目扩展已经酿成大气污染与水环境污染日益严重的苦果，中国政府已下决心调整经济增长模式和开展综合治理，还人民以碧水蓝天，目前已初见成效。

63.适应气候变化与减灾有什么区别和联系？

开展适应气候变化工作很容易与减灾工作混淆。由于适应气候变化要针对极端天气气候事件，不可避免会与减灾工作发生交叉，但彼此不应相互替代，同时也要尽量避免重复，以免造成适应资源和减灾资源的浪费。

适应气候变化与减灾有以下几点区别：

（1）兼顾趋利与避害

减灾是针对可能造成生命、财产损失的各类自然灾害、技术灾害与环境灾害，尽量减轻其经济、生态与社会损失。适应气候变化，除了要减轻气候变化的负面影响外，还要尽可能利用气候变化带来的某些有利因素。因此，我们不能把受到气候变化影响的客体说成承灾体，可称为中性的"受体"。

（2）兼顾应对持续的负面影响和极端天气气候事件

适应气候变化需要应对的负面影响，有些是灾害性的，特别是极端天气气候事件,有些是比较隐蔽或潜在的,如气温升高造成的人体不适、海平面上升、冰雪消融、降水减少等,这些负面影响不一定都达到灾害的程度,虽然不在减灾的范畴之内,但长期后果也相当严重,需要认真应对。除极端天气气候事件外,有些负面影响积累到一定程度也可能形成灾害,如冰雪迅速消融可引发融雪性洪水,冻土过快融化可导致建筑物与工程设施坍塌。

(3)重点针对气象灾害中的极端天气气候事件

自地球大气层形成以来就存在种种气象异常事件,没有气候变化的情况下,也经常发生各种气象灾害。适应工作针对的是由于气候变化引起的极端天气气候事件的变化,而与气候变化无关的灾害,如由地质构造运动引发的地震和纯粹由于人为原因发生的技术灾害与环境灾害,一般不在适应工作的范畴之内。

(4)针对气候变化带来各类自然灾害的新特点

除极端天气气候事件外,气候变化还带来其他一些自然灾害的新特点,如有害生物的发生提前和分布范围北扩,旱涝急转引发滑坡与泥石流等地质灾害,水温升高加剧富营养化水体的污染。针对这些新特点对原有的减灾工作部署和对策措施所进行的调整也属于适应的范畴。

(5)适应工作流程与减灾管理过程不同

适应工作虽然也涉及减灾,但主要是从增强气候变化受体适应机制的角度促进减灾能力的提高,工作流程通常包括对气候变化观测事实与归因的辨识、气候变化影响的评估、适应技术与对策的筛选与效果检验、适应规划与行动方案的编制与实施等;灾害管理则主要包括监测、预报、预警、备灾、预防、抗灾抢险、应急救援、恢复重建等过程,二者的侧重不同。如气候变化监测是针对气候要素变化及其对受体系统的影响,而灾害监测则针对灾害前兆、各致灾因子的动态、承灾体状况、灾情演变等。因此,尽管适应气候变化工作与减灾工作有着密切的联系,但各级应对气候变化机构与减灾管理机构是分立的,彼此不能相互替代。

64.适应气候变化与扶贫有什么区别和联系?

贫困是一种涉及社会物质生活和精神生活的综合现象,是经济、社会、文化贫困落后现象的总称。贫困意味着缺少获取和享有正常生活的能力。世界银行2005年提出的绝对贫困线标准是人均日收入1.25美元,以此标准估计全球约有贫困人口10亿。按照2011年国家修订的农民人均年纯收入2300元的标准,到2013年我国仍有8429万贫困人口,占总人口的8.6%。

贫困的产生有多种原因。青连斌(2006)指出,普遍性贫困是由于经济和社会的发展水平低下而形成的贫困;制度性贫困是由于社会经济、政治、文化制度所决定的生活资源在不同社区、区域、社会群体和个人之间的不平等分配所造成的某些社区、区域、社会群体和个人处于贫困状态;区域性贫困是由于自然条件的恶劣和社会发展水平低下所出现的一种贫困现象;阶层性贫困则是指某些个人、家庭或社会群体由于身体素质比较差、文化程度比较低、家庭劳动力少、缺乏生产资料和社会关系等原因而导致的贫困。区域性贫困往往集中连片分布在生态脆弱地区并带有普遍性贫困的特征,制度性贫困与阶层性贫困与我国处于社会经济转型期有关,主要呈零散分布。

气候贫困(climate poverty)是指由于全球气候变化带来的影响及产生的灾害所导致的贫穷或使贫穷加剧的现象。这一概念由国际扶贫组织乐施会于 2007 年首次提出。世界卫生组织统计,全球每年有 30 万人因气候变化而死亡。2009 年 5 月乐施会发布的《生存的权利》报告预计,到 2015 年,全球气候危机影响的人数将增长54%,达到 3.75 亿人;到 2050 年,全球估计将有 2 亿人沦为"气候难民"。近年来从非洲和中东跨地中海到西欧的非法偷渡者不断增加,其中不乏因气候恶化而产生的气候难民。我国农村贫困人口的分布就具有明显的区域性,集中在若干自然条件相对恶劣的地区,其中就包括由于气候变化导致生态恶化的一些区域。

气候贫困的产生有以下几种情况:降水稀少或明显减少的地区,由于水资源濒临枯竭而失去生存条件;水土流失或风蚀沙化严重,导致耕地质量下降,粮食减产,生计困难;沿海低地与小岛屿由于海平面上升,大片土地被淹并盐渍化,丧失生存条件;气候暖干化加速草地退化与过牧超载,牧民生计日益困难;气候变得更加炎热,导致作物生育期缩短和显著减产,粮食短缺,生计困难。上述地区的自然条件本来就十分恶劣,气候变化使当地生态变得更加脆弱,进一步加剧了贫困化。

扶贫是帮助贫困地区和贫困户开发经济、发展生产、摆脱贫困的一种社会工作。无论气候是否改变,都存在由于自然条件恶劣或社会经济发展不平衡造成的贫困现象,都需要开展扶贫工作,以利社会的稳定与可持续发展。因此,非气候致贫的扶贫工作不属适应工作的范畴。但目前世界许多地方的区域性贫困确与气候的恶化有关,针对气候变化带来新发生的贫困区,或原有生态脆弱区因气候变化而贫困加剧并产生的新问题,对扶贫工作的部署、扶贫政策、人力与物质投入、扶贫方法等进行调整,就属于适应工作的范畴。

中国大规模系统性开展扶贫工作始于 20 世纪 80 年代中期,经过 30 多年的努力,温饱线以下的绝对贫困人口由 2.5 亿减少到一千多万。但是这剩下的一千多万人口集中在生态极其脆弱的地区,大多与气候致贫有关,是扶贫工作的难点。按照世界银行 2015 年 10 月考虑通货膨胀因素,采用购买力平价计算修订为 1.9 美元的贫困线标准,则中国的相对贫困人口仍有 2 亿,相当大部分生活在气候条件相对较差的地区。

气候扶贫是适应气候变化工作的重要组成部分。除加强基础设施建设与生态环境建设、发展教育与医疗卫生事业、计划生育控制人口过快增长、开展职业培训拓宽生计、加强东西部地区合作,增加物质投入与智力援助等常规扶贫措施外,气候扶贫还需要进行气候变化对贫困地区生态环境、自然资源、产业发展与生计等的影响的评估,进行气候变化风险与贫困地区的脆弱性分析,在此基础上对原有的扶贫政策与措施进行适当调整。对于气候明显恶化,基本丧失生存条件的贫困地区要组织气候移民。气候变化为扶贫工作增加了新的内容,近年来宁夏、贵州、甘肃、内蒙古等地先后开展了气候扶贫的试点,已取得一些经验并初见成效。

65.适应气候变化与环境保护有什么区别和联系?

气候变化已成为人类面临的最大环境挑战,广义的环境保护也应包括通过减缓与适应来保护地球的气候环境。但是,应对气候变化与狭义的环境保护工作又有许多不同点,彼此不能相互替代。

传统的环境保护主要针对人类排放废弃物对环境的污染采取预防措施和开展综合治理。CO_2、CH_4 等主要温室气体由于无毒,一般不纳入环境污染物的名单。但在生产和生活中,温室气体的排放往往伴随着 SO_2、CO、H_2S 等有害气体的排放,在实际工作中,节能减排与防治大气污染是紧密相连的。

虽然环境污染物主要是不合理人类活动排放的,而气候变化是由大量排放温室气体所致,并不与废弃物排放直接相关,但气候变暖往往加剧了环境污染。如微生物繁殖随气温升高而加速,使富营养化水体的污染和沿海海域的赤潮更加严重。气温升高使畜禽粪便的臭气加快挥发,毒害加大。降水减少的地区由于径流减少使水体不能及时更新,导致水质下降。风速减弱使得城市污染气团更加难以扩散稀释。海平面上升使入海河流的咸潮上溯,严重威胁饮用水源的水质安全。

虽然适应气候变化工作的内容与常规环境保护工作有很大的不同,但针对气候变化对生态环境所造成的影响和所带来的新问题,需要对原有环境保护的工作部署、政策、治理方法与技术进行适当调整,这也是适应工作的内容之一。

环境保护与适应气候变化都是为了协调人类与环境的关系,但侧重点与方法有很大的不同。环境保护的工作重点是针对污染源采取防控措施和对已被污染的环境进行综合治理。在应对气候变化工作中,对温室气体的减排和增汇属于减缓,适应主要着眼于针对受体系统采取保护措施和增强其适应能力。

66.人类适应气候变化包括哪些内涵?

适应气候变化是指"通过调整自然和人类系统以应对实际发生或预估的气候变化或影响"。这些影响有直接的,也有间接的,有现实发生的,也有潜在的威胁。只有全面了解气候变化的各种影响,才能明确要适应什么,才能使适应工作具有高度的针对性并取得实效。

(1)适应气候变化的基本趋势

气候变化的基本趋势表现在主要气候要素具有普遍性的改变。如随着全球气候变化,各地气温逐渐升高;CO_2等温室气体的浓度不断增高;风速与太阳辐射减弱;近地面O_3浓度增大;到达地面的紫外辐射增加;大气中气溶胶粒子增加等。这些变化趋势在世界各地是基本相同的,只是改变程度有一定差异。降水的变化则有明显的地区差异,有些地区增加,有些地区减少,但增或减的趋势对于某个地区在相当长一段时期内是基本确定的,如中国的华北、东北与西北地区东部降水量呈减少趋势,南方和西部地区则呈增加趋势。全国各地都表现出小雨次数减少,强降水频率增加的趋势。

气候要素的趋势性变化对自然系统和人类系统都产生了深刻的影响,对于气候要素变化趋势的适应是适应气候变化的主要内容和基础性工作。由于现代气候变化以变暖为主要特征,应对气温升高及其影响应是最基本的适应工作内容。

(2)适应气候波动与极端天气气候事件

随着全球气候变化,气候的波动也在加剧,极端天气气候事件频繁发生,并与气候要素的变化有明显的差异。针对气候变化带来的气象灾害新特点,对原有的减灾工作部署、管理和减灾技术进行的调整,也是适应工作的重要内容,对于气象灾害明显加重的地区,应对极端天气气候事件应放在适应工作的首位。

以上两项都属于对于气候变化的直接适应。

(3)适应气候变化的生态后果

气候变化除对人类生产和生活产生直接影响外,还造成了一系列生态后果,最严重的生态后果是全球海平面上升,其他后果包括海水酸化,海洋灾害加剧,部分地区水资源减少甚至枯竭,生态系统演替改变、退化和生物多样性减少,高纬度高海拔地区冰雪消融和冻土变浅,水循环、碳循环、氮循环等生物地球化学循环改变,土壤有机质降解加快、自然物候改变,有害生物活动与繁衍规律改变、暴雨增加引发地质灾害,气候要素变化加剧环境污染等。

(4)适应气候变化的社会经济后果

气候要素变化幅度与气候变化特征对不同地区的资源禀赋与环境容量的影响具有明显的区域性,将进一步加剧区域和国际的社会经济发展不平衡,尤其是发达国家与发展中国家的贫富差距拉大,并由此引发地区和国家间争夺自然资源和保护自身权益的各种矛盾与冲突。不同产业对气候资源的依赖程度和对气候变化的敏感性不同,气候变化将导致经济布局、产业结构、贸易格局、就业机会的一系列变化,进而影响职业人群和不同地区居民的民生与社会稳定,尤其是生态脆弱地区还有可能产生气候贫困和"气候难民"。气候变化还将改变人们的出行规律、消费模式与生活方式,引起人际关系和社会管理的相应改变。

气候变化对于生态环境与社会经济的影响通常带有明显的区域性,人类承受这些后果的代价往往不亚于气候变化的直接影响,其中有些影响的后果目前还难以准确评估,但将来会日益凸显。针对这些后果采取的各种应对措施都属于间接适应。对于有些地区,这种间接适应的重要性不亚于或甚至超过直接适应,如受到海平面上升严重威胁的沿海低地与小岛屿,由于气候恶化产生的"生态难民"等。

67.怎样划分气候变化适应对策的类型?

分类是指通过比较事物之间的相似性,把具有某些共同点或相似特征的事物归属于一个不确定集合的工作。通过对复杂事物的科学分类,可以使大量繁杂的材料条理化、系统化,发现和掌握事物发展的普遍规律,为人们认识具体事物提供向导。分类使繁杂的事物高度有序化,极大提高了人们的认识效率和工作效率。

通常要根据事物的外部特征或本质特征进行分类,但事物的属性有多种多样,根据不同的需要,形成了不同的分类方法。

适应气候变化涉及人类社会、经济和生态环境的几乎所有领域,人们对于适应存在不同的态度和方法,由此形成了多种分类方案。

①按照适应态度可分为:主动适应、被动适应。

②按照时间顺序可分为:预先适应、补救适应。

③按照适应时效可分为:长期适应、中期适应、近期适应、应急适应。

④按照适应的计划性可分为:计划适应、盲目适应。

⑤按照适应的有序性可分为:有序适应、无序适应

⑥按照适应程度可分为:适应不足,适度适应、过度适应。

⑦按照适应行动后果确定性程度可分为:后果不确定性适应、无悔适应。

⑧按照适应行动的主体可分为:生物自适应、人类支持适应、人类系统适应。

⑨按照适应机制可分为:自发适应,自觉适应。

⑩按照适应效果可分为:趋利适应、避害适应。

⑪按照适应内涵宽窄可分为:狭义适应、广义适应。

⑫按照适应效果的真实性可分为:有效适应、虚假适应。

⑬按照适应行动导致受体状态的变化可分为:渐进适应、转型适应。

⑭按照采取适应措施后受体系统的可恢复性可分为:弹性适应、刚性适应。

⑮按照适应内容可分为:生态适应、经济适应、社会适应。

⑯按照适应领域可分为:生态系统的适应、水资源领域的适应、海洋领域的适应、人体健康领域的适应等等。

⑰按照涉及产业可分为:农业适应、林业适应、渔业适应、牧业适应、工业适应、商业和服务业适应、重大工程适应、文化产业适应等等。

⑱按照适应区域可分为:城市化地区的适应、农业主产区的适应、生态保护区的适应、海岸带地区、海上岛屿等的适应;东北、华北、西北干旱气候区、长江流域、黄土高原、华南、西南、青藏高原等地区等的适应;农村社区适应、城市社区适应、少数民族地区的适应、气候敏感脆弱地区的适应等。

⑲按照适应措施性质可分为:政策适应、技术适应、体制调整适应、机制调整适

应、结构调整适应、工程性适应、非工程性适应等。

此外还有一些其他分类方法，因较少应用，这里就不再一一列举了。

68.什么是被动适应和主动适应？

被动适应（passive adaptation）是指在气候变化对受体系统已经造成显著影响之后被迫采取的适应措施。主动适应（initiative adaptation）则是在发现气候变化对受体系统影响的初期尽早进行风险评估，主动积极地采取的适应对策。由于气候变化的有些影响具有一定隐蔽性，等到这种影响明朗时已相当严重，再采取措施为时已晚，效果不大。主动适应可以较小代价获得较大的适应效果。

例如，青藏铁路穿过的冻土区长达 550 km，其中约 400 km 的冻土地段中，头 100 km 为极不稳定的高温冻土地段，较不稳定冻土地段也有 190 km。在高海拔不稳定冻土区修建铁路是一个世界难题。在全球气候变暖的背景下，青藏高原的升温幅度大于平均水平，将导致冻土变浅和更不稳定。按照原有工程设计标准修建铁路，过若干年由于路基冻土变浅和更加不稳定，将使青藏铁路可运行期大大缩短，届时翻修重建就属于被动适应，事倍而功半。青藏铁路在修建过程中对于冻土极不稳定路段采用铺设保温层、通风路基、清除富冰冻土、热桩、以适度直径的碎石块填充路基、以桥代路等综合技术措施，较好地消除了冻土融沉隐患。虽然增加了数亿元投资，但如不采取这种主动适应措施，等到青藏铁路多年冻土带被迫停运时再整体翻修，所需成本将以百亿元计，造成巨大经济损失。

对于趋利适应也是如此。例如随着气候变暖和热量资源增加，东北地区的农业技术人员鼓励农民改用生育期适度延长的品种，并有计划地培育新品种和从外地调运适用品种的种子，取得显著的增产效果。气候变暖使得夏季热浪发生更加频繁，商业工作者如能审时度势，提前调运和储备空调、电风扇、冷饮、夏季服装和防暑降温药品，就能抓住商机，取得显著经济效益。墨守成规不作调整，等到热浪侵袭时才急忙调拨销售夏令商品，早已错失商机，找不到货源。

69.什么是预先适应和补救适应？

预先适应（pre-adaptation）是指在气候变化的影响尚未发生时就采取预防性的适应措施，补救适应（remedial adaptation）则是指在气候变化已发生明显负面影响后采取的弥补措施。

针对气候变化的影响，各地各业都已采取了不少预先适应措施。如荷兰有 2/3 的人口居住在海平面以下的低地，考虑到未来海平面进一步上升的威胁，决定在 2005 年以后的 20 年内，每年为紧急防水工程投入 10 亿欧元资金，另外每年花 5 亿美元维护现有的海堤与河堤。海平面上升更使一些小岛屿国家面临灭顶之灾，南太平洋岛国图鲁瓦在2000年2月几乎整个国土被特大海潮席卷。研究表明,如果海平面继续上升,到2050年,图鲁瓦有可能成为第一个沉没于大洋之中的岛国。目前图鲁瓦政府已与周边国家联系迁移和安置本国的"气候难民"。马尔代夫政府正在逐步实施一些岛屿的垫高工程,其中胡鲁马累岛已垫高3 m。我国在南沙岛屿的填海造地,不仅是为改善航运和确保国土安全,也是为了应对气候变暖引起的海平上升威胁。

气候变暖将促使有害生物整体向北扩展或迁移。很多人担心南水北调会不会把血吸虫运进北京。经过周晓农等科技工作者的缜密调研分析,由于北方的冬季寒冷,作为血吸虫寄主的钉螺无法越冬,在几十年内还不至于出现这种情况。但随着气候变暖,到2050年,血吸虫流行区有可能北扩到淮河流域,同时由于钉螺不耐高温,未来血吸虫在华南和江南南部的传播范围可能缩小。这一研究结果为预先采取科学防控措施提供了重要依据。

在趋利适应中也有不少预先适应的例子。随着气候变暖,北极地区的海冰加速消融,开辟北极航线将使从西北欧到东亚的航程缩短一千多千米。北冰洋海底蕴藏着丰富的矿产资源,海冰加速融化使得这些矿产资源的开发利用成为可能,成本也将大幅度下降。目前已有20多个国家开始布局北极地区的开发项目,包括一些非北极国家也在争取合作投资开发。

虽然我们提倡尽可能采取预先适应措施,但是气候变化的某些影响具有潜在性,许多极端天气气候事件具有突发性,预估和预测的难度较大,往往来不及采取或充分采取预先适应措施。事后的补救适应措施虽然不会十分理想,但也绝非可有可无,做得好也能产生显著的经济效益。如高温热害和严重旱涝导致水稻绝收,翻耕重播已不能成熟。改种蔬菜虽然能较快收获,但在受灾面积大,许多灾民都改种蔬菜的情况下由于卖不出去或菜价狂跌,农民有可能得不偿失。重庆市利用当地秋暖的有利条件开发了种植再生稻技术,即在基本绝收的稻田,在洪水消退或干旱解除后,无须翻耕、播种、育秧和栽插,只需将残茬轻割,留桩30～40 cm,适时复水施肥,60天即可成熟,产量可达常规稻的80%。

70. 什么是计划适应和盲目适应?

计划适应(planning adaptation)指针对气候变化的影响,预先编制适应规划或行动计划,采取有步骤的适应措施,消除或减轻气候变化的不利影响,利用气候变化带来的某些有利因素。盲目适应(blind adaptation)则是不考虑受体系统情况、气候变化有利与否及影响程度,盲目跟风采取的措施,不但不能实现适应的初衷,反而会造成严重的经济损失。

目前主要发达国家都已制定了本国的适应战略,中国也已在2013年正式发布了国家适应战略,对主要相关领域和不同区域的适应对策做出总体部署并提出了指导性意见,各省、自治区、直辖市也先后编制了适应气候变化规划或行动计划。根据2001 年巴厘岛气候大会(COP7)的决议设立的最不发达国家基金已资助 42 个发展中国家制定了适应气候变化国家行动计划并开始实施。在全球范围内,适应气候变化正逐步纳入有计划实施的轨道。尽管如此,与减缓相比,适应工作开展的难度要大得多,这是由于气候变化对不同地区和领域的影响非常复杂,人们对于某些深层次和较隐蔽的影响还缺乏认识;适应工作几乎涉及自然系统和人类系统的所有方面,与经常性工作的界限也不很清楚,即使编制出适应战略或行动计划,仍然会存在一些盲目性,何况现已编制的适应规划或行动计划大多是国家或地区层面,基层政府机构和社区与企事业单位大多尚未编制,对适应的内涵缺乏认识,远未形成全社会的协调行动。因此,必须加强对于气候变化影响的评估和适应机制与技术途径的探讨,对已有的适应规划和行动计划不断进行补充和修订。

目前在实际工作中还存在大量盲目适应的情况,尤其是在一些决策者与劳动者素质不高的发展中国家。如有的人以为随着气候变暖,低温灾害就自然会减轻甚至消失,盲目引进抗寒性弱的品种或将种植界限过度北扩,导致冷害、冻害等低温灾害的频繁发生。有的地区只看到气候变暖有利于水稻向更高纬度扩种,但没有考虑水资源承载力,依赖超采地下水扩种,导致水资源的枯竭,最后不得不缩减种植面积。又如我国新疆的国土面积占到全国六分之一,但由于干旱缺水,人口与经济都只能集中在总面积仅 7 万 km^2 的大小绿洲上。20 世纪末,有人看到新疆降水有所增加,高山冰雪加快消融,就盲目提出要再造一个新疆。事实证明,这是过高估计了气候变化带来的有利因素,现在新疆已不再提这一口号。

因此,要避免盲目适应,就需要对气候变化的影响进行准确的评估,不但要考虑气候要素的变化程度和极端天气气候事件的演变,更要分析不同类型受体系统的脆弱性与适应能力,还要进行适应措施的成本—效益分析与可行性论证。一切从实际出发,尊重科学,尊重实践。

71. 什么是适应不足和过度适应,为什么要提倡适度适应?

按照适应措施的力度是否恰当,可分为适应不足(insufficient adaptation)、过度适应(over adaptation)和适度适应(appropriate adaptation)。

适应不足是指对气候变化的影响估计不足,采取适应措施的力度偏小,不足以充分消除或减轻气候变化的不利影响和充分利用气候变化带来的某些机遇。过度适应是指对气候变化的影响估计过分,采取的适应措施力度过大,反而带来一些负面效应或导致过高的成本。适度适应是我们提倡的,即在对气候变化及其影响进行科学分析、准确把握的基础上,采取针对性强、经济合理、技术可行的适应措施,能够获得良好的经济效益、社会效益和环境效益。

例如随着气候变暖,北方冬季供暖耗能将有所减少,夏季空调耗能会迅速增加。

能源领域的适度适应对策应该是在全面评估本地区采暖度日与制冷度日变化趋势的基础上,制定对采暖耗能与制冷耗能供应与保障的调整计划。如果对气候变化的影响估计不足,仍然沿袭气候变暖前的采暖与制冷供电计划(不进行适应),或只进行小幅度的调整(适应不足),势必会造成冬季采暖供热过多,浪费电能;夏季则制冷不足,炎热难熬,都加剧了人体不舒适。如果对气候变暖估计过高,过分削减了冬季供暖或过多增加了夏季制冷供电(过度适应),也会造成夏季供电的浪费和冬季受冷致病。此外,由于气候变化导致冷暖的波动加剧,并非一定不再出现严冬和凉夏。因此,在实际的采暖和制冷供电时,要密切注意天气变化,构建智能型环境调控系统,随时调整采暖或制冷的供电量,即使人体感到舒适,又能获得较高的工作效率。

掌握适度适应在农业生产上尤其重要。华北平原的冬小麦播种自古以来就有"白露早,寒露迟,秋分种麦正当时"的农谚。为便于掌握,农民把秋分节气的十五天按照每五天划分为秋分头、秋分中和秋分尾。在气候相对冷凉的20世纪60到70年代,生产上实际掌握的是在秋分节气的头和中播种。90年代以后由于秋冬明显变暖,如果仍按原来的播期或只推迟一二天,麦苗往往冬前生长过旺,不但消耗大量养分,越冬还容易受冻死苗,属于不进行适应或适应不足。有的农民则过高估计秋冬变暖,把播种期推迟半个月之久,导致冬前生长量不足形成弱苗,也不利于安全越冬,即使能越冬也容易减产,属于过度适应。适度适应的播种期应该掌握在秋分尾播种,可以获得壮苗,有利于来年增产。各地的气候不同,在黄淮平原,冬小麦的适宜播种期在寒露节气,长江中下游甚至迟到霜降节气,但都存在随着气候变暖适当推迟的问题。由于我国的大陆性季风气候年际波动较大,具体掌握还要结合当年的预报作适当调整,切不可照搬上年经验盲目过度调整播期。河南省2005年发生较严重的冻害死苗,就是因为之前两年连续出现凉秋,晚播小麦长势不好。2004年秋季许多农民就盲目提早播种,又恰遇暖秋,冬前麦苗生长过旺,抗寒力明显下降。

东北玉米品种的调整也是如此。随着气候变暖,无霜期延长,将过去使用的早熟品种改为中熟品种是适度适应,可以充分利用增加了的热量资源,增产增收。如果仍然沿用传统品种就属于不进行适应或适应不足,在其他管理不变的情况下,会因生育期缩短而导致减产。但如改用生育期过长的晚熟品种就属于过度适应,到秋霜冻之前仍然不能成熟。

72. 什么是后果不确定适应？为什么要提倡无悔适应？

尽管气候变化已是不争的事实,但气候要素在不同区域的变化幅度和速率仍然存在一定的不确定性,至于气候波动和极端天气气候事件的发生,不确定性就更大了,目前世界各国还都不能做到准确的气候预测。除气候与气候变化的不确定性外,气候变化的影响也具有一定的不确定性。这是因为某些领域的气候变化影响十分复杂,对其机制还不充分了解,现阶段还难以做出准确的判断。例如,随着我国西部地区的气候变暖和降水增多,高原和高山的冰雪消融加快,大小湖泊的水位上升,各大河流的径流量增加。但对于未来进一步变暖,高山雪线上升甚至消失后,径流量是继续增加还是趋于枯竭,学术界尚无定论。但无论如何,对于这样的重大问题,必须未雨绸缪,早作准备。

为此,我们把气候变化的影响划分为相对确定的影响和相对不确定的影响。

相对确定的气候变化影响因素包括全球气候变暖的基本趋势、二氧化碳浓度增高、海平面上升、雪线上升、冻土变浅、风速与太阳辐射减弱等,应采取比较明确的适应措施。相对不确定的气候变化影响因素主要指极端天气气候事件与气候波动,也包括某些复杂的对生态环境与社会经济的深远影响。

后果不确定适应(uncertain adaptation)是针对后果不确定的气候变化影响所采取的适应措施。对于这类影响的适应,首先要评估气候变化影响的发生概率,具有两种变化可能时,如变干或变湿,变暖或变冷,适应措施要侧重发生概率较大的趋势,同时密切跟踪监测,对另一种可能也要采取防范措施。一旦发生与先前的预估相反,要迅速调整适应对策。

无悔适应(no regret adaptation)是针对后果不确定的气候变化影响,无论后果如何都能获得正面效益的适应措施。如针对气候变暖导致土壤有机质降解而采取培肥措施,针对旱涝灾害频发修建水库和加固堤防等,都属无悔适应,即使情况与预测不同,这些措施都有益无害。但无悔适应是有条件的,并非所有适应措施都具有无悔性,也不是所有后果不确定影响都能找到无悔适应措施。如农田受旱需要灌溉,受涝需要排水,畜舍受热需要通风降温,受冷需要供暖和防风,两类措施的效果都是完全相反的,用错了反而会加大灾害损失。是否无悔适应措施,要由实践来检验。

在实际工作中,往往难以找到绝对无悔的适应措施,很多情况下只能选择可能出现的负面效应相对较轻的措施,称为"少悔适应"(less regret adaptation)。

73. 什么是自发适应和自觉适应?

自发适应(spontaneous adaptation)是指采取措施时并未意识到是在适应气候变化,但客观上具有适应的效果。自觉适应(conscious adaptation)则是建立在对气候变化影响科学判断和准确评估基础上主动采取的适应措施。

虽然适应是与减缓并列的人类应对气候变化两大对策之一,但国际社会在适应方面的进展明显滞后于减缓,直到2007年的巴厘岛气候大会才把促进适应气候变化列入《巴厘岛行动计划的四大要素》,2010年的坎昆气候大会才决定成立适应委员会和设立绿色气候基金,此后各国有计划有组织的适应行动才逐步开展起来。那么,在这以前是否就不存在人类对于气候变化的适应行为呢?

其实,自古以来人类就在不断地适应气候的波动与变化。近代主要由于人类大量排放温室气体所引起的气候变化也有一百多年，并且在 20 世纪 70 年代以后日益凸显。虽然大多数公众并不了解气候变化的原因与适应的机理，但在实际生产和生活中还是感受到了这种变化及其影响，自发采取了许多适应措施。中国最早的范例可追溯到 70 年代后期四川中部丘陵地区的"水路不通走旱路"。过去那里传统的种植方式是在丘陵坡地修建梯田，冬季拦蓄雨水，春季插秧种植一季水稻，称为"冬水田"。后来由于降水减少，拦蓄不到足够的雨水，保不住冬水田。科技人员建议改为小麦—玉米—红薯的旱作套种三熟制，由于小麦喜凉，玉米的水分利用率高，红薯能承受伏旱高温，很好地适应了当地气候条件。改为旱三熟后产量大幅度提高，一举摆脱了长期的缺粮与贫困。东北随着气候变暖，辽宁省的农民自发改种河北与山东的玉米品种，吉林的农民改种辽宁的品种，黑龙江省的农民则改种吉林的品种，都获得了一定的增产效果。其他领域也有很多自发适应的例子。

虽然自发适应具有一定的效果，但由于缺乏对气候变化影响的科学定性分析和定量评估，在适应的针对性和力度掌握上都往往具有一定的盲目性。以东北玉米品种的跨省换种为例，如果辽宁南部的农民选用河北中北部的品种问题都不大，但如果是辽宁北部的农民选用了河北南部的品种，往往因生育期过长不能在秋霜冻之前成熟，过度适应的结果仍然会导致不适应。吉林和黑龙江省也有类似的情况。为解决这个问题，东北三省的农业气象工作者开展了农业气候精细区划，按照每 100℃·d 划分积温带，提出按照近 30 年来气候变暖后热量资源的增加，可以跨一到两个积温带引种，但绝不要跨越三个积温带。此后很少再发生盲目引种人为导致冷害和霜冻的情况。华南也有类似的情况，许多地方由于过高估计冬季的变暖和对气候波动加剧估计不足，热带和亚热带作物种植大幅度北扩，结果在 20 世纪 90 年代连续遭受了 4 次严重的寒害，经济损失超过前 40 年寒害总损失量的数倍。此后当地气象部门与农业部门合作进行了热量资源的精细区划和山地气候资源的小网格估算，制止盲目北扩，充分利用冷空气难进易出的有利地形，使华南的热带、亚热带作物生产得到稳定。

由此可见，能否做到自觉适应，一方面要树立人与自然和谐相处的理念，另一方面也需要风险评估与适应技术的支撑。

74. 什么是趋利适应和避害适应？

气候变化在对人类环境带来巨大挑战的同时，也带来了某些有利因素。因此，适应气候变化，既要考虑趋利，也要考虑避害，力求二者有机结合，取得最大的适应效果。趋利适应（adaptation seeking advantages）指以充分利用气候变化带来的有利因素和机遇为主要目的的适应措施，避害适应（adaptation avoiding disadvantages）则指以规避和减轻气候变化不利影响为主要目的的适应措施。

气候变化对自然系统和人类系统影响的利和弊，在不同地区、不同领域和不同时期有很大的差异。总的来看,对于高纬度和高海拔地区有利因素较多,对于低纬度和低海拔地区不利因素较多;近期利弊并存,远期不利因素会进一步增加;对气候敏感的脆弱领域和产业的不利因素较多,对于夏令商品销售、资源与环境保护相关产业则存在不少机遇;大多数发达国家地处较高纬度,适应工作的科技支持能力较强,机遇相对较多,而大多数发展中国地处较低纬度和生态脆弱地区,开展适应工作的资金和科技支撑能力都较弱,气候变化影响以不利因素为主;在未采取适应措施时通常不利因素居多,采取正确的适应措施后,不利因素可大大减少,有利因素显著增加;但如人类控制温室气体排放不力,气候变化速率过快和幅度过大,就有可能超出自然系统和人类系统的适应能力,不利因素将迅速膨胀,甚至带来不可逆的灾难性后果。

因此,无论趋利适应还是避害适应都必须因地制宜,从当地实际出发。目前对于避害适应措施的研究较多,特别是针对极端天气气候事件频发与海平面上升的应对,对于趋利适应的研究则相对薄弱,需要深入挖掘。目前在实际生产和生活中,自发或自觉的趋利适应已有不少范例。如利用气候变暖热量条件的改善改用生育期更长的作物品种,种植界限适度北扩,适度提高复种指数,改进高寒地区的交通条件等。气候变化将使气候敏感性产业的布局和人们的消费习惯发生改变,进而导致不同区域和不同国家间资源分布和经济格局的改变,对于产业发展、商品销售和内外贸易等,都潜伏着不少危机,也孕育着不少商机。谁能做到早发现,早适应,谁就能在市场竞争中占据主动。

75. 什么是虚假适应(伪适应)? 怎样做到有效适应?

在人们采取的适应措施中,有的措施主观愿望是为适应气候的变化或波动,客观效果却相反,这类措施称为虚假适应或伪适应(pseudo adaptation),与之相反的适应措施称为有效适应(effective adaptation)。

例如2012年7月21日,北京与河北等地遭受特大暴雨的袭击,部分山区发生的山洪和泥石流造成部分农田绝收。这时再重新播种各种粮食作物都为时已晚,有关部门考虑到离秋霜冻出现只有两个多月时间,只有种大白菜才能正常成熟,按照常年的市场价格,要比其他的补救措施的经济效益更好。于是紧急调运了一批种子,鼓励农民抓紧播种。不料由于受灾范围较大,受灾地区大家都改种大白菜,导致市场严重滞销,每500克的价格降到0.1元多,灾区农民普遍亏损。显然,不做市场分析和预测是导致产生这次虚假适应的根本原因。

除违背经济规律外,违背自然规律也是产生虚假适应的重要成因。近几十年来华北气候暖干化导致水资源日益枯竭,特大城市排放的废气在三面环山的不利地形中污染空气难以扩散。于是有人提出可以从渤海挖一条长260 km,宽1 km的人工运河到北京。据说可以就地淡化海水,运河蒸发的水汽还可以使空气变得湿润,减轻雾霾污染。看起来似乎头头是道,其实是典型的虚假适应措施。且不论修建、维护运河与海水淡化的成本有多高,这种死胡同式的运河海水只进不出,淡化和蒸发剩余的高浓度海水必然每年沉淀数百万吨计的盐,加上海水向周边土壤和地下水的渗漏,盐碱化的后果不堪设想。渤海那么大,所蒸发的水汽对于提高华北平原的空气湿度贡献甚微,怎么能指望面积与渤海相差300多倍的运河能对改善北京的空气质量起多大作用?前些年还有人炒作从渤海引海水到内蒙古高原,再向西修筑运河到新疆,说是可以一举改变我国西北的干旱面貌,同样是一厢情愿,根本没有考虑这样的工程将会带来的严重生态恶果。

因此,在制定适应规划或行动计划时,一定尊重自然规律和经济规律,对所提出的重大适应措施进行充分的经济、社会与生态可行性的论证。

76. 生物自适应与人为支持适应、人类系统适应有什么区别和联系?

受体系统的适应性源自自组织系统(self-organization system)对外界气候变化干扰的反馈(feedback)和响应(response)。从系统工程的角度可以把适应气候变化定义为:通过对气候变化引起的外界环境扰动做出反馈和响应,使自组织系统在新的气候环境条件下能正常运转和发挥其功能。

不同类型的系统对于外界环境扰动做出的反馈和响应有很大区别。

简单的非生命系统由于缺乏自组织性,对于外界环境的干扰不能做出自主的反馈与响应,但在发生外界干扰时仍表现出物理学意义上的弹性(resilience),能够保持系统结构不受破坏,功能不至丧失。当外界干扰减弱或消失时,系统能恢复原有状态。但如外界干扰超过一定阈值,系统仍将受到破坏。

复杂的非生命系统和简单生物系统具有一定的自组织能力,能对外界环境干扰信息及时做出反馈和响应,具有自适应(self adaptation)机制以减轻环境胁迫,但通常是被动的适应,不能做出有计划的预先适应。外界干扰很强时同样有可能超过一定阈值,导致系统的破坏甚至崩溃。如无人机、机器人、自动调控生产系统等复杂非生命系统的自适应机制来自人为设计和安装的计算机程序和一系列反馈与响应机制,但仍不可能超出现有的人类科技水平。生物自适应可分为基因、细胞、组织、器官、个体、群体、生态系统等不同层次,不同层次具有不同的自组织适应机制,层次越高,生物多样性越丰富,自组织和适应能力就越强。

当气候变化胁迫超过受体系统的弹性或自适应机制时,必须对受体系统施加人工干预,或增强受体的弹性或自适应能力,或改善受体所处的局部环境,这类适应行动称为人为支持适应(man-support adaptation)。

人类系统具有很强的自组织能力,能够有计划收集环境信息,正确评估气候变化的影响和风险,制定主动有序的适应措施。但人类系统的适应能力仍然受到社会组织管理能力、经济发展水平、科技水平,特别是对气候变化及其影响的认知水平等多种因素的局限。国际学术界有人认为。如果每百年升温速率超过 4℃,就有可能超出人类系统的适应能力,造成灾难性的后果。

人类系统适应可分为个人、家庭、社区、区域、国家、大区和全球等不同层次。系统越大,适应的难度越大,但适应能力也越强,适应机制更加复杂多样。

自适应机制是由受体性质所决定的,比较稳定,成本较低,应充分利用。但目前气候变化的速率和程度往往超出许多受体系统的适应能力,还必须施加人为适应措施。

77. 什么是弹性适应和刚性适应?

物理学意义上的弹性(resilience)是指物质或物体在受到外力发生弯曲、拉伸或压缩后能够复原的能力,后来扩展到表示各种事物受到干扰后能否恢复到初始状态的能力。通过比较扰动前后事物所处状态可以判断该事物是否具有弹性。对于一个系统,弹性是指在遭受扰动时仍能保持原有的结构和基本功能,并具有对外界干扰进行反馈的能力。1973 年 Holling 将弹性引入生态系统稳定性研究(李湘梅 等,2014),此后,弹性概念在生态学、经济学、社会学、心理学以及工程学等许多科学领域得到显著发展,提出了工程弹性、生态系统弹性、经济弹性、社会弹性、心理弹性等概念,在减灾领域,弹性常被翻译成承灾体的恢复力,并且作为风险的组成要素之一。联合国国际减灾署 2009 年是这样定义的:弹性是一个系统、社区或社会暴露于危险中时,能够通过及时有效的方式抵抗、吸收、适应,并且从其影响中恢复的能力,包括保护和恢复期必要设施和功能。

在气候变化研究领域,《IPCC 年第四次评估报告》(2007)给出弹性的如下定义:弹性用来描述一个系统能够吸收干扰,同时维持同样基础结构和功能的能力,也是自组织、适应压力和变化的能力。

根据以上弹性定义,弹性适应是指在气候变化影响消失之后,受体系统仍能恢复原有功能的适应措施,而且通常对于相反方向的胁迫也具有适应效果。与此相对应的称刚性适应(rigid adaptation),即在气候变化影响消失之后,虽然能使受体系统的情况改善,损失减轻,但已不能恢复到原有状态的适应措施。

弹性适应的优点是能够承受不同类型的风险。由于许多气象灾害具有非线性特征,如降水过多形成洪涝,降水过少发生干旱;气温过低形成冻害或冷害,气温过高酿成热浪中暑。修建水库和堤坝既有蓄洪防涝的功能,也有蓄水灌溉防洪的功能;使用隔热建材和设计的房屋既能减轻炎夏热浪,又能抵御严冬寒潮,这些都属于弹性适应措施。由于能够应对不同的风险类型,弹性适应措施通常具有无悔性,属于无悔或少悔适应。

刚性适应措施通常不能应对多种风险,如灌溉通常用以应对干旱,排水通常用以应对涝渍,发生洪涝前灌溉的田块会加重涝害,水库为防洪泄水过多会严重影响旱季灌溉。如果当地以某种风险为主,相反的风险发生概率很小时,以刚性适应措施为主是必要的;但如同时存在多种风险,采取刚性适应措施就需要特别慎重,留有余地。如干旱时不忘做好防洪准备,防洪时不要把水库蓄水放光。应对气候变化带来的某些机遇也要采取弹性适应措施,如气候波动引起某些产品的市场波动,需要监测气候与市场动态抓住商机,但同时对市场相反的波动也要密切注意。

对于具有线性特征的气候风险也应以刚性适应措施为主,如植树造林防风防沙,推广秸秆还田和增施有机肥以应对气温升高土壤有机质加快分解等。

采取适应措施也不一定要求在气候变化的影响消失之后所有受体系统都恢复原状,如果这些适应措施能够促进受体系统进化和正向演替的话,偏离原有状态对于受体系统反而是好事。因此,刚性适应也是有其用武之地的。

78. 什么是渐进适应和转型适应?

(1)渐进适应与转型适应的概念和区别

渐进适应与转型适应是人类应对气候变化胁迫的两类不同性质的适应策略。

渐进适应(incremental adaptation)又称增量适应,只是对常规措施的力度或规模进行适当调整,使受体系统的功能得以增强,但基本的结构与性质不发生改变。如随着气候变暖,东北的玉米种植改用生育期更长的品种以充分利用热量资源,城市居民增加冬季出行和夏令商品消费等。渐进适应是受体系统以其组成与功能发生某种量变的形式来适应环境的变化。

转型适应(transformation adaptation)是指在气候变化的影响巨大,原有的受体系统不能适应改变了的气候环境的情况下,需要从根本上改变受体系统的性质才能适应新的气候环境。如由于降水减少和水资源短缺,北京和天津的水稻生产都无法维持,改种小麦、玉米等旱地作物。宁夏南部水土流失严重的山区由于基本丧失生存条件,不得不实行生态移民。采取转型适应措施后,受体系统的性质发生了根本变化,已经不是原来的受体了,属于一种质变。

(2)渐进适应与转型适应策略的灵活应用

什么情况下采取渐进适应或转型适应,既要考虑气候变化胁迫的程度,也要考虑受体系统的脆弱性与适应能力。

由于渐进适应无须改变受体系统的基本结构与性质,只是对原有行为的力度或规模作适当调整,易于操作且成本较低,在大多数情况下要首先和尽量采取。

需要采取转型适应对策的有以下几种情况:

①气候变化胁迫超过受体系统的自适应能力与人为支持适应能力的总和。如某地的滑雪场由于气候变暖已无法维持稳定的积雪,采取人工增雪也维持不了多久且成本过高,就只能向更高海拔转移。如果本地区更高海拔没有适宜滑雪的山坡,

就只好停止滑雪项目,改营其他项目或产业。

②受体系统过于脆弱,又缺乏人为支持适应的物质、资金、技术等条件。如针对海平面上升,大量国土低于海平面的发达国家荷兰实施了一系列工程来加高加固海堤和增强排涝系统。但有些小岛屿国家无力实施抗灾工程,遇到强风暴潮只能采取躲避措施,甚至准备将来被淹没后实行举国迁徙。

③采取渐进适应成本过高而转型适应的成本不太高。20世纪90年代中期,由于气候变暖和空气湿度增大,黄淮海平原棉铃虫空前猖獗,棉花生产极不稳定。反复多次打药虽可抑制但成本过高,而且严重污染环境,危害人畜健康与安全。新疆则由于气候变暖和降水增加,加上节水技术的普及,具备了扩大棉花种植的条件。在这种情况下国家实施了棉花主产区整体西移的战略转移,取得了显著的经济效益。

④在气候变化有些十分有利的情况下也需要采取转型适应对策。如过去北冰洋即使在夏季也仍然冰封不能通航,气候变暖后,夏季可通航期越来越长,开辟备机航线已提上日程,周边各国都在试图分享这一红利。内蒙古的阴山北麓无霜期只有一百天上下,过去不能种植玉米。随着气候变暖和牛奶消费量的迅速增长,加上极早熟品种的育成,现在玉米种植面积日益扩大。

(3)部分转型适应

在一定强度的气候变化胁迫下,有时会出现采取渐进适应措施效果不够充分,采取转型适应措施的条件不成熟或成本过高的情况,这时往往需要采取部分转型适应的对策,国际上称为 transformational adaptation。如随着气候变暖,冬小麦种植北界正在逐渐向更高纬度与海拔扩展。但在华北北部和东北南部水资源紧缺,尽管热量条件满足了,但水分条件不能充分满足,冬小麦扩种就只能在水源条件较好的河谷适度进行,无灌溉的旱地仍然只能以种植玉米、谷子等为主。显然,部分转型是受体的部分质变,整个系统的性质尚未发生根本改变,但结构已发生一定程度的改变,并出现了某些新的功能。

79. 长期、中期、近期和应急等不同时间尺度的适应有什么区别和联系?

按照适应行动的适用时期可以分为长期适应(long term adaptation)、中期适应(medium term adaptation)、近期适应(recent adaptation)和应急适应(emergency adaptation)四大类。

长期适应是指针对未来可能出现的气候情景制定适应战略、编制长期适应规划、启动基础工程建设计划、修订相关技术标准、开展适应机制与技术途径的预研究等,时间尺度约几十年,有些重大工程建设甚至需要考虑到未来上百年的气候变化。由于未来较长时期的气候变化具有很大的不确定性,对于制定的适应规划与基础性工作要结合气候变化跟踪监测结果不断修订和调整,特别是对于气候变化的复杂和深远的影响。

中期适应是针对未来一二十年气候变化所采取的适应措施。由于气候变化具有很大的惯性，人们对于未来一二十年的气候变化状况预估的不确定性相对较少，可以制定出比较明确的适应规划或计划，采取针对性较强的适应措施。如农作物的育种需要几年的周期，树木的育种周期更长。需要根据气候变化趋势调整育种目标，使新培育的品种能够适应未来一二十年的气候环境。又如未来一二十年华北缺水的基本状况不会改变，必须继续实施南水北调工程和完善运行管理。

近期适应主要是针对过去已经发生的气候变化造成的影响，这种影响在近期仍将延续。要制定明确的适应行动计划，确定优先适应项目，对比较成熟和有效的适应措施进行总结、提炼，并在今后几年内推广。

应急适应主要是针对极端天气气候事件以及由气候变化引起的其他灾害事件的新特点，建立监测预警和应急响应机制，进行风险评估和隐患排查，编制应急预案，组织应急救援和采取补救措施等。

上述四类适应只是从时间尺度上的大致划分，相邻类型之间并无严格的界限。时间越长，适应对策相对宏观，侧重战略性和政策性措施；时间越近，适应对策相对微观，侧重战术性和技术性措施，更加强调可行性与可操作性。

80. 个人、家庭、社区、区域、国家、全球等不同空间尺度的适应之间有什么区别和联系？

人类社会的适应行动在空间上从微观到宏观可以划分为个人、家庭、社区或企事业单位、区域、国家和全球等不同尺度。

个人适应包括观念、生活方式、消费习惯、职业行为、社会关系的改变和承担社会责任与公民义务，要把在气候变化条件下保护个人健康与权益、促进全面发展、实现人生价值与承担社会责任结合起来，从自己做起，从身边做起，带动他人共同保护地球气候。

家庭适应包括教育子女树立适应气候变化，与自然和谐相处的理念，制定发生极端天气气候事件时的应急预案，调整饮食习惯与消费模式，加强健康保护，改善居室与周边环境，改进与邻里关系，承担所在社区与单位的适应工作义务，共同应对气候变化的挑战。

社区适应包括对本地区气候变化影响和极端天气气候事件的风险评估，盘查和消除事故隐患，制定应急预案；针对气候变化对社区环境的影响调整原有环境保护与整治的部署；调查社区内的气候变化敏感与脆弱人群，对由于气候变化引起的生计困难和健康恶化者采取帮扶措施；对社区居民进行适应气候变化和应对极端天气气候事件的知识与技能培训，健全社区防灾与救援物资、设施与机制，建立应急志愿者队伍。

企业适应包括评估气候变化对原料来源、产品市场、运输条件等的影响和产业发展的风险与机遇,调整工程设施、工艺流程、技术标准和营销策略;针对当地多发的极端天气气候事件,编制应急预案,对职工进行防灾减灾和适应气候变化的培训,做好防灾和救援的物资、器材、人员等的准备;了解气候变化对所在地区环境与民生的影响,承担企业保护周边环境与气候的社会责任。

区域适应包括全面评估气候变化对本地区生态环境与社会经济的影响和极端天气气候事件的新特点,制定区域适应气候变化的规划和行动计划并组织实施;针对气候变化的影响,调整城乡建设规划、基础设施建设的布局和工程技术标准,加强环境整治与保护;从管理、技术和装备设施等方面提高企业的综合适应能力;加强对气候致贫地区和敏感脆弱人群的帮扶和保护;进行对居民适应气候变化的知识与技能培训,组织应对极端天气气候事件的演练,加强适应能力建设。

国家适应包括对气候变化趋势的监测和预估,全面评估气候变化对生态环境与社会经济的影响,制定国家适应战略与规划,指导各地和各部门编制相应的适应计划;组织对气候变化影响、气候敏感产业、领域和地区的脆弱性分析;调整城乡发展规划与布局,加强生态环境建设,保护土地、水、植被和生物多样性等自然资源;研发适应技术,构建不同产业、领域和区域的适应技术体系;向全民宣传适应气候变化的知识与可持续发展观,促进气候适应型社会建设。

全球适应包括建立健全适应气候变化的全球治理与协调机制,加强国际合作与交流,重点扶持最不发达国家和气候变化敏感脆弱国家的适应工作,本着"共同但有区别的责任"原则,妥善处理因气候变化引起的资源争夺矛盾与环境纠纷,建立公平合理的国际政治经济新秩序。

上述不同空间尺度的适应是相互关联的。世界是由所有国家及其人民组成的,保护地球气候关系到每个人的利益和子孙后代的生存,每个人、每个家庭、每个社区、每个企业都有责任为保护气候做出自己的努力。微观尺度适应是宏观尺度适应的基础,宏观尺度的适应是微观尺度适应的组织者和指导者,只有不同空间尺度的适应工作全面开展,才能取得最佳的适应效果。

81. 什么是无序适应和有序适应?

国家最高科技奖获得者叶笃正 2003 年首次提出"有序人类活动"的概念,2010年又提出了"开展全球有序适应"的建议,要在开展关于全球变暖对各地经济发展的影响和适应研究的基础上,通过比较分析各种试验结果,总结出有利于全球各地整体利益的几个最佳适应方案。

"序"就是指事物或系统的内部结构和内部各组成要素之间的相互联系。有序是指事物或系统内部的各要素具有某种约束性,并呈现出某种规律。"有序适应"气候变化是指人类应纠正和制止一切违背自然规律和社会经济规律的无序活动,以有序的人类活动来适应气候变化。

从应对气候变化的角度,有序的人类活动应该起到保护地球气候的作用,除控制大气污染物排放外,还要加强生态治理和环境保护,防止地球气候的恶化。

有序适应气候变化,要求人类活动不应超出气候资源的承载力。如新疆的绿洲完全依靠高山积雪融水灌溉,随着气候变化,降水增加,在厉行节水的前提下有可能适度扩大绿洲范围。但如超出水资源的承载力盲目扩大绿洲,有可能导致绿洲边缘和下游绿洲干旱缺水甚至沙漠化,这是得不偿失的。在降水减少的华北地区,更应严格限制高耗水产业的发展,并控制人口的过度集聚。

有序适应气候变化,要求人类活动不应超出气候环境容量。以大气污染为例,一个地区的空气净化能力取决于当地的风速、风向、低层大气稳定度和不利于稀释扩散污染物的静稳天气的出现概率等气候因素。如果片面追求短期经济利益,盲目发展高污染工业和城市发展规划不合理,将导致气候环境容量萎缩,形成严重的城市大气污染。

有序适应气候变化,要求人类的生产活动和生活行为遵循趋利避害的原则,充分利用气候变化带来的某些有利因素,尽可能规避或降低气候变化带来的风险,力求实现气候变化背景下的社会经济可持续发展。

有序适应气候变化,要求全社会采取协调一致的行动,这是因为气候变化关系到每个社会成员的利益和整个国家的前途和命运。为此,需要建立以政府为主导,充分利用市场机制,使企业主动承担社会责任,公众与社会团体积极参与的气候变化综合治理模式。

有序适应要求世界各国采取协调一致的行动。这是由于气候变化不同于局地的环境危机,而是遍及全球,威胁到整个人类生存基础的最大环境挑战。除世界各国遵循"共同但有区别的责任"控制温室气体排放外,在适应领域也需要世界各国协调合作,打造命运共同体,实现全人类利益的最大化。

82. 为什么说从无序适应到有序适应是一个无限循环的渐近过程?

有序适应是一个动态的过程。随着气候变化的进一步发展,气候变化的影响和受体系统的脆弱性都会出现一些新情况,原有适应措施的有序度有可能降低,需要不断进行调整,补充和完善原有的适应措施,不断增强适应行动的有序度。自人类产生以来,气候已经过多次冰期与间冰期的转换,人类社会就是在适应—不适应—再适应的循环往复过程中向前发展的

例如,随着气候变暖,黑龙江省种植的玉米品种由早熟品种改为中早熟品种,取得明显的增产效果。但如气候继续变暖,这些品种又将不适应变化了的气候,表现出一定的无序性。进一步调整为中熟品种后能够适应新的气候环境,农业生产的有

序性得以增强。又如随着气候变暖,过去只在热带地区发生的登革热已蔓延到南亚热带广东和台湾,未来如平均气温再升高 3～4℃,就有可能蔓延到目前中北亚热带的长江流域,防治部署必将进一步调整。

人类对于气候变化的适应决策是否正确,还与对气候变化影响的科学认识水平有关。目前人们对气候变化的某些影响的认识还不充分,适应对策的效果也具有一定的不确定性。例如,对于未来气候进一步变暖和西部高山冰雪大消融后,大江大河的径流量是增还是减,大气二氧化碳浓度继续升高后是否会发生施肥效应递减,气温升高导致有机质含量下降是否会降低土壤供肥能力等,目前学术界都尚无定论,难以准确判定未来的主要风险。当然,我们也应看到,未来随着人们对于上述气候变化影响机制研究的进一步深入,相关调控适应措施的有序性也将进一步提高。

技术进步也在很大程度上决定适应措施的有序度。如随着气候变暖,冬季供暖耗能可以减少,夏季制冷耗能势必增加。但如只是依靠经验判断来调整往往滞后并带有一定的盲目性和无序性,智能电网的建成就有可能实现既节能又提高人体舒适度和工作效率的有序效果。

四、气候变化影响评估与适应机制

83. 怎样对气候变化的风险进行评估?

(1)风险与气候变化风险

风险是指一个事件的发生概率与其负面结果之组合(联合国国际减灾战略 2009 年)。广义的风险概念也包括事件的正面结果。由于"风险"一词在汉语中具有贬义,在日常生活和工作中,人们提到"风险"一词,主要还是针对负面结果;对于某个事件的正面结果,人们通常称之为"机遇"。

IPCC 定义气候变化风险为不利气候事件发生的可能性及其后果的组合。2014 年《IPCC 第五次评估报告》的第二工作组报告指出,气候变化已经并将继续对水资源、生态系统、粮食生产和人类健康等产生广泛而深刻的影响。如果未来全球地表平均温度相对于工业化以前升高 1℃ 或 2℃,全球所遭受的风险将处于中等至高风险水平;如升高超过 4℃,全球将处于高或非常高的风险水平。

气候变化的风险具有相对性,对于同一类系统,在不同区域,不同时段,所面临的气候变化风险的特点与程度都有所不同,有时甚至以正面影响为主。

(2)气候变化风险的计算

风险 R 的计算公式是

$$R = H \times V, H = I \times P, V = E \times S/A \qquad (4\text{-}1)$$

式中:H 为危险(hazard),I 为气候变化不利影响因子的强度(intensity),P 为不利影响因子发生概率(probability),E 为气候变化受体的暴露度(exposure),S 为受体对于气候变化影响的敏感性(sensitivity),A 为受体对于气候变化的适应能力(adaptability)或弹性,V 称为受体的脆弱性(vulnerability),也有译为易损性的。

式(4-1)表明,气候变化风险是外因与内因相互作用的综合。外因即气候变化胁迫,不但取决于不利影响因素的强度,而且取决于其发生概率。内因即气候变化受体的脆弱性,由受体的暴露度、敏感性和应对能力组成,暴露度越大,敏感性越强,应对能力越差,受体越脆弱,越容易受到损害。

(3)气候变化风险的评估步骤

①确定问题与目标。总体目标是对气候变化给各国境内具有社会、环境与经济价值的事物带来的各种风险和机遇进行评估,以协助政府为采取适应措施和确定优

先行动创造有利环境。

②建立决策标准。根据经济、社会发展的需要建立决策标准,提供国家和地方制定适应计划时参考。

③运用上述公式对气候变化影响所带来的风险进行定性和定量的评估。

④确定方案。确定适应气候变化的方案,以降低已确认的风险。

⑤鉴定方案。在对适应气候变化的方案进行经济评估的过程中完成。

⑥做出和执行决策,并对执行情况进行监督与审查。

(白蕤)

84.怎样对气候变化带来的机遇进行评估?

由于气候变化的影响有利有弊,除了要分析评估气候变化影响的不利因素或风险外,还需要分析和评估气候变化带来的有利因素或机遇。如二氧化碳浓度增高有利于增强作物的光合作用,高纬度和高海拔地区的气温升高可延长植物的生长期和建筑工程的施工期,并改善冬季的交通运输条件。

对于气候变化机遇的分析评估,我们可以套用风险计算公式的形式:

$$O = F \times U \qquad F = I \times P \qquad U = E \times S \times A \qquad (4\text{-}2)$$

式中:O 为机遇(opportunity),I 为气候变化正面影响因素的有利程度,P 为气候变化有利因素出现的概率,E 为气候变化受体在有利环境下的暴露度,S 为气候变化受体对于有利因素的敏感性,A 为气候变化受体对于有利因素的利用能力。F 为气候变化影响的有利因素(favorable factor),U 为受体对于气候变化有利因素的可利用性(usefulness)。

式(4-2)同样表明,气候变化机遇是外因与内因共同作用的结果。外因指气候变化有利因素,由其有利程度与出现概率的乘积决定;内因指有利因素对于受体的可利用性,取决于受体处于有利环境的暴露度、对于有利因素的敏感性及利用能力三者的乘积。

气候变化机遇的评估步骤与风险评估相同。

气候变化风险公式中的应对能力和机遇公式中的利用能力反映了受体适应气候变化能力的两个方面。无论是趋利还是避害,都需要通过增强适应能力和采取适应措施来实现。对于气候变化风险,在式(4-1)中,即使气候变化不利因素的危险不很大,但如处于分母的受体适应对能力极差,所形成的风险仍然很大;但如适应能力很强,比较严重的气候变化危险也不至形成很大的风险。相反,对于气候变化机遇,在式(4-2)中,即使气候变化的有利因素很多,但如利用能力极差,实际能够获得的机遇也不大。

85.怎样对气候变化的综合影响进行评估?

由于气候变化的影响有利有弊,仅进行风险分析评估是不全面的,还应与机遇的分析评估同步进行,并将二者进行综合评估。目前国内外对于气候变化风险的分析评估工作开展得较多,对于气候变化机遇的分析评估十分薄弱,亟待加强。

式(4-1)和式(4-2)都是针对单个因子的计算,实际发生的气候变化影响往往同时存在多个有利因素和不利因素,需要分别测算后进行综合评估。

在同时存在气候变化风险与机遇时,气候变化的综合影响 SI(synthetic impacts)为

$$SI = R + O \tag{4-3}$$

在同时存在 m 个不利因素与 n 个有利因素时,气候变化的综合影响可表为:

$$\sum R_i = R_1 + R_2 + R_3 + \cdots R_m \tag{4-4}$$

$$\sum O_j = O_1 + O_2 + O_3 + \cdots O_n \tag{4-5}$$

$$SI = \sum_{i=1}^{m} R + \sum_{j=1}^{n} O \tag{4-6}$$

气候变化的作用对象是一个系统,还需要对各个子系统所受到的影响分别进行评估,然后进行合成。

$$\sum SI_i = SI_1 + SI_2 + SI_3 + \cdots SI_m \tag{4-7}$$

但对于大多数生态系统或社会经济系统,组成系统的各子系统之间的关系并非线性,不能如式(4-6)那样简单相加,需要建立更加复杂的非线性计算模式。

由于气候变化的不同影响因子的度量单位不同,在分别计算气候变化风险和机遇时,需首先对公式中的各个变量进行无量纲化处理。

在具体计算气候变化风险和机遇时,受体的暴露度、敏感性、不利因素的应对能力和有利因素的利用能力分别由多种要素构成,需要对各种要素分别进行评定和定量估测,然后才能进行综合评估。关于各要素的评估方法将另题分别介绍。

86.怎样评估气候变化的负面因素、危险或有利因素?

在式(4-1)中,气候变化的负面影响因素或危险 H(hazard)是气候变化风险的重要组成要素,影响程度较轻时通常称为负面影响,影响严重时称为危险,在灾害学中或对于极端天气气候事件,H 也经常译成致灾因子。由于 $H=I \times P$,气候变化负面影响或危险的大小不但取决于负面因素或致灾因子的强度,而且取决于其发生概率。对于有利因素,同样有 $F= I \times P$。

对于不同类型的气候变化负面影响或危险,度量的方法与单位不同。如气温过

高对人体健康能造成危害,最高气温在 30℃以上就会感到热,35℃以上常称为炎热,38℃以上常称为酷热。由于人体散热能力还与空气湿度及风速有关,在实际评估时还要将气温与湿度、风速结合在一起建立综合指标。

对于热带气旋,气象部门规定按中心附近地面最大风速划分为六个等级:底层中心附近最大平均风速 10.8~17.1m/s,也即风力为 6~7 级称为热带低压(TD);底层中心附近最大平均风速 17.2~24.4m/s,也即风力 8~9 级称为热带风暴(TS);底层中心附近最大平均风速 24.5~32.6m/s,也即风力 10~11 级称为强热带风暴(STS);底层中心附近最大平均风速 32.7~41.4m/s,也即 12~13 级称为台风(TY);底层中心附近最大平均风速 41.5~50.9m/s,也即 14~15 级称为强台风(STY);底层中心附近最大平均风速 ≥51.0m/s,也即 16 级或以上称为超强台风(super TY)。

关于气候变暖导致的土壤有机质降解可用单位质量干土的有机质量年均递减率[g/(kg·a)]衡量,气候变化加剧的水土流失可用平均每年单位面积流失土壤的质量[g/(m²·a)]衡量,二者都可分为极强、强、偏强、中等、偏弱、弱、极弱、无等不同等级。其中极强可定为历史出现过的最大值或当地有可能发生的极大值。

由于风险或机遇在计算时都要求无量纲化以求得可比性,计算风险或机遇公式中的诸要素都必须先进行无量纲化处理。在上述例子中,可以将最不利或最强等级的致灾因子值定为 1,将不出现负面影响定为 0 或将致灾因子最弱时赋以一个很低的值。

对于有利因素的分级也可以采取类似的方法。如随着气候变暖,某个地区可供农作物生长的积温值增加,可以把历史上出现过或估计可能出现的最大值定为 1,把历史平均值赋值为 0 即不存在有利因素。加上对暴露度、敏感性和应对能力等公式中的要素进行无量纲化,最终计算出来的风险或机遇的取值范围都在 0 和 1 之间,具有可比性。

值得注意的是,气候变化的有利或不利是相对和有条件的,如一定范围的气温升高使得作物生长期与农耕期得以延长,有利于增产,但温度升高过多,高温热害并加剧干旱就成为主要矛盾,反而变成不利因素了。随着适应技术的改进与完善,一些原来负面影响较大或较危险的气候变化影响因素有可能变得不那么危险,I 值有所降低;一些原来负面影响较小的影响因素也有可能变得突出。生物多样性也是气候变化利弊相对性的重要成因。气候变暖对于喜温作物固然有利因素较多,但对于喜凉作物却有可能成为灾难。如华南的荔枝在冬暖年份尽管枝叶茂盛但结果很少,就是因为缺乏必要的低温刺激不能诱导果树进入生殖生长。因此,对于气候变化影响因素的评估要针对具体对象并进行动态分析。

至于气候变化负面或正面影响的出现概率,可利用当地历史资料计算。尤其是气象、水温、地质、海洋等领域的观测资料是很丰富的,但有些经济和社会领域的影响缺乏历史记载,需要邀请相关领域的专家和经验丰富的职工、老农和居民等来讨论,对发生的可能性大小做出判断。

87.怎样对气候变化受体的暴露度进行分析和评估?

暴露度在灾害学中指暴露在危险环境中的承灾体数量与状态。在气候变化领域可定义为处于气候变化影响下的受体数量及状况。

现有灾害评估中往往把暴露度简单归结于处于危险环境中的承灾体数量,这对于地震、洪水等灾害的重灾区可以大体如此估算,但对于影响与危害复杂的许多灾害,只估算承灾体数量还远远不够,还必须考虑暴露程度及其时空分布的差异。至于受体对于气候变化影响的暴露度就更加复杂了,无论是不利因素还是有利因素,都是以暴露度越大,不利或有利的影响也越大。

为此,我们定义暴露度

$$E = N \times F_e \tag{4-8}$$

式中:E 为受体对于与气候变化影响的暴露度,N 为受体数量,F_e 为受体暴露因子,反映受体暴露于危险环境中的程度,数值范围定义为 $0 \sim 1$。式中的 E 也可称为绝对暴露度,为实现数值(0,1)化,相对暴露度定义为一定时空范围内处于气候变化影响下的受体事物数量 N 和该时空范围内所有事物数量 M 之比与暴露因子的乘积。相对暴露度:

$$E_r = (N/M) \times F_e \tag{4-9}$$

在许多情况下,$N=M$,相对暴露度在数值上就等于 F_e,但有时处于同一时空范围内的事物,有些受到气候变化的影响,有些并不受影响,这时 $N<M$。

对于农业灾害或气候变化引起的极端天气气候事件,暴露因子可分为时间维、空间维和程度维。时间维是指承灾体是否处于危险时段及其时间长度,如某种作物的敏感生育期恰好处于洪涝高发的雨季高峰期,则可以说对于洪涝灾害的时间暴露度较高,如处于旱季,则对于洪涝灾害的时间暴露度较低,对于干旱则时间暴露度的季节正好相反。空间维是指承灾体是否处于危险位置,如某种作物的种植区域位于低洼地区,则可以说对于洪涝灾害的空间暴露度较高,如处于高岗地则洪涝灾害的空间暴露度较低,对于干旱则空间暴露度评价的地形标准恰好相反。程度维是指是否存在遮蔽或保护措施,如农作物没有任何保护设施,可以认为暴露程度最大,有地膜或秸秆覆盖,则暴露程度略有下降。小拱棚或阳畦的暴露度进一步下降,塑料薄膜大棚的暴露度较低,工厂化全自动调控温室的暴露度很低。畜牧业生产也是如此,毫无保护的完全野外放牧暴露程度最大,简易棚圈的暴露程度有所降低,正规的畜舍暴露程度较低,工厂化畜舍暴露程度很低。

除农牧业外,所有在室外环境运行的产业和业务工作也都存在暴露度的三维现象。

进行气候变化的风险分析时,处于不会遭遇该种风险的局部空间或时间段,或处于严密保护不至受到不利因素影响,可定义暴露因子为0,相反的完全暴露情况可定义暴露因子为1。随着时间暴露因子、空间暴露因子和程度暴露因子的增大,综合暴露因子也随之增大,并可表为三者的乘积。

$$F_e = F_{e1} \times F_{e2} \times F_{e3} \qquad (4\text{-}10)$$

式中:F_e 为综合暴露因子,F_{e1}、F_{e2}、F_{e3} 分别表示时间暴露因子、空间暴露因子和程度暴露因子。

进行气候变化机遇的分析时,基本思路是一样的,在有利环境下暴露得越充分,机遇就越大。

对于气候变化的某些影响,时间暴露因子、空间暴露因子和程度暴露因子三者的效应各不相同,其中某个因子起到更大的作用,这时就需要对三者分别赋予适当的权重作为指数,再进行计算。受体的综合暴露因子计算如下:

$$F_e = F_{e1}^{\alpha} \times F_{e2}^{\beta} \times F_{e3}^{\gamma}, (\alpha + \beta + \gamma = 1) \qquad (4\text{-}11)$$

式中:的指数 α、β、γ 分别表示时间暴露因子、空间暴露因子和程度暴露因子各自的权重。由于各暴露因子及各权重系数的赋值都在 0 和 1 之间,式(4-8)和(4-10)的计算结果也都在 0 和 1 之间,实现了无量纲化。

88. 怎样评估受体对于气候变化影响的敏感性?

敏感性是评估受体面临气候变化风险和机遇的一个重要参数。受体对于气候变化的不利影响的敏感性越大,脆弱性就越强,气候变化的风险越大;同样,受体对于气候变化有利于因素越敏感,可利用性就越大,气候变化的机遇也越大。

敏感性是气候变化受体固有的性质,不同受体对于气候变化的不同影响有着不同的敏感性。这种敏感性可以表现为受体的某种物理性质,也可以是某种化学性质、生物性质、经济因素或社会因素,取决于气候变化对受体影响的表现形式。敏感程度从极度敏感、高度敏感、较敏感、一般敏感、较迟钝、迟钝、不敏感到无反应,可以划分成不同的敏感性等级,并赋予从 0 到 1 的不同数值以消除量纲的影响,具体数值可通过相关的实验或抽样调查获得。

以比较物理性质为例子,如气候变暖对不同海域海平面上升幅度的影响,可根据平均每十年海平面上升的速率衡量。对于迎岸海流增强和地面下沉的沿海地区,对于海平面上升就特别敏感,潜在危害极大;对于离岸海流增强或海拔较高的沿岸陆地,海平面上升在相当长时期内都还不存在威胁。又如气候变暖对高寒地区不同土壤的冻土层的影响,沙性土壤要比黏性土壤升温更快,冻土变薄的速度更快,可以用冻土层厚度的每十年递减率作为对气候变化影响敏感性的指标。

以比较化学性质为例子,如随着气候变暖和土壤温度升高,土壤有机质矿化速度加快,有机质含量较高的黑土地更为明显,沙性土壤和被水浸泡的沼泽土有机质含量下降相对不明显,可以用土壤有机质含量的年际变化率作为衡量不同土壤类型

对于气候变暖敏感性的指标

以比较生物性质为例子,如 CO_2 浓度增高对光合作用的影响,C_3 植物要比 C_4 植物更加敏感,但同为 C_3 植物,不同种类之间也有差异。可以测定并比较每增加单位浓度,不同种类植物的个体光合速率或水分利用效率的增加来衡量植物对于 CO_2 浓度增高的敏感性。又如气温升高对作物发育进程的加速作用,有的品种十分敏感,有的品种表现迟钝,可以将作物的不同发育期按照时间进程赋值,用每增加 $100℃ \cdot d$ 积温所加快的发育进程作为作物发育对温度升高敏感性的指标。如有的冬小麦品种每增加一片主茎叶龄需要 $80℃ \cdot d$ 积温,但有的品种只需要 $70℃ \cdot d$,后者的发育进程显然要比前者对气温升高更加敏感。对于需要一定时间长度和相对低温才能诱导进入生殖生长的强冬性品种,温度升高还有可能延迟发育,甚至根本不能进入生殖生长。

又如同等强度的热浪袭击时,老年人与儿童更加脆弱,心脑血管疾病患者的死亡率更高,利用各大医院的病历档案不难计算出不同类型人群在不同强度高温天气下的患病率和死亡率,作为对于高温胁迫敏感性的指标。不同地区的不同人群对温度变化的响应也有很大差别。2003 年西欧出现 $30\sim35℃$ 的高温,死亡就达数万人。但在南亚的印度和巴基斯坦,经常出现 $40\sim50℃$ 的极端高温,年均死亡约在数百人。原因在于西方国家的人群习惯于在较为凉爽的气候下生活,一旦遇到炎热天气就很不适应。高纬度地区的人们皮温明显低于热带居民,不利于体内热量散发也是一个重要的原因。

以比较经济因素为例子,如城市集中供暖系统,有的发达国家在环境气温降到 $16℃$ 就开始供暖,中国规定日平均气温降到 $5℃$ 开始供暖。随着气温升高,按照平均气温确定的供暖期将缩短,能源消耗减少,成本降低。对于夏季空调,发达国家大多开启空调将室温降到 $22℃$,中国为节能规定政府机关室温控制在 $26℃$,事业单位参照执行。随着气温升高,空调开启时间将延长,耗能与成本增加。气温升高越显著,未来冬季供暖支出下降和夏季空调降温支出增加越显著。

以比较社会因素为例子也很多。出现同等强度的极端天气气候事件,发生在发达国家的伤亡率要比发展中国家低得多,这是由于发达国家具有雄厚的防灾减灾物质基础和良好的设施条件,救灾组织能力和公众素质也要高得多。因此,不同国家对于同等强度灾害的敏感性要通过多个社会、经济与人文指标来综合评定。

评估受体对于气候变化影响的敏感性,目的是为采取正确的适应措施提供依据。对于气候变化的不利影响,我们要尽可能降低受体的敏感性;但对于气候变化的有利影响,我们要尽可能提高和充分利用受体的敏感性。

值得注意的是,受体的敏感性是动态变化的。许多受体,尤其是在生物和社会领域,对于气候变化的影响开始十分敏感,经过一段时期的适应之后就变得不那么敏感了。所以对于受体敏感性的评估需要跟踪进行。

89.怎样对气候变化受体系统的适应能力进行评估?

适应能力在生态学中意味着适应某种环境变化的能力。在气候变化研究中,适应能力是指受体系统能够对气候变化的影响和干扰作出响应,通过对自身结构与功能的调整,实现与改变了的气候环境相协调的能力。对于气候变化的负面影响,受体的自适应能力主要表现为式(4-1)分母中的 A,即弹性或恢复力。对于气候变化的有利影响,自适应能力主要表现在式(4-2)中的 A,即利用能力。对于存在人类干预活动的受体系统,如工农业生产及社会经济系统,还需要加上人为支持适应能力。

受体对气候变化的适应能力是由多种因素构成的,对于自然系统主要是自适应能力,对于有人类干预的自然系统和经济系统、社会系统等,人为支持适应能力和人类系统的适应能力还包括气候变化的监测、预测和预警能力、适应技术研发与应用能力、相关基础设施建设与物资储备能力、适应资金筹措能力、适应行动组织协调能力、公众适应意识与技能等。

不同的气候变化影响对适应能力各组成要素的要求不同。对于单一影响因素,抓住关键要素即可。如高温和低气压对养鱼的影响,关键是适时开动增氧机,其他措施都是辅助性的。水温增高加剧水体富营养化的问题,关键是防止过量使用化肥的残留进入水体。但对于复杂的气候变化影响,尤其是社会、经济领域,需要对适应能力的各组成要素分别进行测算,进行无量纲化处理后赋予适当权重,然后算出综合适应能力。如针对气候暖干化和社会经济发展共同引起的华北区域干旱缺水问题,需要对气候变化与人类活动导致干旱缺水加剧进行归因研究,对该区域的节水与循环用水技术能力、非常规水资源开发利用能力、水利工程调蓄能力、流域水资源统筹管理能力、节水抗旱资金保障能力、应急抗旱输水能力、公众节水意识与生活节水器具普及程度等分别测评。由于不同要素的度量方法不同,有些要素目前仍以定性描述为主,需要采用层次分析法、模糊评价法等对适应能力进行定量评价。

(董智强、郑大玮)

90.怎样对气候变化受体的脆弱性进行评估?

《IPCC第三次评估报告》指出,脆弱性是指系统容易遭受或没有能力应付气候变化(包括气候变率和极端天气气候事件)不利影响的程度,表现为敏感性、适应能力以及暴露度的函数,即 $V = E \times S/A$。《IPCC第四次评估报告》还引入了风险的概念,脆弱性是风险构成的重要因素。

目前,脆弱性评估在气候变化、自然灾害、生态环境等领域的研究成果较多,评价方法有综合指数法、图层叠置法、欧式贴近度方法、脆弱性函数模型评价方法,以及模糊物元评价法等。

上述几问分别介绍了脆弱性各构成要素的测算方法,根据式(4-1)不难进行受体脆弱性的具体评价。

脆弱性函数模型评价方法是首先对脆弱性的各构成要素进行定量评价,然后从脆弱性构成要素之间的相互作用关系出发建立评价模型。有学者认为系统的脆弱性是由系统内某些变量面对扰动的敏感性与这些变量临近伤害的临界值程度构成的函数,脆弱性的度量可用二者比值的期望来表示。

综合指数法从脆弱性表现特征、发生原因等方面建立评价指标体系,利用统计方法或其他数学方法综合成脆弱性指数来表示评价单元脆弱性程度的相对大小,目前常用的数学统计方法包括加权平均法、主成分分析法、层次分析法和模糊综合评价法等。

图层叠置法是基于GIS技术发展起来的一种脆弱性评价方法。随着GIS技术的日益普及和完善,应用GIS技术评估自然和人文系统的脆弱性呈上升趋势。GIS具有强大的数据采集、编辑、存储和查询管理功能,能够把属性数据和图形数据有机结合起来。应用GIS和一些其他辅助软件可以实现对多元数据的空间立体集成和所需专题信息的快速准确提取,提高了数据获取和处理效率。如郝璐等(2006)运用图层叠置方法对内蒙古雪灾区域孕灾环境敏感性以及区域畜牧业承灾体对雪灾的适应性两方面进行了叠置分析,并对内蒙古雪灾脆弱性进行了评价。

模糊物元评价法是通过计算各个研究区域与一个选定参照状态(脆弱性最高或最低)的相似程度来判别各个研究区域的相对脆弱程度。陈鸿起等(2007)运用该方法结合模糊集合理论和欧式贴近度概念,建立了基于欧式贴近度的模糊物元模型,利用各地区与最优参照状态的贴近度对区域水安全进行了评价。该方法计算研究单元各变量现状矢量值与自然状态下各变量矢量值之间的欧氏距离,Smith E. R.(2003)认为,距离越大系统越脆弱,越容易使系统的结构和功能发生彻底的改变。

(董智强)

91. 怎样了解和评估受体系统的适应需求?

气候变化的受体系统包括自然系统、受到人类活动明显干预的人工生态系统和人类系统三大类。

自然系统的适应需求是保持系统的正常功能,受到外界干扰后能够依靠自身弹性恢复原有结构与功能。由于是以自适应为主,人们只需要对其进行适当的引导和保护。如对于野生动植物要建立保护区,禁止一切开发活动,防止野火和有害生物侵入。能否采取正确的引导措施,关键在于对自然系统的结构、功能及其对气候变化的响应有深刻的了解,否则所采取适应措施的效果有可能事倍功半甚至事与愿违。

人工生态系统既要遵循生态规律,又要服从人类的利益。如农业生产的目标是"高产、优质、高效、生态、安全"十字方针,评估适应需求要全面考虑气候变化对这五个方面的影响。在生产水平与社会发展水平较低时为解决温饱,对产量的要求放在第一位,对"高产"适应技术的需求最大。在人民生活水平有所提高,温饱问题基本解决后,对"优质、高效"适应技术的需求明显增加。进入中等发展水平的社会,人们对生态安全与食品安全更加关注,对"生态、安全"适应技术的需求迅速增长。因此,不同社会经济发展水平的区域农业生态系统,对于适应气候变化会提出不同的要求,其中有共性要求,也有不同的要求,可赋予不同的权重。

人类系统的适应需求更加复杂,由于气候变化对不同人群的影响不同,适应需求也有明显的差异。例如高温热浪,从生理上看老年人与幼儿更加敏感。但在实际生活中,由于老年人和幼儿很少出门,而正在田间作业的农民、正在施工的建筑工和其他野外作业人员由于暴露度大最容易发生中暑。过去炼钢工人最受高温煎熬,但现代化炼钢厂操作人员与炼钢炉隔离,使用计算机自动控制,反而成为基本不受热浪威胁的岗位。

由于某些领域的气候变化影响具有隐蔽性和深远性,对于这些领域的适应需求要做较长时期的调查、观测和归因研究才能逐渐明朗。如随着气候变化导致不同区域的资源格局与环境容量的改变,未来许多产业的优势产地会发生转移,交通运输条件和人们的消费习惯也会发生改变,需要对本国的产业和贸易的结构与布局进行调整,但怎么调整还有待调研。

总之,对于简单非生命系统和自然系统的适应需求,主要是采取实验、观测和调查的方法;对于人类干预生态系统的适应需求,主要根据遵循生态规律与追求人类利益相协调的原则寻求最佳结合点;对于人类社会经济系统,要针对气候变化的突出影响,采取经济分析与社会调查相结合的方法确定适应需求。

92. 怎样进行气候变化与人类活动影响的归因分析?

归因是指对事物发生或人的行为的原因进行分析、推测、判断和解释的过程。宋晓猛等(2013)定义归因分析是:在某种可信度条件下或置信水平内,通过一些数学方法或统计模型评估或量化多个驱动因素对某一系统变量变化或某一事件演变过程相对贡献的过程。

气候变化科学领域常见的归因研究包括以下两类:全球或区域气候变化原因的归因、已经发生的环境变化与经济、社会现象是否与气候变化有关的归因。关于现代气候变化的原因,《IPCC 第五次评估报告》认为,有 95% 的信度是人类大量排放温室气体的结果。城市气温升高既有全球变暖的因素,也有城市热岛效应的因素。北京市气候中心比较分析了市中心区与远郊气象站 1960—2007 年的气温资料,认为快速城市化带来的增暖效应占 48.4%,气候系统自然变化因子占 51.6%。

气候变化已经对地球上的自然系统和人类系统产生了深刻影响。但对于当代的许多重大环境问题,诸如环境污染,水土流失、土地荒漠化、水资源短缺、生物多样性锐减等,其成因既有气候变化的影响,也有人类活动的影响;究竟是气候变化的直接影响为主,还是主要由于不合理人类活动所造成,并没有都搞清楚。归因分析关系到能否采取正确的适应对策。如果主要是由于不合理的人类活动所造成,基本对策应是纠正不合理的人类活动,代之以有序人类活动。如果主要是由于气候变化的影响,则基本对策在于采取合理的适应措施。在大多数情况下,环境恶化与自然资源短缺往往是气候变化与不合理人类活动共同作用的结果,这就需要作具体分析,对症下药。既要纠正不合理的人类活动,也要采取正确的适应对策。

国内外对于气候变化影响的归因分析研究仍较薄弱,主要是由于气候变化的影响与人类活动的影响交织在一起,有时还存在其他自然因素的作用,目前人们对有些因素的作用机制还不很清楚或只是定性描述,难以做到定量归因。目前做得比较好的是水资源领域。宋晓猛提出,环境变化的水文效应驱动因素归因分析方法有统计分析、分项调查、情景组合、试验流域和流域水文模型等。王国庆等(2008)指出,流域水文变化是气候变化与人类活动改变下垫面状况共同作用的结果。实测径流量与模型计算的径流基准值之间的差值由人类活动影响和气候变化影响两部分构成。以黄河三川河流域为例,1970—2000年期间减少的径流量中,由于水土保持和水利工程等人类活动造成的占到70.1%。宋晓猛等还对我国九大流域径流量变化的归因进行了定量分析。

近40年来,甘肃省大熊猫的分布从最南段的白水江北扩到白龙江,专家认为既有气候变暖的因素,也有成体大熊猫寻找新栖息地的因素,哪个因素为主尚难定论,需要长期监测和研究。

93.怎样进行气候变化影响链的分析?

灾害链概念最早由地震学家郭增建提出。郑大玮将这一概念加以引申和扩展,指出灾害链是指孕灾环境中致灾因子与承灾体相互作用,诱发或酿成原生灾害及其同源灾害,并相继引发一系列次生或衍生灾害,以及灾害后果在时间和空间上链式传递的过程。灾害链理论的提出有助于深入了解灾害演变规律和灾害损失放大过程,为人们采取断链减灾措施提供科学依据。

由于气候变化影响有利有弊,不能简单沿用灾害链理论,但无论气候变化的正面或负面影响都同样存在链式传递现象,可称为影响链(impact chain)。

进行气候变化影响链分析,关键是搞清楚气候变化与受体之间的相互关系与作用方式。气候变化影响作用于直接受体后,在生态系统中会沿着食物链传递,在经济系统中会沿着产业链传递,在社会系统中主要沿社会关系链传递。某些气候变化趋势还可能产生多种影响,使影响链形成若干支链,各支链之间存在交叉,形成影响链网。

影响链的表现形式包括物质流、能量流和信息流。在生态系统中主要表现为从光合作用到食物链的物质、能量转化过程,在经济系统中往往表现为商品—货币流,在社会系统中,社会关系链往往以信息流的方式传递。

一种气候变化趋势对某个区域或产业的影响往往同时存在利和弊,有利影响链与不利影响链往往相互交织,在一定条件下还可能发生相互转化。

在传递过程中由于直接受体与间接受体之间的相互作用,会产生一系列正反馈或负反馈。正反馈机制起到放大作用,使不利影响雪上加霜或使有利影响锦上添花;负反馈起到遏制作用,使负面影响得到抑制或使正面影响受到制约。在有利影响链中的关键环节采取促进正反馈和遏制负反馈的措施,或在不利影响链的关键环节采取促进负反馈和抑制正反馈的措施,都可取得显著适应效果。例如:

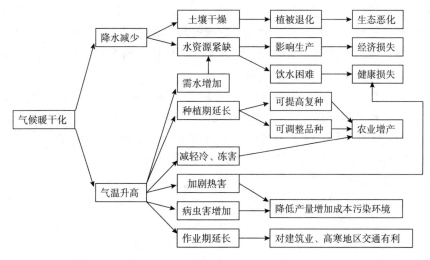

图 4-1　华北气候暖干化的影响链

从图 4-1 可以看出,气候暖干化对于华北地区有利有弊,但总体上不利因素较多,最大的不利因素是造成水资源短缺,节水是最重要的适应措施。

再以海平面上升为例:

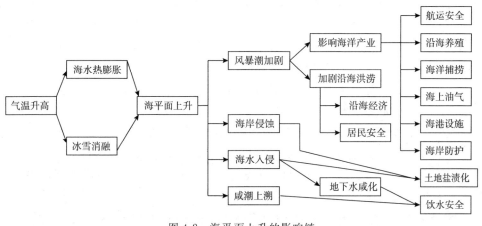

图 4-2　海平面上升的影响链

气候变化的实际影响往往更加复杂,需要针对当地情况具体分析。

94.受体对于气候变化的响应有些什么阈值?

阈值(threshold)又称临界值,指能够使一个事物或系统产生某种效应的外界刺激的强度。无论是环境变化的正面效应或负面效应都存在某种阈值。如木材要达到350℃的燃点才能燃烧,菊花要到秋季白昼长度短到一定程度才能开花,母鸡要长到五个月左右才能达到性成熟而开始产蛋。阈值可看成是事物由量变到质变或部分质变的一个转折点。

如果把气候变化看作一种对于受体系统的外部刺激,同样存在各种阈值。由于有利的气候变化通常接近于常态,对于气候变化有利影响的阈值研究较少,大多数研究是关于气候变化的不利影响的阈值。

气候变化胁迫强度很小时对受体影响甚微可以忽略。达到一定强度时受体系统开始受到不利影响,但由于未超出受体系统弹性或自适应能力,仍能保持系统功能和维持正常运转。气候变化胁迫强度继续增大到一定程度,受体系统出现某种损伤,使其结构受到一定破坏,功能发挥受到影响,但整个系统仍能维持运转。当胁迫强度增大到某种程度,突破了受体系统的忍受能力,除非施加人为干预,否则将导致系统的瓦解或崩溃。但胁迫强度超出人的能力时,人为干预也将无济于事。综上所述,受体系统对于气候变化胁迫的响应存在四种阈值,分别称为影响阈值(impact threshold)、损害阈值(damage threshold)、崩溃阈值(collapse threshold)与绝对阈值(absolute threshold),前三者是受体系统自身固有性质的阈值,后者是受体系统自适应能力与人类干预能力的综合阈值,如图4-3所示。

例如在气温18~22℃,人体感到比较舒适。升高几度,对健康与工作效率的影响不大。但如气温达到30℃,就会感到不舒服,影响食欲和工作效率。高到35℃,由于与人体的皮温相等,已经不能依靠辐射、传导和对流三种方式向外散热。出汗蒸发成为唯一的散热方式。如果继续升温到38℃以上,或者虽然不到38℃,但由于无风和空气湿度大,汗液蒸发不了,人体蓄热难以散失,就很容易中暑,必须采取人工降温和通风等方式改善局部环境,否则就有生命危险。

对于非生命系统也是如此。塑料大棚在外界风力或雪压不大时保持完好。风力或雪压大到一定程度即影响阈值时会产生轻度变形,但不会影响其功能。风力或雪压达到一定程度,超过系统弹性即损害阈值,大棚会发生局部破损,但仍有一定保温功能。外界胁迫强烈到一定程度即崩溃阈值,如无人为加固大棚将倒塌损毁。如果是超强台风、龙卷风或特大暴雪的摧残达到绝对阈值,即使人为捆绑和增添支柱也不能避免大棚的倒塌。

区分受体的不同阈值等级,有助于正确选择和采取合理的适应对策。

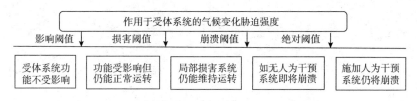

图 4-3　受体系统对不同等级气候变化胁迫的响应阈值

95. 弹性与自适应机制有什么局限性,怎样弥补?

生物是具有自组织结构的开放系统,能够对外界环境干扰做出反应,通过调整自身结构与功能适应变化了的环境。例如北方树木在秋季随着气温下降,叶片中的叶绿素不断降解成为可溶性氨基酸,连同其他可溶性养分顺着叶脉和叶柄转移到枝干贮存起来供春季发芽开花使用。叶绿素降解之后其他色素显露出来,以红色素为主的树木如黄栌与枫树,叶片显露鲜红色,以黄色素为主的树木如银杏显示鲜黄色,秋色满园美不胜收。其实树叶秋色并非为给人观赏,而是度过严冬的准备。哺乳动物为准备过冬,随着气温下降会长出厚密的被毛并积累皮下脂肪,有些动物还有冬眠的习性。鸟类会长出厚密的羽毛和绒毛,有些候鸟还会迁徙到南方。春季随着气温升高,哺乳动物会掉毛,皮下脂肪层变薄,鸟类则会换羽,候鸟从南方飞回。夏季炎热时动物会躲到阴凉处,猪爱到水里打滚,狗不会出汗,就伸长舌头扩大蒸发面积。鸡通过喘气增加水分蒸发,防止体温过高。植物遇旱部分叶片萎蔫以减少水分蒸腾,确保生长点和幼叶水分供应。生物的这种自适应机制是由遗传基因决定的,由于成本较低也比较巩固,在农林渔牧生产、园林管理和野生生物保护中都要充分利用以降低适应成本。

简单非生命系统一般不存在自适应机制,对于外界干扰具有一定的弹性或恢复力,这是由该系统的物理或化学性质所决定的。这种弹性存在两个阈值。一是使受体发生损害但仍能恢复的阈值,二是使受体损毁而不能恢复的阈值。外界胁迫不超过第一弹性阈值时,通常可充分利用受体弹性而不必采取适应对策。外界胁迫达到第一与第二阈值之间时必须采取人工辅助适应措施,以避免受体发生不可逆损害。绝对不能等外界干扰达到第二阈值,这时再采取适应措施为时已晚。

除了生物的自适应机制外,有些人造的复杂系统也具有一定的自适应机制,这是人类按照系统工程的反馈与自组织原理设计出来的。如自动化生产系统、无人驾驶飞机与汽车、宇宙飞船、机器人等,都能根据外界环境的变化调整自身的操作,但这种自适应机制不可能超出人类设计的范围。

弹性与自适应机制的优点在于这类适应机制是受体系统固有的,不需要付出较高的成本,应该充分利用。但无论弹性还是自适应机制对环境变化的适应能力都是有限的,当气候变化导致的环境胁迫超过受体系统的弹性或自适应能力时,就必须施加人工支持适应措施,才能避免受体系统的功能受损或结构破坏。

96. 适应气候变化有哪些基本的技术途径？

受体系统对于气候变化的不利影响与有利影响做出的响应和人为干预适应对策有所区别。

(1)气候变化风险的适应技术途径

生物是具有自组织结构的开放系统，能够对外界环境的干扰做出反应，通过调整自身的结构与功能来适应变化了的环境，我们称之为自适应(self adaptation)。例如北方的树木在秋季随着气温下降，叶片中的叶绿素不断降解成为可溶性的氨基酸，连同其他可溶性养分顺着叶脉和叶柄转移到枝干贮存起来供来年春季发芽和开花使用。叶绿素降解之后，其他色素就显露出来了，以红色素为主的树木如黄栌与枫树的叶片显露出鲜红色，以黄色素为主的树木如银杏叶片显示出鲜黄色，秋色满园，美不胜收。其实树木的叶片变成秋色并非为了给人观赏，而是为度过严冬做准备。哺乳动物为了准备过冬，随着气温下降会长出厚密的被毛并积累皮下脂肪，有些动物还有冬眠的习性。鸟类会长出厚密的羽毛和绒毛，有些鸟类则迁徙到南方，称为候鸟。春季到来时随着气温升高，哺乳动物会掉毛，皮下脂肪层也会变薄，鸟类则会换羽，候鸟则从南方飞来。夏季炎热时，动物会躲到阴凉处，猪爱到水里打滚，狗不会出汗，就伸长舌头扩大蒸发面积。鸡则通过喘气来增加水分蒸发，防止体温过高。植物在干旱时部分叶片萎蔫，是为了减少水分的蒸腾，确保生长点和幼叶的水分供应。生物的这种自适应机制是由遗传基因决定的，由于自适应的成本较低，也比较巩固，在农林渔牧生产、园林管理和野生生物保护中都要充分利用这种自适应机制，以降低适应成本。

简单的非生命系统一般不存在自适应机制，但对于外界环境干扰具有一定的弹性(resilience)或恢复力，这是由该系统的物理或化学性质所决定的。这种弹性存在两个阈值。一是使受体发生损害但仍能恢复的阈值，二是使受体损毁而不能恢复的阈值。当外界胁迫不超过第一弹性阈值时，通常可充分利用受体的弹性而不必采取适应对策，以免造成资源的浪费。当外界胁迫达到第一与第二阈值之间的强度时，必须采取人工辅助适应措施，以避免受体发生不可逆的损害。绝对不能等到外界干扰达到第二阈值，这时再采取适应措施为时已晚。

除了生物的自适应机制外，有些人造的复杂系统也具有一定的自适应机制，这是人类按照系统工程的反馈与自组织原理设计出来的。如自动化生产系统、无人驾驶飞机与汽车、宇宙飞船、机器人等，都能根据外界环境的变化调整自身的操作，但这种自适应机制不可能超出人类设计的范围。

有的时候仅有生物的自适应机制还不够，还需要辅之以人工支持适应(man-support adaptation)。一种情况是，有些生物的自适应机制需要在一定的外界环境条件诱导下才能显示，如抗寒性很强的植物在夏季也不能忍受接近 0℃ 的相对低温，但在秋季接受气温逐渐下降的刺激后，细胞内部发生一系列生理生化改变，植株的形态特征也会发生变化,这个过程称为抗寒锻炼。对于干旱同样也有一个抗旱锻炼过程。有时在自然条件下不能充分满足这类外界环境因素的诱导,就需要人们创造一定的局部生境,将生物固有的自适应机制诱导出来,在农业生产上经常采取的蹲苗、大棚放风锻炼都是如此。另一种情况是当气候变化胁迫有可能超出生物的自适应能力或可能造成明显的经济损失时,人为改善或创造一个适合生物的局部生境以减轻气候变化胁迫,农业生产上的灌溉、耕作、覆盖等措施和为野生动物建立保护区、提供饲料和转移的廊道等都属于人工支持适应。

气候变化的有些影响直接威胁到人类的健康、生命安全或经济利益,远远超出了生物与生态系统的范畴,这时就需要对人类系统的经济、社会的相关领域进行结构或功能的调整,这些措施称为人类系统适应(adaptation of human system)。

自适应、人工支持适应和人类系统适应是从微观到宏观不同层次的适应,三者是相辅相成的。自适应是最基础的适应,要充分利用。人工支持适应虽然需要一定的成本,但在气候变化风险较大时是完全必要的,否则会遭受更大的损失。人类系统适应是最广泛最根本的适应,涉及产业结构、生产技术、消费模式、生活方式、社会管理、国际关系等许多方面。除对人类系统的调整外,也往往需要把自适应机制利用和有计划的人工支持适应措施组合到人类系统适应体系中。

图 4-4 显示受体系统应对气候变化风险的机理与基本的技术途径。

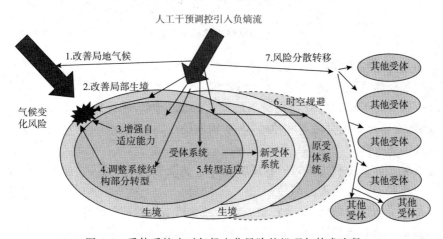

图 4-4　受体系统应对气候变化风险的机理与技术途径

①改善局地气候。虽然目前人类还不具备改变大气候的能力,但通过生态建设和人工影响天气作业能在一定程度上改善局地气候。

②改善局部生境。如农业生产的灌溉、耕作、覆盖等措施,都能在一定程度上改善局部生境。

③增强受体系统适应能力。如对受体系统进行人为加固,在农作物的苗期进行蹲苗锻炼,喷施抗旱剂等。

④转型适应。在气候变化胁迫风险超过受体的自适应能力与人为支持适应能

力之和时采取转型适应对策,通过改变受体系统性质来适应新的气候环境。

⑤时空规避。通过改变受体系统活动时间或空间避开气候变化风险,如调整产业布局,调整农作物播种期和移栽期等。

⑥转移和分散风险。在抗御气候变化风险成本过大或无法抗拒时,通过灾害保险转移和分散风险。

上述六条适应技术途径都需要付出一定成本,对受体系统注入所需物质、能量和信息,包括物资、器材、资金、技术培训等,构成了注入受体的负熵流。

（2）气候变化机遇的适应技术途径

图4-5 显示受体系统利用气候变化机遇的机理与基本技术途径。

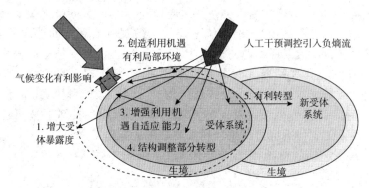

图 4-5　受体系统利用气候变化机遇的机理与技术途径

①面临气候变化有利影响时,要努力增大受体系统的暴露度。如在气候变化有利地区增加受体系统的数量并扩大分布范围。

②创造有利于利用气候变化机遇的局部环境。如东北地区随着气候变暖适当提早播种,需要相应提早融雪和整地;春季物候提前,旅游点要及早对赏花踏青场所做好场地准备工作。

③增强受体系统利用机遇的自适应能力。如随着气候变暖,农业生产上要培育生育期更长和相对耐高温的品种。

④调整受体系统结构,部分转型。如区域种植结构的部分调整。

⑤实施有利的转型适应。如随着气候变暖,原来不能种植水稻的东北北部扩种水稻,原来不能种植冬小麦的长城以北地区扩种冬小麦。

97. 不同气候变化情景和适应机制下,受体系统演化前景和适应策略有何不同?

不同气候变化影响情景和适应机制下,受体会表现出不同的系统演化方向,所采取的适应对策也要有所区别。

从图4-6 可以看出,当气候变化的有利因素超过不利因素时,系统功能能够增强,正向演替加快,主要对策是充分利用机遇。

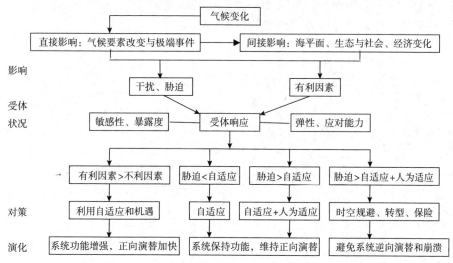

图 4-6　受体系统适应气候变化的机制与不同演替方向

　气候变化胁迫不超过受体自适应能力时,应充分利用自适应机制以降低适应成本。

　气候变化胁迫超过自适应能力时,应施加人为适应措施,通过人为干预增强受体的适应能力,或人工改善受体所处局部环境,以减轻气候变化的不利影响。

　气候变化胁迫超过自适应能力与人为适应能力之和时,为避免受体系统的逆向演替或崩溃,必须采取时空规避、转型适应或保险等措施。

98. 区域生态—经济—社会系统适应气候变化有哪些基本的技术途径?

　一个区域生态—社会—经济系统,由生态子系统、社会子系统、经济子系统组成。生态子系统包括该区域的自然资源、环境要素、植被、野生和栽培饲养动植物。以及人类自身;经济子系统包括不同产业的布局与结构、企业与其他生产单位、资金、生产资料与劳动力等生产要素;社会子系统包括居民人数、职业、民族、性别、年龄构成与健康状况,政府机构与社会团体的职能,社会阶层划分及相互关系等。

　区域系统及各子系统对气候变化及所引起的生态环境变化能做出各种响应,并具有一定的弹性或自适应能力。这种自适应的成本较低,应充分利用。但是这种弹性或自发的适应能力是有限的。对于强度更大的气候变化胁迫,还需要建立一个适应决策支持系统,该系统由三个子系统组成:信息处理子系统收集区域系统对气候变化胁迫响应的有关信息并进行处理、分析和评估;技术对策子系统针对气候变化的具体影响,提出可供选择的适应对策与技术;决策咨询子系统经过比较、论证和优选,针对三个子系统分别提出适应对策,并出台相应的适应政策和工程规划。上述适应行动决策,少数用于削弱灾害源或改善宏观生态环境,大多数措施作用于各子系统,以提高受体的适应能力或调节改善局部环境。

区域生态—社会—经济系统的适应技术途径可用图4-7的框图表示:

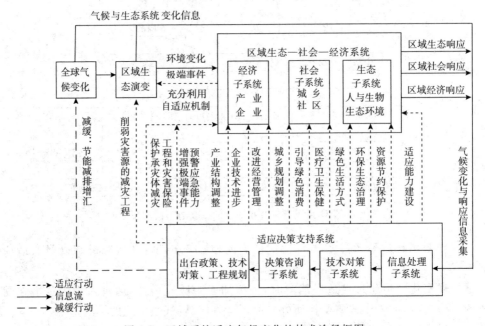

图 4-7　区域系统适应气候变化的技术途径框图

图4-7只是给出了区域系统适应气候变化的基本思路,在实际工作中,图中的每一个箭头都包含着大量的具体适应措施,在每一个部门和领域的适应工作中都要进一步细化。如针对气候变化引起的资源短缺,开展资源节约保护包括水资源的开源节流,土地资源的合理规划与高效利用,废弃物的减量化、无害化和资源化,矿产资源与生物资源保护等,每种资源的保护又包括政策、法律、管理制度与技术等不同层面。又如针对气候变化对人体健康的影响,加强医疗卫生保健工作包括改进卫生机构设置与布局,加强危险天气和媒传疾病的动态监测和预警,加强露天、野外及特殊岗位职工的夏季防暑降温,加强脆弱人群的医疗保障和保健辅导,保障生态脆弱贫困地区的饮水安全,加强食物营养的监督与指导等。

99.为什么说系统边缘对于气候变化既具有特殊脆弱性,又具有独特优势?

许吟隆、郑大玮等提出的边缘适应的定义是:由于气候变化引起的环境胁迫使系统状态产生某种不稳定性,尤其是两个或多个不同性质的系统边缘部分对气候变化的影响异常敏感与脆弱,首先在系统边缘的交互作用处采取积极主动的调控措施,带动整个系统的结构与功能与变化了的气候条件相协调,从而达到稳定有序新状态的过程。

边缘适应的提出为适应气候变化工作提出了明确的指向,增强了针对性。

(1)充分认识系统边缘是气候变化的敏感区、脆弱区

从空间维度看,任何系统都存在其时空边缘地带。处于系统内部的子系统和单元相对稳定,边缘子系统和单元易受外部环境影响而相对不稳定。气候变化带来生态系统与社会经济系统外部环境的巨大变化,系统边缘首当其冲,对气候变化更为敏感,如北方农牧交错带、青藏高原东部边缘、淮河流域和海岸带都处于两大生态或地理区域系统的过渡地带,也都是相对多灾的地区。气候处于稳定状态时,这些系统边缘所处环境与系统内部的差异较小,能够基本保持稳定;但当气候发生显著改变时,系统边缘所处环境就有可能超出系统所能承受或适应的阈值,导致系统边缘地带的功能下降,严重时甚至可能导致系统的崩溃。

从时间维度看,系统演化两个阶段的过渡期相对脆弱,如夏收作物收获与秋收作物播种和苗期管理的“三夏”(夏收、夏播、夏管)和早稻收获与晚稻插秧的“双抢”期间,对于极端天气气候事件更加敏感,同等强度下的损失明显大于其他时期。社会发展也是在转轨期和过渡期往往出现更多风险和发生危机,如所谓“中等发展陷阱”。

(2)系统边缘适应气候变化是挑战,也是机遇

气候变化等环境改变必然对系统边缘形成重大挑战,加剧其不稳定性和脆弱性。但是,系统边缘作为与系统与外界进行物质、能量和信息交换的前沿,负熵流输入也为系统进化演替提供了机遇。如海岸带既经受着海平面上升加剧的各类海洋灾害冲击,但也是对外物质、能量、信息流最活跃的地带,由于得改革开放政策之先,已成为国内经济最发达地区;北方农牧交错带通过牧区与农区合作开展易地育肥实现资源优化配置,也取得了显著经济效益。系统边缘能否克服挑战,抓住机遇,关键在于能否及时调整自身结构与功能,增强适应环境变化的能力。

(3)系统边缘是适应气候变化的重点区域和优先议题

与系统内部相比,边缘部分率先受到气候变化的有利和不利影响,气候变化带来的新挑战和新机遇都是首先在系统边缘地带出现。无论应对不利影响还是利用有利机遇,在边缘子系统采取适应对策都可以率先取得经验和效果,带动系统其他部分的适应进程。因此,系统边缘理应作为适应气候变化的重点和切入点。

边缘适应强调因地制宜制定适应气候变化的策略,并表明适应是一个过程。随着气候变化的进程,系统边缘的位置与状态也在不断变化,适应气候变化工作也应不断调整和完善。

100. 制定边缘适应对策应掌握哪些原则?

边缘子系统与系统内部子系统最大的区别在于外部环境多变和物质、能量、信息

的高强度交流,既具有从外界引进负熵以促进系统升级改造的机遇,也由此导致一定的不稳定性和脆弱性。因此,制定系统边缘适应气候变化的对策应掌握以下原则:

(1)根据气候变化及时调整优化结构,使之具有一定的过渡性特征。如北方农牧交错带的产业结构与生态结构在气候暖干化情景下,应适当增大多年生牧草和贮草舍饲的比例,适当缩小种植业比例,控制冬春放牧。由于杂交水稻对低温十分敏感,长江中下游平原的北部改双季稻为小麦、油菜等夏收作物与杂交中稻复种,既避开了早稻低温烂秧和晚稻寒露风,也躲开了早稻开花灌浆期的高温热害。

(2)边缘子系统作为系统之间的桥梁和纽带,在保持自身稳定的前提下要主动开放,善于从相邻系统吸收负熵即有用的物质、能量和信息,实现资源优化配置和优势互补,以增强整个系统的适应能力。如农牧交错带可作为农区与牧区合作的桥梁,山前地带可促进山区与平原的合作,沿海地区引进国外先进技术与管理,进口国内短缺资源,出口本国优势产品等。

(3)针对边缘子系统的脆弱性,与系统内部相比,需要更多采取有针对性的人为适应措施,或增强自适应能力,或调节改善局部环境。两类措施相辅相成,缺一不可的,必须有机结合。

(4)系统边缘所经受气候变化胁迫多种多样,涉及多个领域和部门,既需要部门间的协调联动,也需要内部各子系统的合作与支援,加强统筹管理尤为重要。

101. 适应气候变化存在哪些制约因素?

适应气候变化作为一种有序的人类活动,仍然存在自然因素、社会经济与科技发展水平、管理能力、公众素质等诸多制约因素。

(1)自然因素的制约

自然资源禀赋与环境容量对适应能力有着很大的约束。如降水减少的地区需要扩大灌溉,但由于水资源日益短缺,原有的灌溉面积都难以保持。风速减弱不利于城市大气污染物的稀释与扩散,尤其是位于周围环山的盆地和山谷地形中的城市,环境容量更加受限。但对于沿海城市,由于有海陆风调剂,即便排放较多的污染物,也容易扩散稀释。

(2)经济发展水平

经济发展水平在很大程度上决定了一个国家、社区或企业采取适应行动的资金与物质保障能力。如联合国的相关文件与已开展的国际适应行动项目表明,发展中国家在农业适应气候变化过程中普遍面临的障碍和限制因素主要包括资金短缺、技术和知识匮乏,以及适应能力限制。即使是发达国家,适应气候变化的能力也不是无限的。如美国中部平原由于地广人稀,远离城市的密西西比河大部分河段并没有筑堤。国土辽阔的加拿大除城市附近地区外,对于雷击引发的原始森林天然火灾并不去扑救,而是作为一种自然生态平衡现象待其自然熄灭。

（3）管理能力

与资金与物质保障能力相比，发展中国家与发达国家之间，在适应行动组织管理能力上的差距更大。尤其是在发生极端天气气候事件时，发达国家能够迅速动员各种减灾资源，按照事先编制的应急预案，有序开展抢险救灾，伤亡人数很少。而许多发展中国家在灾害来临时缺乏有效的协调，信息不畅，行动迟缓，在同等强度和规模的灾害中，伤亡人数是发达国家的数倍到几百倍。有些发展中国家长期处于内战和动乱之中，适应气候变化甚至根本提不上议事日程。

（4）技术水平

气候变化给人类带来各种挑战和机遇，有些已有应对技术，如针对海平面上升加高加固海堤与海岸防护设施，江河上游水库在丰水期蓄水，枯水期泄洪压制咸潮等。但对于有些气候变化影响尚缺乏深入的认识，如二氧化碳浓度继续增高，光合施肥效应是否递减；高山冰雪加快消融是否导致未来江河径流萎缩等都尚无定论。虽然自古以来就有旱灾，但目前的干旱往往与高温相结合，抗旱难度比过去大得多。发展中国家和欠发达地区的适应技术研发能力也更为薄弱。

（5）公众素质

不同国家处在不同的文化传统、社会结构和政治体制背景下，有些发展中国家还面临着基层传统社区观念、知识和文化上的制约。传统的部落和社区对于适应气候变化的措施和概念完全陌生，有的甚至还存在文化上的排斥，尤其是被极端宗教势力和邪教控制的人群。即使是政局比较稳定的发展中国家，公众对于适应气候变化的意识和技能也与发达国家有着很大差距。

为此，适应气候变化要与社会经济发展有机结合才能取得良好效果。时任国家主席胡锦涛在 2009 年联合国气候变化峰会上指出，气候变化"既是环境问题，更是发展问题，归根到底，应对气候变化问题应该也只能在发展过程中推进，应该也只能靠共同发展来解决。"

（王娜）

102. 怎样确定受体系统适应气候变化的阈值？

无论是生物的自适应能力还是人为适应措施，对于气候变化的胁迫都存在某种阈值的限制。对于非生命系统，阈值可以通过物理实验，以发生质变时的物理或化学指标表示。如塑料薄膜大棚能承受多大的风压或雪压，可以通过人工模拟实验精确测定。对于生命系统，也可以通过田间试验或控制条件下的试验进行指标鉴定。如实验表明人体在环境温度 $20\sim22℃$ 下舒适度最高，在 $35℃$ 以上时已无法通过辐射、对流和传导三种方式散热，出汗蒸发成为唯一的散热方式。如果这时空气湿度过大又不通风，不利于汗液蒸发，就很容易中暑。

以农业为例，研究表明，作物对温度的响应存在一个敏感折线，低于 $6℃$ 时喜温作物停止生长，低于 $0℃$ 可产生冻害；$44℃$ 为喜温作物所能承受的最高阈值，一旦突破将停止生长甚至死亡。现有冬小麦抗寒品种,最多能够抵御－22℃的分蘖节极端低温。马铃薯在最热月平均气温超过19℃的地区会生长不良。

由于影响因素众多且相互作用,社会经济系统的阈值测定比较复杂。对于某些复杂问题可以邀请资深专家座谈做出经验判断,称为"德尔菲法"。如关于人类社会总体上能够承受多大的全球升温幅度,大多数科学家认为,如能控制在一百年升温不超过2℃,经采取适应措施付出一定成本后,全球生态系统与人类社会或许还能够承受。如果超过2℃,将造成很大影响和付出极大代价。如超过4℃,很可能超出生态系统和人类社会的适应能力,导致灾难性的后果。但这一估计只是经验性的,具体到不同领域、产业和对象,还需通过实验和调查确定其阈值。

不同受体对于气候变化胁迫的阈值是动态变化的,一方面是由于某些受体,尤其是生物对于环境变化具有一定的适应能力,如小麦经过冬前抗寒锻炼后能够承受越冬期间强烈的零下低温,但即使是最耐寒的品种,未经锻炼也不能忍受接近0℃的零下低温。经过蹲苗锻炼的玉米具有较强的抗旱抗倒能力,而未经蹲苗的植株发生轻度干旱就会萎蔫。另一方面则是由于人类社会的科技进步与管理水平提高。如过去的小麦品种,亩产达到250 kg就很容易倒伏,产量难以进一步提高。后来育成了韧性强的矮秆品种,目前大面积亩产千斤①已不稀奇。在20世纪90年代以前,除巨灾年份外,平均每年因灾死亡五六千人。自2003年国务院启动"一案三制"工作以后,随着应急管理能力的迅速提高,一般年份全国因灾死亡人数已下降到一两千人。

气候变化对受体影响的阈值确定是一项难度很大的探索性研究,目前国内外还没有通用的研究方法,有待进一步深入。

(王娜)

103. 怎样针对气候变化及其影响的不确定性开展适应工作?

由于气候变化的驱动因素既有人为因素,又有自然因素。人为因素包括温室气体与气溶胶排放、土地利用与覆被改变、人为放热和重大建设工程等,自然因素包括太阳活动、其他天体运动和宇宙物质迁移等天文因素及地震、火山喷发、岩石风化、海温与洋流变化等地球物理因素。这些因素的相互作用错综复杂,气候变暖基本趋势又与气候周期性波动相重叠。虽然IPCC的最新评估报告对于人类活动是全球变暖的主要原因给出了95%的信度,但在科学界仍有不少争论。

对于未来气候变化情景的预估也有很大的不确定性,这是由于现有的气候模式还存在一些缺陷,由社会经济发展政策所决定的未来世界各国温室气体排放情景也有很多不确定因素。

随着气候变暖,气候的波动加剧,也给采取适应行动增加了难度。

---

① 1斤=0.5kg,下同。

　　至于气候变化的影响,有些比较明朗,有些还不清楚,对不同区域和不同产业的影响尚未进行全面评估,对社会、心理、文化、国际经济政治格局等深层次影响的研究更加薄弱。

　　由于存在诸多不确定性,有些人就认为适应气候变化工作难以入手,感到无所适从。其实,只要具体分析一下,就不难判断,有些气候变化及其影响是相对确定的,有些则是相对不确定的。

　　相对确定的气候变化现象及其影响包括:全球气候总体变暖和二氧化碳浓度继续增高的基本趋势;全球海平面与雪线上升,冻土变浅;风速与太阳辐射减弱;近地面臭氧浓度和紫外辐射增强;春季物候提前,秋季延后;病虫害向高纬度高海拔地区扩展,发生提前,周期缩短等。针对这些相对确定的气候变化现象及其影响,完全可以采取比较明确的战略性适应措施,如制定适应规划,实施重大适应工程,加强基础设施建设,修订相关技术标准等。

　　相对不确定的气候变化现象及其影响包括:区域降水变化趋势,气候的波动,极端天气气候事件,气候变化对生物多样性的影响,对未来产业机构与布局的影响,对国际国内贸易格局的影响,对社会心理、人际关系的影响等。对由于机制不清楚带来的不确定性要继续深入研究,力图使这些影响清晰化和定量化;对于固有的气候变化及影响的不确定性,要参考未来气候与社会经济发展情景,针对发生概率偏大的倾向影响重点采取适应措施,同时对相反倾向影响的发生风险也制定防范措施,密切跟踪监测,随机应变。如抗旱时要对可能发生的旱涝急转保持警惕,一旦突降暴雨就要立即转为防汛。洪涝之后虽然不会发生向干旱的急转,但对于我国大多数地区,大涝之后发生大旱的概率是很高的,防汛时不要把水库蓄水都放光。

　　上述确定和不确定的气候变化现象及其影响都是相对的,随着人们对于气候变化规律和影响机制的深入研究,有些原来相对不确定的气候变化现象及有些影响会变得相对确定,也可能有少数领域出现某种新情况而变得相对不确定,应采取的适应措施也需要及时调整。

　　开展适应工作应以适应已经发生或近期将要发生的气候变化及其影响为主,兼顾制定长远规划和采取预防措施以适应远期的气候变化。

五、适应气候变化的目标、战略
与能力建设

104.怎样确定适应气候变化规划的目标?

适应气候变化的目标包括根本目标、长期目标和近期目标。《国家适应气候变化战略》所提出的是中长期的基本目标,各地还应根据经济、社会发展和生态文明建设的进程,制定阶段性的适应行动规划与长远规划,并与国民经济与社会发展规划相协调。各部门和各领域还应有更加明确和定量化的具体目标。

近期规划如 2014 年发布的《国家应对气候变化规划》提出适应领域到 2020 年的主要目标是:适应气候变化能力大幅提升。重点领域和生态脆弱地区适应气候变化能力显著增强。初步建立农业适应技术标准体系,农田灌溉水有效利用系数提高到 0.55 以上;沙化土地治理面积占可治理沙化土地治理面积的 50% 以上,森林生态系统稳定性增强,林业有害生物成灾率控制在 4‰以下;城乡供水保证率显著提高;沿海脆弱地区和低洼地带适应能力明显改善,重点城市城区及其他重点地区防洪除涝抗旱能力显著增强;科学防范和应对极端天气气候事件灾害能力显著提升,预测预警和防灾减灾体系逐步完善。适应气候变化试点示范深入开展。

适应气候变化的长远目标应服从于建成富强、民主、文明、和谐的社会主义现代化国家,实现中华民族伟大复兴和保持社会经济可持续发展的总体目标。从应对气候变化的角度,在减缓方面的根本目标是发展低碳经济,构建低碳社会;在适应方面的根本目标应该是发展气候智能型经济,构建气候适应型社会。至于怎样实现气候智能型经济和气候适应型社会,还需要提出分领域、分区域和分产业的阶段性具体目标。

具体到某个区域、产业或领域的适应规划目标确定,首先要明确气候变化对本地区、产业或领域的主要影响与风险,要抓住制约经济、社会发展与生态文明建设的重大气候变化影响问题,结合所在地区、产业或领域的发展规划,确定适应气候变化的目标。越到基层,目标越应具体明确并尽可能量化。如区域适应规划目标要具有地区特色,沿海地区要突出海平面上升和海洋灾害的风险,内陆与北方地区应针对气候变化对水资源的影响和如何利用热量资源增加提出适应目标。南方地区更多需要针对高温热害、洪涝威胁和有害生物北扩等问题提出适应目标。气候敏感性产业的适应规划目标要针对气候变化对原料供给、消费需求、工程设备、工艺和技术标准等的影响确定具体的适应目标和整个产业布局与发展的总体适应目标。

105.什么是气候智能型经济?

"气候智能型经济"的提法源自联合国粮农组织提出的"气候智能型农业"。该理念提出以来,得到了国际社会的大力支持。虽然有些第二产业和第三产业不像农业对气候变化那么敏感,但总体上仍然受到气候变化的明显影响,尤其是一些气候敏感型产业,主要包括以下类型:

高暴露产业:除农林牧渔业外,交通运输业、旅游业、建筑业、地质勘探和采矿业等也都是主要在室外或野外进行,直接受到气候条件和极端天气气候事件的影响。

高依赖产业:原料主要依赖于农林牧渔业的产业或市场受到气候变化明显影响的产业,如农产品加工、食品、纺织、木材加工等,农业生产资料生产、餐饮业、服装等的市场需求受到气候变化很大影响。

高污染产业:化工、农药、冶金、能源生产、电镀、印染、造纸、制革等,气候变化引起水温升高、水循环改变和风速减弱将加剧这些产业的环境污染。

高耗水产业:冶金、纺织、食品、制革、造纸、化工等,气候暖干化加剧水资源紧缺将严重影响这些产业的发展。

高耗能产业:冶金、建筑、建材、化工等产业耗能较高,全球减排压力将使得这些产业的成本提高和发展规模受限。

由于产业链的存在,其他产业也会直接或间接受到气候变化的影响。

由于整个国民经济受到气候变化的显著影响,随着气候变化的进程,调整产业结构与布局,调整工艺与技术标准等适应措施势在必行,有必要把"气候智能型农业"的理念扩大到整个"气候智能型经济"。虽然联合国粮农组织提出的"气候智能型农业"的广义概念包括减排农业源温室气体,但这一概念的大部分内容还是针对适应的需要,我们可以把狭义的"气候智能型农业"作为农业适应气候变化的目标模式,同样也可以把"气候智能型经济"作为整个国民经济适应气候变化的基本模式。

与传统的经济发展模式比较,气候智能型经济强调运用现代信息技术对国民经济的结构及各部门的运行进行智能化的动态调整,以最大限度减轻气候变化的不利影响和利用所带来的某些商机。

106.什么是气候适应型社会?

"气候适应型社会"是世界银行首先提出来的,2009 年世界银行编撰的《气候变化适应型城市入门指南》一书在中国被翻译出版。

2010 年胡鞍钢建议在"十二五规划"提出建立资源节约型社会、环境友好型和发展循环经济三大支柱的基础之上,还应提出建设气候适应型社会与实施国家综合防灾减灾战略。2012年国家气候中心前副主任罗勇指出,无论是资源节约还是环境友好,都没有包含适应气候变化的内容。建设气候变化适应型社会,与建设资源节约、环境友好型社会一样,都是无悔的措施。罗勇还解释了气候适应型社会的基本含义:应把适应气候变化当成全社会的共同行动,把科学发展观贯彻落实到经济社会发展的方方面面。气候变化在不同区域、不同产业、不同时期会造成不同程度的影响,要分轻重缓急,有序应对。国际上有些专家和杂志已经在指导人们怎样学会在全球变暖中生存。

建设气候适应型社会是实施可持续发展战略的一项重要内容。"可持续发展"是1987年时任世界环境与发展委员会主席的布伦特莱夫人在《我们共同的未来》报告中首次提出,定义可持续发展是"既满足当代人的需要,又不对后代人满足其需要的能力构成危害的发展"。1992年6月,联合国环境与发展大会通过了全球可持续发展战略——《21世纪议程》。我国学者牛文元对可持续发展的定义作了补充:可持续发展是"不断提高人群生活质量和环境承载能力的、满足当代人需求又不损害子孙后代满足其需求能力的、满足一个地区或一个国家需求又未损害别的地区或国家人群满足其需求能力的发展"。

目前影响全人类经济、社会持续发展的主要障碍,除社会制度与国际经济政治秩序等原因外,还包括一系列全球性资源与环境问题,诸如气候变化、环境污染、生物多样性减少、水资源短缺、矿产资源枯竭、生物地球化学循环改变、土地利用与覆被改变、自然灾害加剧等。在上述因素中,气候变化被公认为目前最大的环境挑战,这是因为气候变化的影响覆盖全球,而且能引起全球生态的一系列资源与环境危机。尽管国际社会做出了巨大努力,但温室气体的浓度难以在短期内迅速下降。由于气候系统的巨大惯性,即使人类能够在不久的将来把温室气体浓度降低到工业革命前的水平,全球气候变暖的趋势也仍将持续很长一个时期,可能长达数百年。人们必须学会在变暖的气候下生存和发展。建设气候适应型社会势在必行。

107. 怎样建设气候适应型社会?

建设气候适应型社会意味着人类必须遵循气候规律,与作为大自然组成部分的气候系统和谐相处。

建设气候适应型社会要求人类活动必须有序进行,不能超出气候资源的承载力和气候环境容量,否则就会受到大自然的惩罚。气候变化使一个地区的气候资源与气候环境发生改变,气候资源承载力与气候环境容量也发生了相应改变,该地区的人类活动规模与方式也必须及时调整,同时努力提高气候资源的利用能力和气候环境的扩容能力,与改变后的气候资源承载力及气候环境容量相协调。

建设气候适应型社会要求人们学会怎样应对极端天气气候事件。随着气候变化,极端天气气候事件的危害总体呈加重态势,人们必须研究和了解当地气象灾害发生的新特点和减灾资源的变化,加强对极端天气气候事件的监测、预测、预警和应急响应能力,掌握不同情况下的安全避险与应急救援知识,最大限度地减轻灾害损失。

气候变化的影响涉及人类社会、经济和生态、环境的所有领域,建设气候适应型社会需要将适应气候变化纳入全社会的各部门、各产业、各区域的发展规划,制定切实可行的适应措施,分区域构建不同领域与产业的适应技术体系,制定和实施保护环境与生物多样性的规划,实现在气候变化的背景下能够保持社会、经济的可持续发展。

气候变化已经影响到人们的消费需求与出行规律的改变,影响到人们的健康、心理与社会关系,建设气候适应型社会要落实到气候适应性社区与家庭的建设,使人人学会在气候变化的背景下,怎样调节心理,保护健康,怎样建立适应气候变化的绿色生活方式。

建设气候适应型社会要与社会治理从善政走向善治的进程相结合。"善治"(good governance)是 20 世纪 80 年代末到 90 年代兴起的一种有关社会治理的理论,所谓治理是指个人和机构管理其共同事务的诸多方式的总和。善治是指民间和政府组织、公共部门和私人部门之间的管理和伙伴关系,以促进社会公共利益的最大化状态。衡量善治的标准可以概括为合法性、透明性、责任性、回应性、参与性、有效性等六个方面。善治理论强调社会治理的多元主体,政府应发挥在社会治理中的主导作用,同时也要充分调动各利益相关者和全社会的积极参与。在组织结构上,逐步实现从金字塔科层制官僚组织居主导的治理结构,走向政府、市场与社会三元平等主体合作共治的扁平式结构。气候治理是打造人类命运共同体,实现全球善治的重要内容。气候变化的影响已深入到人类社会和自然生态的方方面面,所有企业、社会团体与公民都成为与气候变化及其影响的利益相关者,企业除追求合法的经济利益外,也应承担起保护地球气候的社会责任;每个公民除追求与维护自身的合法权益外,也应承担起保护环境的社会义务。适应气候变化应该,而且必然成为全社会的共同任务与自觉行动。政府在其中要发挥组织者和指挥者的作用,只有充分调动全社会的力量,才能实现人类社会在气候变化背景下的可持续发展。

108. 建设气候适应型社会与气候资源利用有什么关系?

气候资源是指能够为人类的经济活动所利用的有利气候条件及气候要素中可被利用的物质与能量,包括有利于农业生物生长发育与农业生产活动进行的温度、水分、光照等条件及其组合,有利于交通、建筑、旅游等人类活动的气候条件,可从大气中获取的氧气、氮气、二氧化碳、雨水和水汽等物质,太阳能、风能、可用于发电的温差等可再生能源以及可供观赏的气象景观等。气候资源是人类赖以生存和发展的最基本的自然资源之一。

与其他自然资源不同的是,气候资源具有普遍存在性和可再生性;具有非线性,即气候要素只有在一定数值范围内才能成为有利条件和资源,超出这一范围反而变成不利条件,甚至形成灾害;气候资源时刻处于动态变化之中,具有一定的不确定性;气候资源具有相对性,不同的生物与人类活动对气候条件的要求不同,对一种生物或人类活动有利的气候条件可形成气候资源,对另一种生物或人类活动却可能是不利气候条件甚至气候灾害。如冷凉气候对于喜温作物可引起冷害甚至不能成熟,但对于避暑和喜凉爽作物却是一种气候资源。

气候变化会引起气候资源数量与特征的改变,因此建设气候适应型社会就要求对人类活动及所利用与保护的生物的种类与功能进行适当调整,使之与变化了的气候资源相匹配。如气候变暖后,如仍然使用作物的早熟品种就会因生育期缩短而减产,改用生育期更长的品种就能使用新的气候条件而获得增产。气候变暖后,原来的冬季滑雪场也需要向更高纬度或海拔迁移。

资源承载力是指一个区域的资源对人口增长和经济发展的支持能力。由气候条件所决定的资源承载力称气候资源承载力。一定区域范围内的经济规模和人类活动强度不能超出当地的气候资源承载力,否则就会受到大自然的惩罚。如当地的热量条件只能种植一茬作物,非得种植两茬就至少有一茬作物不能成熟,造成种子、肥料和劳务等经济损失。又如某地的年降水量只能满足旱地作物的需要,在无外流域水资源可调用的情况下盲目扩大灌溉面积,势必会造成本地区河湖或地下水的枯竭,甚至无法生存。气候资源承载力同样具有一定的相对性,不同的物种与人类活动类型对气候资源的要求不同,通过调整物种与人类活动的类型与结构,或促进科技进步提高人类对气候资源的利用能力,都能使气候资源承载力得到提高。气候变化改变了各气候要素的数量与比例,从而导致一个地区气候承载力的改变,人类必须进行适当的调整,才能避免超出气候资源的承载力。

109.建设气候适应型社会与气候环境容量有什么关系?

环境容量是环境自净能力的指标,指自然环境可以通过大气、水流的扩散、氧化以及微生物的分解作用,将污染物转化为无害物的能力。环境容量即不至对环境造成永久性损害的可容纳与降解污染物的最大负荷量。环境容量的大小与环境空间大小、各环境要素的特性及污染物本身的物理和化学性质有关。其中由气候条件决定的环境容量称气候环境容量。如城市的大气污染物需要通过风力的扩散稀释作用或雨水的淋洗作用而降解,对于具有海陆风的沿海城市或全年雨量充沛且季节分布较均匀的城市,气候环境容量就比较大;对于干旱少雨且位于封闭盆地地形中的城市,气候环境容量就比较小。在气候环境容量较小的城市盲目发展重化工业,大气污染就必然日益严重。当然,沿海多风或多雨的城市也不能超出气候环境容量过度发展重化工业。例如上海东临东海,北面长江,境内河湖密布,本是空气质量较好的城市。随着城市人口增长到两千多万,市区范围扩大数十倍,经济总量扩展数百倍,排放到大气中的污染物也迅速增加,使得长江三角洲也变成了空气质量较差的地区。北京市由于三面环山的地形不利于大气污染物的扩散,空气质量比上海更差。

气候变暖将进一步限制许多地区的环境容量。由于高纬度地区气候变暖程度明显大于低纬度地区,导致气压差缩小,这是世界大多数地区风速普遍减弱的主要原因,使得污染空气更加不容易扩散和自然净化。水温升高也使得微生物加速繁殖,加剧水体富营养化进程。

由于每个地区、每个城市的气候环境容量都是有限的,经济活动与社会活动的规模都不应超出气候环境容量的范围。企业废气必须实行达标排放,不达标的必须限期治理,否则就要关停并转。个人不允许在公共场所吸烟,提倡使用公共交通,减少私车出行。积极参与植树造林,美化环境的活动。

合理调整产业结构与布局,改进工艺,增加城市绿地,都有可能提高气候环境容量的阈值。如将排放大气污染物较多的工厂设置在远郊和城市的下风向,城市规划建设注意留出风廊,广种能够吸附、吸收和降解大气污染物的树种与草种,增加城市水面等,但最根本的还是要减少或消除大气污染源。首钢位于西郊上风向,是北京市重要的大气污染源。为治理北京的大气污染,将首钢搬迁到下风向渤海岸边的曹妃甸并采用先进工艺,已使北京市的大气污染源有所减少。

110. 怎样分析适应气候变化的成本和经济效益?

适应气候变化不利影响和有利影响的成本与经济效益的计算方法有所不同。

对于不利影响,适应措施的经济效益以损失减少量与成本之比表示:
$$\varepsilon = (D_0 - D)/C \tag{5-1}$$
式中:ε 为不利影响的效益成本比,D_0 为不采取适应措施,受体可能遭受的经济损失,D 为采取适应措施后,受体仍会受到的经济损失,(D_0-D) 为减损量,C 为采取适应措施的直接成本。

对于有利影响,适应措施的经济效益以收益增加量与成本之比表示:
$$\eta = (B - B_0)/C \tag{5-2}$$
式中:η 为有利影响的效益成本比,B_0 为不采取适应措施,受体系统的经济收益,B 为采取适应措施后,受体系统的经济收益,$(B-B_0)$ 为收益增量,C 为采取适应措施的直接成本。

适应措施的成本包括直接成本和间接成本。上式中的 C 是直接成本,即采取适应措施所需劳务、材料、场地、工具、装备折旧等的花费。间接成本包括适应技术的研发、适应技术培训、极端天气气候事件的监测、预测、预警和救援,这些费用通常由政府和公益组织提供,虽然不列入受体企事业单位与个人的财务核算,但却是整个社会的一项重要支出。

目前国际社会对于适应成本的估算集中在不利影响上,罕见对于有利影响适应成本的研究和报道。

《联合国气候变化框架公约》曾估计全球应对气候变化的成本在每年400亿到1700亿美元之间。2009年,英国专家帕里指出,《公约》的估算遗漏了一些领域,对另一些领域的成本也低估了。2014年联合国环境署发布首份《适应差距报告》警告,如果根据各国政府之前已经同意的将温度升高控制在2℃以内,2025—2030年适应成本将上升到1500亿美元,到2050年为每年2500~5000亿美元。由于针对不利影响的适应措施通常不能直接增加经济收益,所减少的损失量也是在发生气候变化后形成的,国际学术界将这些成本称为额外付出。

关于利用气候变化有利因素的适应成本,王雅琼(2009)以宁夏冬小麦北移为例,比较吴忠和永宁两地2007年和2008年冬小麦套种玉米与传统的春小麦套种玉米两种种植方式的效益成本比平均值,前者为1.026,后者为0.89,随着冬季变暖改种冬小麦后,全年粮食作物种植的净效益确有所提高。

许多适应措施除经济效益外,还具有社会效益和生态效益,其估算更加复杂,其中生态服务功能的评价方法有费用支出法、市场价值法、机会成本法、恢复与防护费用法、影子工程法、人力资本法、旅行费用法、享乐价格法、条件价值法等。社会效益的评价往往难以定量,买生等(2011)将企业的社会价值划分为市场贡献、环境贡献和社会贡献三部分,其中社会贡献又分为政府责任绩效、员工责任绩效、社区责任绩效三个部分。

111.怎样编制适应气候变化规划?

国内外适应气候变化的相关文件有战略、规划、计划、实施方案等不同的提法,他们之间既有区别也有联系。

战略(strategy)一词原为军事术语,后引申至政治和经济领域,泛指具有统领性、全局性、方向性的谋略、方案和对策。规划(program)是指比较全面和长远的发展计划,是对未来整体性、长期性、基本性问题的思考和设计未来整套行动的方案。计划(plan)的含义较宽泛,是指根据某种需要和自身能力,提出未来一段时期要达到的目标和实现目标要采取行动的内容、方式和具体安排。计划有多种类型,长期计划的性质与规划类似。在中国,规划一词强调指导性,而计划通常带有指令性,是必须执行的。实施方案是指对某项工作,从目标要求、工作内容、方式方法及工作步骤等做出全面、具体而又明确安排的计划类文书。

从战略、规划、计划到实施方案,层次逐渐降低。通常适应气候变化的战略是在国际、国家和省级编制,规划和计划可在国家到地方的不同层次编制,但通常较高的行政级别使用规划一词,较低的行政层次和基层单位使用计划和实施方案的用词。

关于适应气候变化规划的编制程序,2003 年英国 UKCIP 提出完整的应对气候变化的决策框架如图 5-1:

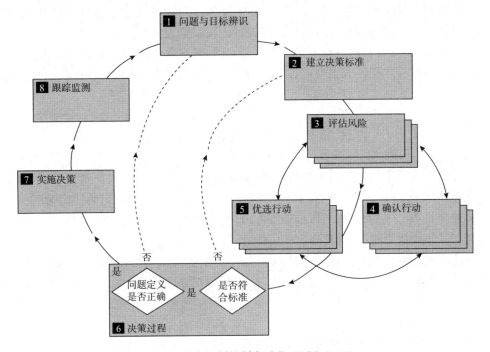

图 5-1　适应规划的制定过程(IPCC,2014)

适应气候变化规划的编制过程分为 8 个步骤:

(1)辨识气候变化影响的重点问题和确定目标。

(2)建立决策标准:包括受体、暴露单元和风险评估对象。

(3)风险评估,是确定与评估适应措施的基础。

(4)适应措施的确定。

(5)适应措施的评估。包括经济与非经济的成本与效益分析,后者指社会、文化、能力建设、环境、技术研发方面的成本与效益。

(3)、(4)、(5)步骤之间是可逆的,如果已确定的适应措施经评估效果不好,要重新进行风险评估,然后再确定新的适应措施。

(6)决策。如果未能达到决策要求的标准,则要回到步骤(2);如果发现所针对的气候变化影响与实际不符,则要回到步骤(1)。如果所针对气候变化影响符合实际,适应措施也符合决策标准,则进入实施阶段。

(7)决策的实施。

(8)跟踪监测。针对实施过程中发现的新问题,重新进行气候变化影响问题的辨识和目标确定。

图 5-1 表明适应气候变化的规划是一个动态循环的过程,随着气候的进一步变

化和社会、经济发展出现的新情况,需要不断订正和更新。

由于适应气候变化规划涉及多领域、多部门、多学科,通常需要由知识面广和善于组织协调的领导干部或专家牵头,组织各有关部门的专家参与,在形成初步文稿以后,还要广泛征求各部门和社会公众的意见,反复修改完善。

在中国,下一级行政机构或部门制定适应气候变化规划或计划,在定稿后要报上级部门审批后才能正式生效。合作经济组织与企业的适应规划或计划,也应通过董事会或职工代表大会通过。

112.怎样开展适应气候变化的能力建设?

气候变化关系到人类的生存和发展,为保障我国经济、社会的可持续发展,除大力推进减排增汇外,还需要同步开展适应行动,加强适应气候变化的能力建设。温家宝总理在2012年的政府工作报告中提出:"要加强适应气候变化特别是应对极端天气气候事件能力建设,提高防灾减灾能力。"

适应气候变化能力包括适应科技研发与支撑能力,适应行动的组织管理能力,适应资金筹集能力,适应工程建设能力,适应物资储备能力,极端天气气候事件的监测、预测、预警和应急响应能力,敏感产业气候风险抗御能力,气候资源开发利用能力,公众参与适应行动能力等。

关于适应气候变化的科技研发与支撑,《国家应对气候变化规划(2014—2020年)》提出要围绕重点领域和典型区域,"加强气候变化影响的机理与评估方法研究,建立部门、行业、区域适应气候变化理论和方法学"。

关于重点领域和敏感产业的适应,要调研和把握气候变化对不同区域、领域和产业的有利和不利影响,研发关键适应技术并组装配套,对比较成熟的适应技术要大力组织示范推广,并逐步构建不同区域、领域、产业的适应技术体系。

关于适应行动的组织管理,中国气象局郑国光局长指出,要"加快完善适应气候变化的体制、机制和法制。完善多部门参与的决策协调机制,建立政府、企业、公众广泛参与的适应气候变化行动机制,建立高效的组织机构和管理体系。加快推进应对气候变化立法进程,依法规范全社会广泛参与应对气候变化的责任和义务,统筹协调各地区各部门应对气候变化的行动和利益"。

关于适应资金的筹集,在联合国气候变化框架公约体制下已建立主要用于适应行动的绿色气候基金,并规定要在清洁发展机制的经费中划分一定比例用于适应。目前我国减缓方面的资金比较落实,适应的资金还很不落实。关键是要全面贯彻《国家应对气候变化规划》所提出的"将减缓和适应气候变化要求融入经济社会发展各方面和全过程",并且明确纳入各地社会经济发展规划中。

关于适应工程建设,除加强气候、海洋、水文、生态等与气候变化影响直接相关的科学工程建设外,要将气候变化影响与风险评估、防范纳入重大工程与基础设施建设的规划与建设过程。

关于极端天气气候事件的应对,要建立健全极端天气气候事件及由气象灾害引发次生灾害的监测、预测预警和响应体系,根据不同区域极端天气气候事件发生特点和主要气候风险,储备必要的抗灾抢险和救援物资,建设突发灾害的避险场所。

关于气候资源的开发利用,要根据气候变化的最新观测结果,对原有的气候区划、气候承载力和风能、太阳能、云水资源等的分布评价进行动态的更新,为调整产业结构和布局以充分利用气候资源提供依据。

关于公众参与能力,要加强适应科学知识的科普与技能的培训,把组织、培养应对极端天气气候事件的志愿者队伍纳入精神文明与生态文明建设的规划,积极开展综合减灾与生态文明示范社区建设。

113. 怎样构建分区域、领域和产业的适应气候变化技术体系?

气候变化对不同区域、领域和产业的影响不同,适应技术体系的构建必须按区域、领域和产业分别进行。

构建适应技术体系的步骤:

(1)辨识区域气候变化对重点领域和敏感产业影响的主要问题

(2)收集、鉴别现有的适应技术,针对新问题研发关键适应技术

针对过去几十年已经发生的气候变化,各地区、各领域和各产业已经采取了不少适应措施,如川中丘陵针对干旱缺水加剧,进行了"水路不通走旱路"的种植制度改革;东北针对气候变暖普遍改用生育期更长的品种;河北针对气候暖干化,普遍推广小麦节水管灌和推迟播期;青藏铁路修建考虑未来冻土变浅,设计了稳定冻土层的特殊工艺。只要深入生产和工作实际,不难找到大量已经采用的适应技术。但是这些技术在提出时大多尚未考虑气候变化因素或缺乏定量分析。我们在收集适应技术时要进行鉴别,对于气候变化带来的一些新问题,还需研发新的适应技术。

(3)判别有效性和优选适应技术

综合考虑该项技术的重要性、成熟度、经济与技术可行性、可操作性、适用范围和时效等,按照社会需求的紧迫度对上述指标赋予不同权重,综合评分后排出优先序,删除一些缺乏针对性或已过时的技术。

(4)确定核心技术和配套技术

适应技术体系是一个技术系统,仅有优先序还不够,还必须明确该体系的核心技术和配套技术,形成有序的结构。核心技术是指针对某种气候变化影响的关键技术,配套技术则指配合该关键技术的辅助性措施。如针对农业干旱缺水,河北省的核心技术是全面推广管灌,新疆是推广膜下滴灌。为此,在节水灌溉设施配套和维

修、适用作物和品种、施肥和施药方法、土壤耕作、栽培管理等方面还需要一系列的技术改变和改进,才能构成完整的节水高产技术体系。

(5)构建分区域、领域、产业适应技术体系

通常对于生产上的个别气候变化影响问题,核心技术只有一两项,再选择几项配套技术。但对于整个区域、领域或产业,气候变化的主要影响有多种。首先要对气候变化影响问题进行梳理并将现有适应技术按问题和层次归类,针对某类气候变化影响问题的核心技术可能有几项到十多项,每项核心技术又有其配套技术,构成一个子系统。针对每种气候变化影响问题,对于特定区域、领域和产业的适应技术体系构成一个子系统,若干子系统的集成构成该区域、领域或产业的总体适应技术体系。作为一个案例,我们给出了华北平原夏玉米生产适应气候变化的基本框架(表5-1)。

表 5-1 华北平原夏玉米生产适应气候变化技术框架

气候变化	降水减少	气候变暖		CO_2 浓度增高
主要影响	干旱加剧,水资源缺乏	热量增加使可种植期延长	病虫害发生提前并向北蔓延	光合作用增强
适应对策	雨养为主,关键期补灌	改用生育期更长品种	调整防控时间、范围与方法	改良品种
核心技术	蹲苗,节水灌溉,化学制剂	提早播种,推迟收获	精准喷施高效低毒农药结合生物防治	高光效育种
配套技术	水肥耦合、抗旱育种	小麦适当晚播,促苗早发早熟	加强测报和检疫,培育壮苗、抗病虫种	良种良法相结合,良种繁育体系建设

114.怎样编制适应气候变化的技术清单?

构建适应技术体系之后,还需要编制适应技术清单。虽然适应气候变化技术体系有严密的结构,但也包括一些长远的战略性措施和软技术,而适应技术清单必须是明确和实用的,强调技术的成熟性、可操作性与可行性,通常按区域、领域和行业的影响问题分类,以硬技术为主。

编制适应技术清单的步骤如下:

(1)首先要明确优先序的标准,可按照针对性、实用性、可行性、可操作性等分别赋予不同权重。其中针对性是前提,再好的技术如果并非针对气候变化的影响,也不属适应技术。实用性是核心,即必须具有减轻气候变化不利影响或利用其有利机遇的效果。可行性与可操作性是保障,否则即使是有效的适应措施在生产实践或业务工作中也无法采用。

(2)按照上述标准对所收集到的现有适应技术进行初步筛选。

(3)分区域、分领域和分产业对收集到的适应技术进行归类。

(4)在每个区域、领域或产业的适应技术集合中,再针对不同气候变化影响问题进行分类。具有综合适应效果的可单独归类。

(5)对每类适应技术按照上述标准分项评价打分。

(6)对每项技术加权平均进行综合评估和优先序排列。

(7)广泛征求相关区域、领域或产业的专家和职工的意见并修改。

(8)形成初稿后还要经过专家咨询、论证后再完善定稿。

编制清单要注意针对性,不要把现存所有技术都纳入适应技术,必须是针对气候变化的某种影响对原有技术进行调整的部分,或针对气候变化带来的新问题研发的技术。

随着气候变化和社会经济发展的进程,气候变化的影响会出现新的情况,技术研发也会有新的进展,适应技术清单每隔几年要进行修订和补充,有些过时的技术需要淘汰。

115. 怎样进行示范社区的适应气候变化能力建设?

"社区"是相互联系,具有某些共同特征的人群共同居住的一定区域,是社会的最基层构成单元和整个社会的缩影。我国城市社区由住宅小区或企事业单位组成,农村社区的主要形式是村庄。社区的功能主要包括管理、服务、保障、教育、安全稳定等。现代社会管理强调政府、企业、社会团体和公众多元主体的共同参与和统筹协调。

社区建设包括基础设施建设、组织机构建设、生态文明建设、社会保障体系建设、文化教育建设、安全和谐社区建设等许多内容,目前各地开展了多种形式的示范社区建设,包括新型农村示范社区、生态文明示范社区、和谐社会示范社区、综合减灾示范社区、交通安全示范社区、科普示范社区、民族团结示范社区、垃圾分类示范社区等。气候变化无论是对社区生态环境、区域经济发展、居民生活安全等都产生了很大影响,适应气候变化理应纳入示范社区建设的范畴,作为其中一项重要内容。由于基层工作事务繁多,一切要从实际出发,贯彻以人为本和群众路线,不一定都要冠之以"适应气候变化社区"的名称,但都应树立适应气候变化的理念,把适应气候变化的内涵纳入到社区的各项工作中,并落实到适应气候变化的能力建设。

经济实力是社区建设的物质基础,要根据气候变化对本社区主要产业和劳务活动及对市场需求的影响,调整产业结构与销售策略,力争在气候变化的情境下继续壮大社区的经济实力。

根据气候变化对社区基础设施的影响,调整布局与功能,尤其是要加强应对极端天气气候事件的预警和响应系统,盘查危险源,编制主要气象灾害的应急预案,储备适量的应急救援和短期生存所需物资,建设避险场所或确定危险天气下的疏散转移方案,建立一支社区安全减灾志愿者队伍并进行培训和演练,重点保护好弱势人群。

根据气候变化对社区生态环境的影响,加强社区环境治理,种树种草,美化和净化社区环境。

根据气候变化对居民生活与健康的影响,组织适应气候变化知识的科普教育,提倡绿色生活方式与消费习惯。

落实社区适应气候变化工作需要强有力的组织保证,城市街道办事处和农村乡镇领导应将适应气候变化工作纳入议事日程,规定由城乡社区分管生态文明建设的领导负责,但在发生重大天气气候事件时,一把手应亲自负责防灾减灾,把确保一方平安当成自己的神圣职责。

116.适应气候变化领域有哪些主要的国际合作渠道?

由于气候变化影响的日益严重,国际社会在适应气候变化领域的合作有了明显进展。发达国家之间的国际合作有明显的区域性,如 2013 年 4 月 16 日发表的《欧盟适应气候变化战略》,旨在通过一系列协调连贯的行动加强准备与提升能力,以应对局地、区域、国家和欧盟层面的气候变化影响。

关于发达国家援助发展中国家的适应行动,2011 年的德班气候大会启动了绿色气候基金,同时还决定在缔约方大会下建立适应委员会,协调全球适应行动,帮助发展中国家尤其是最不发达国家提高适应能力。根据《京都议定书》第 12 条第 8 款的规定,“应确保经证明的项目活动所产生的部分收益用于协助易受气候变化不利影响的发展中国家缔约方支付适应费用”。数额应为清洁发展机制项目活动发放的核证排减量的 2%。同时规定尚未批准议定书的附件一国家也要额外提供适应资金。截至 2010 年已有 22 个发达国家资助 42 个发展中国家制定了适应行动计划(NA-PA)。

有关中国在适应领域的国际合作,据国家发改委 2011 年的介绍,与联合国以及其他国际组织、国外研究机构已经合作实施了一批研究项目,并与加拿大、意大利、英国、瑞士等国家开展了适应气候变化的务实合作。

2008 年,中国利用全球环境基金资助实施的“适应气候变化农业开发项目”在江苏启动。

2009 年,由中国、英国和瑞士政府联合组织实施的“中国适应气候变化项目”(ACCC)启动。

2012 年,由浙江省海洋水产养殖研究所承担实施的中国、意大利气候变化合作项目“适应气候变化的沿海地区生态系统能力建设”启动。

2015 年,由中国国际民间组织合作促进会(CANGO)承担的与德国合作项目“中国农村气候变化适应项目”启动。

中国还广泛开展了与发展中国家之间适应气候变化领域的南南合作。2012 年 11 月，"加强南南科技合作应对气候变化国际研讨会暨加强南南合作促进绿色发展论坛"在广州召开。2013 年 7 月 2—4 日，中—英—瑞士联合实施的"中国适应气候变化"国际合作项目在北京召开了"适应气候变化暨南南合作国际研讨会"。

除积极参加"Adaptation-Futures"等国际适应气候变化学术研讨会议外，还在国内举办了多次国际学术研讨会，如 2011 年 7 月 22—23 日，蒙古高原与气候变化国际学术研讨会在呼和浩特召开。2011 年 8 月 8 日，森林对气候变化的响应及其适应性管理国际研讨会在黑龙江省伊春市召开。2011 年 10 月 16 日，海洋生态文明（温州）国际论坛在温州召开。2011 年 11 月 27—29 日，WHO/UNDP/GEF"适应气候变化保护人类健康"项目的多部门合作机制建立研讨会在深圳召开。2014 年 9 月 5 日，城市适应气候变化国际研讨会在北京召开。2014 年 10 月 27 日，气候变化与健康国际学术研讨会在山东大学召开。但总的来看，适应领域国际学术交流的规模和深度与减缓领域及与发达国家的适应领域相比还有一定差距。

117. 怎样进行适应气候变化的体制与机制建设？

"体制"是指国家机关或企事业单位在机构设置、领导隶属关系和管理权限划分等方面的体系、制度、方法、形式等的总称。

为切实加强对应对气候变化工作的领导，2007 年 6 月，国务院决定成立以国务院总理为组长的国家应对气候变化领导小组，作为国家应对气候变化工作的议事协调机构，国家发展和改革委员会具体承担领导小组的日常工作。领导小组的主要任务是：研究制订国家应对气候变化的重大战略、方针和对策，统一部署应对气候变化工作，研究和审议国际合作谈判对象，协调解决应对气候变化工作中的重大问题；组织贯彻落实国务院有关节能减排工作的方针政策，统一部署节能减排工作，研究审议重大政策建议，协调解决工作中的重大问题。2005 年成立了国家气候变化专家委员会。国家发改委成立了应对气候变化司与国家应对气候变化战略研究和国际合作中心，各省、自治区、直辖市也成立了相应机构，许多高等院校和科研机构成立了全球变化或气候变化研究中心。

上述机构虽然不是专门针对适应气候变化的需求建立的，但适应作为人类应对气候变化的两大对策之一，也是上述机构的主要工作内容之一。但总的来看，与减缓相比，适应气候变化的工作体制仍显薄弱，有些省区还停留在规划编制阶段。

"机制"在古希腊语中原指机器的构造和原理，现在已扩大到几乎所有领域，泛指系统各构成要素之间相互联系和作用的关系及其功能。不同类型的受体对于气候变化的适应机制不同。从国家、地区和企事业单位的角度看，适应气候变化的机制建设包括组织协调机制、监测预警机制、响应与适应机制、资金筹集机制、物质保障机制、人才队伍建设机制等。

目前各地虽已建立应对气候变化管理机构,但绝大部分工作集中在减缓方面,许多地方还没有明确负责适应工作的专人,更谈不上建立组织协调机制。我国已建成比较完整的气候与气候变化监测机制,对于若干重大极端天气气候事件建立了预警机制,但对于气候变化影响的监测仍然薄弱,只在农业、水资源、海洋等领域开展了一些监测,远不及气候与气候变化监测那么规范,还有许多领域尚无气候变化影响的监测,气候变化严重影响的预警基本没有开展。对于不同类型受体对气候变化的响应和适应机制的研究刚刚开始。与减缓相比,适应气候变化的资金筹集要困难得多,比较明确的渠道是来自清洁发展机制基金的分成,大部分分散在各部门的经常性工作经费中,能否将其中一部分用于适应工作取决于当地领导对于适应的认识和重视程度。至于物质保障与人才队伍建设机制还只是在酝酿之中,没有提到议事日程。为此,2013年11月发布的《国家适应气候变化战略》在保障措施一章中专门列出了"完善体制机制"一节,以推动各地适应气候变化体制和机制的建设。

118.怎样筹集适应气候变化的资金?

适应气候变化关系到社会经济发展的全局,适应行动作为一项庞大的系统工程,需要巨额的投资。目前欧盟用于适应气候变化的预算支出占总支出的2.5%,2013年,来自温室气体排放交易50%以上收入将用于适应气候变化。对于财政困难的大多数发展中国家,除了尽可能筹集本国的资金外,还需要努力争取国际的资助。本着遵循污染者付费的原则,发达国家理应加大对发展中国家适应行动的资助,但目前这种援助还远远达不到发展中国家适应气候变化的需求,而且也明显低于发达国家已经做出的承诺。

国际社会适应气候变化的资金主要来自公共资金和私人资金,以公共资金为主,并撬动私人资金投资于适应领域。私人部门通过投资、金融风险管理、资本市场化运作及私人基金会慈善捐款提供资金。此外,保险计划也是筹集适应资金的可行选择。

国际社会援助发展中国家适应气候变化的资金,部分来自《气候变化框架公约》下的适应资金和发达国家及国际组织为发展中国家设立的各类基金。前者主要有全球环境基金(GEF)、欠发达国家基金(LDCF)、特别气候变化基金(SCCF)、绿色气候基金(GCF)、适应基金(AF)、适应性战略重点基金(SPA),后者有澳大利亚提供的适应气候变化启动基金,联合国相关组织捐赠的粮食和农业植物遗传国际条约的惠益分享基金,世界银行与其他地区性银行设立的气候投资基金和战略气候基金,日本提供的凉爽地球伙伴关系基金,德国提供的国际气候行动计划,西班牙提供的千年发展目标基金等。此外,针对水资源、生物多样性、农、林、渔业、减灾、健康、沿海、基础设施等各气候变化敏感领域,还有多种由发达国家与相关国际机构设立的各种基金。

我国现有的气候变化适应资金主要源于国际适应资金和中国政府的公共资金。国际资金对于中国这样的大国无异于杯水车薪。由于我国目前财政预算没有适应气候变化的专门科目,极大限制了适应活动的开展。虽然农、林、水、海、卫生、环保等部门的工作和项目中实际包含着适应气候变化的成分,但大多不是从适应气候变化的角度考虑的。针对上述问题,苏明等提出了以下建议:

(1)在国家与地方的财政预算中设立专门的适应气候变化基金,对重大项目采取国家直接投资,一般项目采取财政贴息和补贴。

(2)温室气体排放相关征税、收费和排污费在使用时要优先用于消除因温室气体排放和气候变化造成的不利影响,优先用于适应气候变化的活动。对于各适应领域要按脆弱性合理分配资金,采取税收减免等激励措施引导私人资本投资。

(3)由于中西部地区生态脆弱,适应能力较差,中央政府应加大财政转移支付力度,增加适应气候变化的投资,地方政府应安排配套预算资金。

(4)参照国际社会的做法,由环境税或政府财政投资设立国家环境基金,通过资本市场投资运作实现基金增值,并引导民间资本流向适应领域。

(5)拓宽渠道,充分利用资本市场直接融资,设立全国气候变化交易所,降低适应项目的融资发行和上市门槛,搭建适应气候变化的融资平台。

(6)设立与适应气候变化有关的小额保险、证券保险等保险险种。

(7)创造有利的政策环境,把适应气候变化纳入国家与地方的发展规划,修订有关法律、法规、环境与安全评估标准,以干预和促进适应气候变化的投资。

119.为什么要把适应气候变化纳入生态文明建设?

2015年4月25日,中共中央、国务院出台了《关于加快推进生态文明建设的意见》的文件,其中第十六条提出要"积极应对气候变化。坚持当前长远相互兼顾、减缓适应全面推进,提高适应气候变化特别是应对极端天气气候事件能力,加强监测、预警和预防,提高农业、林业、水资源等重点领域和生态脆弱地区适应气候变化的水平"。表明国家已经明确把适应气候变化纳入生态文明建设的范畴。

生态文明是人类文明发展的一个新的阶段,是人类为保护和建设美好生态环境而取得的物质成果、精神成果和制度成果的总和,是贯穿于经济建设、政治建设、文化建设、社会建设全过程和各方面的系统工程,反映了一个社会的文明进步状态。

工业文明以人类征服自然为主要特征。虽然极大提高了社会生产力与人类的物质生活水平,但也带来了一系列全球性生态危机,使地球不堪重负,再也没有能力支持工业文明的继续发展,需要开创新的文明形态来延续人类的生存,这就是生态文明。

生态文明以尊重和维护自然为前提,以人与人、人与自然、人与社会和谐共生为宗旨,以建立可持续的生产方式和消费方式为内涵,以引导人们走上持续、和谐的发展道路为着眼点。

生态文明的提出是人类对工业革命以来掠夺性开发资源和对环境污染破坏造成恶果反思的结果,全球气候变化正是这一系列恶果中最严重的环境挑战,包括减缓和适应两大对策在内的应对气候变化关系到人类的生存和发展,必然成为建设生态文明的重要组成部分。

气候系统是包括大气圈、水圈、岩土圈、冰冻圈和生物圈在内,决定全球气候形成、分布和变化的统一物理系统,涉及自然界的所有方面。适应气候变化,就要尊重气候规律,保护包括气候系统在内的整个大自然并与之和谐相处。

适应气候变化,要求人们摒弃依赖高投入的粗放经济增长方式和奢侈浪费的生活方式,发展资源节约、环境友好的绿色经济,培育绿色生活方式,其中不但包含节能减排和低碳的内容,也包含调整人类自身的行为以适应变化了的气候环境的内容。历史上人类正是在对以自然因素为主的气候变迁的适应中改进了管理与技术,从而取得了社会进步,今天,人类在对主要由于大量排放温室气体导致的气候变化的适应过程中,在气候变化幅度不超出阈值的前提下,同样能够通过社会管理与科学技术的进步实现可持续发展。

120. 怎样开展适应气候变化的科研、教育和科普培训?

适应气候变化是一项新提出来的工作,虽然已发布了《国家适应气候变化战略》,但目前各级干部和公众对于适应的意义、内容、方法等仍缺乏了解,有关适应气候变化的理论与技术体系研究也很薄弱。要全面开展适应气候变化工作,贯彻落实《国家适应气候变化战略》,加强适应领域的研究,各级干部的培训和面向公众的科普教育是当务之急。

(1)加强适应气候变化的基础理论与技术体系研究

国家应成立适应气候变化的研究中心,在各大区设立若干分中心,并将适应气候变化纳入各部门各地区科技事业发展的中长期规划。对气候变化对不同领域、产业和区域的影响和不同类型受体的脆弱性进行系统的调研,并对未来气候变化的可能影响进行预评估。研究不同受体的适应机制,研究适应的技术途径和开展适应工作的方法论。在广泛收集现有适应技术和针对气候变化重大影响研发关键技术的基础上,逐步构建分区域、分产业和分领域的适应气候变化技术体系,并在全国建立若干试验示范基地,对比较成熟的适应技术大力推广。

(2)开展各级干部适应气候变化意义与对策的培训

《国家适应气候变化战略》发布以后,国家发改委组织了分区培训,在《中国改革报》上发表了一批解读文章,但培训面和影响面较窄。要真正实现同步推进减缓与适应工作,必须扩大培训面,编写适应气候变化的干部读本,对各级领导干部有计划地分批进行培训,并通过各主要媒体,对《国家适应气候变化战略》和《国家应对气候变化规划》中有关适应的内容进行广泛宣传,提高各级干部对于适应气候变化的认识。各有关部门也要把适应气候变化纳入本部门的发展规划、工作计划和议事日程,编制适合本部门适应气候变化需求的培训材料。

(3)加强适应气候变化的专业教育与科普教育

在重点高校开设适应气候变化的课程,或在全球变化、应对气候变化等相关课程中充实适应气候变化的内容,气候敏感产业和领域的专业课程也要适当增加气候变化影响及适应对策的内容。由于目前适应气候变化的教材和师资奇缺,要组织或委托国内率先从事适应气候变化研究的重点科研机构与重点高校合作编写教材和培养师资。中小学教育也要适当增加适应气候变化的科学知识并组织多种形式的课外活动,从小树立保护地球气候和与大自然和谐相处的理念。

(4)加强面向公众的适应气候变化科普工作

充分发挥学术团体和民间环保社团的作用,建立一支由相关专家、科普志愿者、气象信息员等组成的应对气候变化科普工作者队伍,建立适应气候变化的科普专家库。除加强气象科普基地建设,充分发挥气象学会的作用外,科技馆、科普馆、博物馆等各类科普场馆都应增加适应气候变化的内容。农业、林业、水资源、海洋、卫生与健康、建筑、交通、旅游、环境保护等气候敏感领域和产业要结合气候变化对本部门的影响及相应对策,对本部门的职工进行有针对性的科普与培训。面向社区公众的科普要力求实效,紧密结合居民的生活与工作实际,做到科学性、通俗性、趣味性和通达性的统一。特别关注极端天气气候事件对弱势群体的影响及防范技能的普及。除场馆展出、报纸杂志、橱窗和宣传栏、科普讲座等传统方式外,还要适应现代信息社会的特点,充分利用网络、手机、电子屏幕等新型传媒。利用世界气象日、世界环境日、世界地球日、全国防灾减灾日、科技活动周等,结合最近发生的重大极端天气气候事件与灾害进行集中宣传。

(李彦磊)

121. 怎样看待适应气候变化的局限性?

减缓与适应是人类应对气候变化的两大对策,但都存在一定的局限性。减缓的局限性在于其滞后性。即使人类能够做到在不久的将来将大气中的温室气体浓度降低到工业革命前的水平,气候系统仍将以巨大的惯性继续变化,也许需要数百年才能恢复到原有基本正常的状态。适应的局限性在于阈值的存在,并非任何情况下采取适应措施都能收到好的效果。

适应措施的局限性表现在以下几个方面:

(1)受体对于气候变化幅度和速率的弹性与适应能力阈值

任何事物对于外界干扰的承受能力都是有限的,都存在某种阈值,气候变化也是这样。科学家们估计,如果气候变化的速率超过每百年 4℃,就很可能超出人类社会和生态系统的现有适应能力。

（2）气候变化及其影响的不确定性

气候变化是人类大量排放温室气体及其他不合理人类活动，以及自然变异综合作用的结果，虽然国际科学界开发出不少气候模式，对未来的气候变化情景做出了种种预估，但都存在一定的不确定性。由于气候变化影响的复杂性，人们对某些领域的气候变化影响机制仍不很清楚，也存在一定的不确定性。在这种情况下，所提出的适应措施也必然存在某些不确定性，不能肯定任何情况下都能获得满意的适应效果，有时甚至可能事与愿违。

（3）适应措施的成本与可行性问题

采取适应措施都是需要付出一定成本的，对于某些适应措施，如果成本过高，难免就会超出可能获得的减灾或增收效益，或超出受体系统的支付能力。有些气候变化影响，人类目前还缺乏有效的适应技术。

（4）适应措施的组织与实施能力问题

即使有了可行的适应措施，如果缺乏有效的组织管理，或者实施者缺乏必要的知识、技能和责任心，盲目采取适应措施，还是不能取得理想的效果。发展中国家与发达国家在组织管理和劳动者素质上的差距往往大于资源与技术上的差距。

因此，为尽可能减小适应措施的局限性，需要加强适应行动的组织管理，提高管理人员和劳动者的素质；加强适应机制与技术的研究，降低气候变化及其影响的不确定性，促进适应领域的科技进步，降低适应行动的成本，加强各部门、各领域和全社会的适应能力建设。

六、自然系统与社会经济适应
气候变化的对策

122.水资源管理怎样适应气候变化？

水资源是受气候变化影响最大和最敏感的领域之一，气候变化对水资源与水环境的影响，包括水少、水多、水浑、水脏四个方面。

首当其冲的是水少的问题。虽然世界大多数地区的降水量有所增加，但随着气温升高，工业、农业、生活用水与生态需水量都在迅速增加，加上人口增长与经济规模的扩大，水资源将更加短缺，气候暖干化地区的水资源危机将更加严重。由于极端降水事件的增多，局部时空的水多即洪涝灾害的问题在许多地区也变得更加突出。由于前期干旱和偏暖导致土壤疏松，一旦发生旱涝急转，水土流失与山地灾害更加严重，从而加重了水浑的问题。水温升高将加快微生物的繁殖和加剧污染物的毒性，使水体富营养化和污染即水脏的问题也变得更加突出。

由于气候变化对水系统的上述影响，加强水资源的适应性管理势在必行。

为适应气候变化加剧水资源短缺，要按流域统一管理统筹分配水资源，经济布局和发展规模要量水而行，调减耗水型产业，大力推广节水型工艺和生活节水器具，建设节水型城市和节水型社会。实施阶梯形水价，通过市场机制和价格杠杆促进水资源的优化配置和节约使用。农业是用水大户，要大力推广节水灌溉方式与节水栽培技术，水源缺乏地区要严格限制灌溉面积和用水量，压缩耗水作物，推广包括耕作、覆盖、水肥耦合、化学制剂等的旱作技术体系。培育选用耐旱高产优质作物品种。努力开发微咸水、雨水收集、海水淡化、中水回用和人工增雨等非常规水资源。在有条件的地方建设拦蓄工程与外流域调水工程。

为适应强降水事件增加与洪涝灾害加重，要加强大江大河的综合治理，上游加强水土保持，修建骨干拦蓄工程；中游加固堤防，预留蓄滞洪区；下游疏浚河道，修建排水沟。低洼易涝和山洪多发地区要建立监测、预警和响应机制，编制应急预案，设计避险场所或路线。居民点与企业要避开危险地段。

为适应气候变化加剧水土流失，要加快山区造林和加强水土保持工作。为适应气候变化对水质的不利影响，要从源头防控污染，生物技术与工程技术双管齐下治理水体的富营养化。

虽然水资源管理、水利建设、水土保持和水环境整治是长期以来一直在进行的工作,但从适应气候变化的角度,一定要根据气候变化与社会经济发展带来的新情况和新特点对上述工作进行适当的调整与补充。

123.陆地自然生态系统保护怎样适应气候变化?

陆地自然生态系统是陆地生物与所处环境相互作用构成的统一体,包括森林、草原、湿地和荒漠等。气候是陆地自然生态系统最重要的环境因子,陆地自然生态系统的分布、物种结构和生产力都受到气候的强烈影响。通常温度越高、水分条件越好,植被初级生产力就越高。温度过低或降水过少都能形成荒漠。不同的植被类型生活着不同的动物和微生物。生态系统的生物多样性越丰富,结构越复杂,抗干扰和恢复能力越强,生态系统越稳定。

气候变化对各类陆地生态系统的结构、组成、功能与生产力产生了深刻影响。如 CO_2 浓度增高有利于提高植物光合速率和水分利用效率。随着气候变暖,陆地生态系统的分布向更高纬度和海拔地区扩展,耐寒物种减少,耐寒性下降,耐热物种增加,耐热性增强。气温和降水都增加的地区植被初级生产力提高,降水减少地区旱生植物比例增大,初级生产力下降。动物分布和优势种群构成也随着自然生态系统的改变而改变并整体北扩。春季物候提前,秋季延后。气候变化速率过快加上人类活动的影响,会导致生物多样性加速下降,最终将威胁到人类的生存。

陆地自然生态系统的改变又将反馈于气候系统,通过改变固碳能力、地表反射率、粗糙度、蒸腾率等而影响区域气候。生态系统严重退化的地区,通常气候也将恶化。尤其是称为"地球之肺"的热带雨林和"地球之肾"的湿地如严重退化,将使全球气象灾害与许多地区的荒漠化明显加重。

虽然陆地自然生态系统具有一定的自适应与恢复能力,但这种能力是有限的。当气候变化强度过大、速率过快时,陆地自然生态系统将来不及适应而发生逆向演替甚至崩溃。采取适当的人工辅助措施可以减轻退化或诱导生态系统的正向演替。

例如,对于气候暖干化的东北林区,可以在南部适当增加阔叶耐旱树种,北部增加常绿针叶树种。春季防火期应适当提前和延长,调整间伐时期和数量。针对降水减少和部分地区超采地下水造成的生态退化,要按流域统一管理水资源,江河预留必要的生态用水,遏制地下水位下降势头,严防污水和有害生物进入湿地,适当扩大湿地保护区范围。对于气候明显暖干化的内蒙古草原,要通过限制放牧牲畜数量,实行划区轮牧和季节性舍饲遏制草地退化。人工飞播或补播耐旱牧草,加强草原虫鼠害和动物疫病防治。针对西南林区冬季变暖和季节性干旱加剧,调整森林防火期和重点防火区,防火隔离带引进耐火树种,利用非防火期进行林下可燃物的计划烧除。长江中下游要严禁围湖造田,有条件的地区实行退田还湖。严禁不达标污水排放,控制农田化肥用量等。

124.怎样帮助珍稀濒危野生动物适应气候变化？

珍稀濒危野生动物是指生存于自然状态下,非人工驯养,数量极其稀少和珍贵,濒临灭绝或具有灭绝危险的野生动物物种。根据《中华人民共和国野生动物保护法》,经国务院批准,1989 年 1 月 14 日由原林业部、农业部发布施行的《国家重点保护野生动物名录》中共包括 257 种陆生和水生野生动物。

生物多样性是维护自然界生态平衡的必要条件。自然界所有生物互相依存和制约。每一种物种的绝迹都预示着其他很多物种即将灭绝。野生动植物不但是人类的宝贵资源,物种的大量灭绝最终会导致人类自身的灭亡。

地球目前正处于第六次物种大灭绝,前几次大灭绝都是由自然原因,特别是气候的巨大变迁引起的。现代发生的物种大灭绝则主要是人类活动与环境恶化,特别是气候变化引起的。据推算,近百年来,在人类干预下的物种灭绝比自然速度快了1000 倍。全世界平均每天有 75 个物种灭绝,每小时有 3 个物种灭绝。在中国,新疆虎已于 1916 年灭绝,中国犀牛于 1922 年灭绝,中国豚鹿 20 世纪 70 年代灭绝。小齿灵猫于 20 世纪 80 年代灭绝,白鳍豚于 2006 年已被宣布灭绝。

由于人口增长和经济发展,目前人类活动在世界上几乎无处不在,强度和规模不断扩大,严重威胁着野生动物的生存环境。为避免野生动物的大量灭绝,必须给它们留出足够的生存空间。尽管中国的人口密集,土地资源十分紧缺,仍然做出了巨大努力。截至 2012 年,已建立 2669 个自然保护区,占国土面积 14.9%,超过 12%的世界平均水平。先后成立了中国野生动物保护协会、国际爱护动物基金会、拯救中国虎国际基金会等一批野生动物保护团体,制定和发布了《野生动物保护法》等一系列法律法规,建立了 14 处濒危动物拯救中心和国家保护工程,数百个野生动物拯救繁育基地和野生植物保育或基因保存中心。成功开展了扬子鳄放归自然试验,野马和麋鹿在野外成功繁殖后代并已初步建立较稳定的野生种群。

尽管取得了上述成就,但气候变化还在继续改变野生动物的生境,极端天气气候事件威胁野生动物的生存,需要人类帮助它们适应改变了的气候环境。随着气候变暖,原栖息地的植物种类和生长状况会发生变化,野生动物的适生地发生改变,有向北转移的趋势,需要适当调整保护区的范围和位置。对保护区要进行严格的管理,严厉打击非法捕猎野生动物的行为。保护区范围内的科学考察要尽量不破坏原有生态和野生动物的正常生活。对保护区范围内的生态旅游强度和范围应严格限制。为减轻人类活动对野生动物活动的干扰,要设立专门的迁徙廊道。在发生地震、山洪与滑坡、泥石流、低温冷冻与雪灾等重大自然灾害时,要为野生动物提供饲料和临时饮水点。气候变化还将改变野生动物天敌与病虫害的发生与分布,对严重威胁野生动物的有害生物要采取适当的防治措施。对由于气候变化濒临灭绝危险的野生动物,要应用现代生物技术保存其基因,进行人工繁殖后到野外或保护区放归。

125. 海岸带怎样适应气候变化?

海岸带是陆地系统与海洋系统交接的重要地带,是中国对外开放的窗口。中国有1.8万km的大陆海岸线和1.4万km的海岛海岸线、由于得天独厚的区位优势加上国家政策的支持,海岸带区域已成为国内发展水平最高、经济实力最强的地带。但海岸带也是对气候变化最为敏感的区域,突出表现在海平面上升和海洋灾害加剧对海岸带人民生命财产和设施的威胁加大。

《国家适应气候变化战略》在"海岸带与沿海地区"一节中明确提出"加强海岸带和沿海地区适应气候变化的能力建设"。"全面提高沿海地区防御海洋灾害能力。建设完善海洋领域应对气候变化观测和服务网络"。

海岸带适应气候变化要重点抓好以下工作:

(1)加强对海平面上升和海洋灾害的监测和气候变化影响评估。海平面上升是气候变暖与海岸地质变化综合作用的结果,目前有关气候变化对海岸带影响的监测与评估仍然薄弱,急需加强。

(2)把适应气候变化纳入海岸带与沿海地区社会经济发展规划。根据海平面上升与海洋灾害发生情况调整经济发展布局和土地利用规划,限制脆弱海岸带的人口增长、迁入和新建企业,对未来海平面上升对淡水供应、河床淤积、航道受阻、城市内涝加重的影响要进行风险分析和预估并制定应对措施,对相关建设规划和环境标准进行修订。

(3)新建或加高加固海岸防护堤坝,营造海岸防护林带,以有效抵御各类海洋灾害。保护海滨湿地、红树林、珊瑚礁和岸外障壁坝等促淤护岸的自然体,在高潮滩种植护滩植物以促淤保滩、消浪减浪。存在咸潮上溯的河流在上游修建水库,雨季蓄水,旱季压咸。沿海地区要限制地下水的开采量,雨季利用江河水回灌地下水以控制地面下沉。

(4)气候变化虽然没有导致台风登陆次数增加,但强度有所加大,风暴潮、咸潮上溯、海水入侵、海岸侵蚀等海洋灾害加重。应建立健全海岸带和沿海地区极端天气气候事件与海洋灾害的预警、响应和救援体系,全面编制分灾种的应急预案并组织演练。对沿海居民进行防灾避险的科普教育。

126. 海洋生态系统怎样适应气候变化?

海洋生态系是海洋中由生物群落及其环境相互作用所构成的自然系统。海洋的不同区域存在不同的生态系统类型。在沿海区有河口生态系统、沿岸和内湾生态系统、红树林生态系统、草场生态系统、藻场生态系统、珊瑚礁生态系等,远海区有大洋生态系统、上升流生态系统、深海生态系统等,海底还有热泉生态系统,各自具有不同的生态结构与功能。

虽然海洋生态系统具有一定的自适应与自净能力,但气候变化与海洋环境如超过一定阈值仍将导致海洋生态系统的退化和生物多样性的减少。人为采取一定的干预措施可以帮助海洋生态系统更好适应气候变化。

首先要建立海洋自然保护区,以防止海洋生物多样性减少和环境恶化,目前全国已建立数十个国家和省级海洋保护区,被保护物种包括红树林、珊瑚礁、滨海湿地植物和丹顶鹤、海龟等动物。对濒临灭绝的海洋物种进行人工繁殖和放养。

渔业资源减少的海域要严格控制滥捕,实行季节性休渔,近海可放养鱼苗。要严格禁止对珊瑚礁的滥采和破坏。

加强对沿海湿地的保护,严格控制对湿地的围垦和造陆。

加强入海河流流域的环境保护,尽量减少向海洋排放污染物的数量。海洋油气开采和海上运输要严格防止石油泄漏。

针对海洋灾害加重,要加强海洋气象与生态的监测和海洋灾害的预测和预警。

127. 在气候变暖的情景下怎样遏制土壤肥力的下降?

土壤是基本的农业生产资料,也是陆地生态系统生存的基础。肥力是基本的土壤特性,是土壤为植物生长供应和协调养分、水分、空气和热量的能力,也是土壤物理、化学和生物学性质的综合反映。土壤肥力的四大构成因素是养分、水分、空气和热量,四者处于协调状态时土壤肥力和生物产量都能达到较高水平并保持可持续利用。土壤肥力是其自然肥力与人工肥力相结合形成的一种经济肥力。

气候变化使土壤水分、养分循环的物理、化学与生物学过程发生改变,从而对土壤肥力产生了深刻影响。其中,气候暖干化地区由于土壤养分矿化过程加快,有机质含量明显下降。降水增加地区如水土流失加剧,也会导致土壤养分的损失。刘锐(2014)指出,形成 1cm 黑土地腐殖层需要 300 年的积累。1958 年开始的全国第一次土壤普查,黑龙江和吉林两省黑土地面积约 1000 万 hm^2,到 1982 年第二次土壤普查统计仅有 639 万 hm^2。据黑龙江省土壤普查资料,黑土层厚度已由 20 世纪 50 年代的 60~70cm 减少到目前的 30~40 cm,平均每年减少 0.5~1cm。

良好的土壤肥力可以在一定程度上抗御不利气象条件。无论是发生旱还是涝,低温冷害还是高温热害,肥力高的土壤上作物减产总是轻于肥力低的土壤。在气候变化背景下,培肥土壤都是一种高效和无悔的农业适应措施。

在气候变暖的大趋势下,土壤养分的矿化和分解过程加快是不可避免的,单独有机质与养分含量下降看,似乎自然肥力降低不可避免。但通过促进人工肥力的形成,加上养分循环的加快,仍有可能实现土壤供肥能力的保持和提高。

(1)推广普及秸秆粉碎还田,严禁焚烧秸秆与根茬。

（2）充分利用厩肥、人粪尿、沼渣、饼肥、绿肥、秸秆等资源制作有机肥。尽可能通过堆肥、沤制或生产沼气以消灭细菌、害虫与提高肥效。

（3）推广测土施肥与平衡施肥，避免土壤不同养分类型之间的失衡。

（4）利用不同作物对不同层次或不同种类土壤养分吸收的差异，实行合理的轮作与间套作，以增加土壤的生物多样性，抑制土传病虫害，避免因同种代谢物质的积累或因某种养分的缺乏而产生"重茬病"。

（5）合理耕作，推广深松与少耕免耕相结合，适时适量灌溉，适时覆膜和揭膜，以创造良好的土壤物理环境。

（6）施加土壤改良剂。如酸性土壤施石灰，碱性土壤施石膏，施用有益微生物制剂以提高土壤生物活性，施用保水剂以吸附和聚集土壤水分，添加泥炭、褐煤、风化煤、膨润土、沸石等以改良土壤质地和提高蓄墒能力，沙土与黏土混合也可显著改善土壤的物理性质。

（7）防止土壤污染，从源头控制污染物进入土壤。

吉林省德惠市对多年连作玉米地的调查表明，在气候变暖的背景下，黑土地有机质含量、阳离子交换量与含氮量仍有所增加，表明人工肥力的培养确能补偿自然肥力的下降。

需要注意的是，土壤有机质与养分含量并非土壤肥力的唯一指标。衡量土壤肥力最根本的是土壤在一年中的供肥总量与生产潜力。通常气候温暖地区土壤有机质的含量总是要低于气候寒冷地区，但由于养分循环的速度快，供肥能力与产量水平往往更高。即使经过努力，土壤有机质与养分含量略有降低，但产量水平仍然提高，就表明该种土壤具有较好的适应能力。当然，如果土壤有机质与养分含量下降过多也是不行的。

128. 森林生态系统和林业适应气候变化有哪些关键措施？

全球气候变暖、温室气体浓度增加和极端天气气候事件的危害加大，对森林植物的生长发育、物候、森林生态系统的结构、分布、生产力与功能、森林火灾与森林病虫害发生都产生了深刻影响。

林业适应气候变化的主要对策有：

（1）加强林业生态系统工程建设

随着社会经济的发展，森林主要功能由林产品生产为主转向生态服务为主。目前已实施的天然林保护、退耕还林、京津风沙源治理、"三北"防护林建设等一系列大型林业生态工程，在固碳制氧，保持水土，净化环境，保护生物多样性等方面都发挥了重要作用。应根据未来气候变化情景调整林业生态工程与树种布局，加大气候变化脆弱地区工程建设的力度，提高质量。加强科学造林，提高人工林生态系统的适应性和稳定性，增强抗御极端天气的能力，加快珍稀濒危树种的保护。

（2）调整森林布局、林分结构与抚育管理

随着气候变暖，同一类型的林带栽植可适度向更高纬度和海拔地区扩展。原有森林适当增加喜温树种比例。气候干旱化地区引进增加耐旱树种。适当提早植树时间，北方适度推迟秋末冬初整枝、浇冻水、培土、涂白时间。随着树木生长速度加快，育苗和人工间伐周期适当缩短。城市引进相对喜温非乡土树种要选择背风向阳有利地形并采取覆盖和挡风防护措施，引进原产地与本地气候差异不可过大。冬季变暖虽有利于树苗越冬，但气候波动加剧和冬季变暖也加大了北方苗圃与幼树早春抽条的风险，要加强防风遮蔽、覆盖、喷洒防抽条剂等保护措施。

（3）加强森林防火

随着华北、东北和西南的气候暖干化，对传统的非防火季节森林火灾风险要重新评估，如东北林区除春季外还要注意初夏，西南林区除冬春外，对初夏和秋季防火也要充分重视。随着气候变暖，要重新选择防火隔离带的适宜树种。由于春季物候提前和秋季物候后延，对各地防火期要适当调整，并在非防火期对林下可燃物采取计划烧除措施。

（4）提高森林有害生物防控能力

加强森林病虫鼠害监测预警。加强检疫执法，严防外来有害生物入侵。针对不同气候带的特点，在现有自然保护区基础上建立典型森林生态系统和野生动植物自然保护区，构成完整的保护网络，保证生态系统功能的整体性，提高自然保护体系的保护效率。人工林要选用多个树种，避免单一化。针对森林有害生物及其天敌活动与发生规律的改变，适当调整适宜防治期与天敌培育释放期。

129. 在气候变化条件下怎样保持和促进人体健康？

气候变化对人体健康的影响包括高温热浪导致中暑和引发其他疾病，媒传疾病北扩，极端天气气候事件伤害增加，食欲和食物营养成分改变等，气候致贫地区还存在粮食安全和营养不良的问题。

在气候变化条件下保持人体健康要采取以下适应措施：

（1）完善卫生防疫体系建设。加强疾病防控体系、健康教育体系和卫生监督执法体系建设，提高公共卫生服务能力。尤其是要加强气候致贫地区的卫生防疫体系建设，加强生态综合治理，特别是饮用水卫生监测和安全保障服务。

（2）改善人居环境，修订居室环境调控标准和工作环境保护标准，向公众普及适应气候变化的健康保护知识和极端天气气候事件应急防护技能。

（3）加强疾病传媒的监测评估和公共信息服务。开展气候变化对敏感脆弱人群健康的影响评估，建立和完善人体健康相关的天气监测预警网络和公共信息服务系统，重点加强对极端天气敏感脆弱人群的专项信息服务。

（4）加强极端天气气候事件的应急系统建设。加强卫生应急救护准备和心理救援,制定和完善应对高温中暑、低温雨雪冰冻、严重雾霾污染等极端天气气候事件的卫生应急预案,完善相关工作机制。

(5)加强居民饮食营养与保健指导,调整食物结构,加强作物的品质育种和食品营养加工,以减轻气候变化对农产品养分构成的影响。

130.卫生防疫工作怎样适应气候变化?

传染病是由细菌、病毒、寄生虫等各种病原体引起,能在人与人、动物与动物或人与动物之间相互传播的一类疾病。传播方式可通过接触已感染个体或其体液及排泄物、感染者所污染物体,也可通过空气、水源、食物、土壤传播。大多数传染病以携带病原体的昆虫和动物为传染媒介。卫生防疫工作是指预防、控制疾病的传播采取的一系列措施。

气候变化通过三个途径对媒传疾病产生影响。一是气候要素的改变影响媒介生物的生长繁殖周期,从而改变媒介的空间分布,如温度升高可加速传媒的繁殖,降水与湿度的变化也会影响传媒的生长周期和疾病传播过程;二是温度影响病原体在虫媒体内的生长繁殖,影响到潜伏期的长短;三是天气变化影响传媒活动,导致感染机会增加。如气温升高将使血吸虫病的分布范围整体北移,过去主要发生在热带地区的登革热已在广州和台湾频繁发生。经济全球化导致各国之间交往增加也使媒传疾病的传播加快和范围扩大。

针对气候变化的影响,卫生防疫工作需要采取相应的适应对策。

(1)首先要加强气候变化对传媒影响的监测,包括对致病微生物、害虫、老鼠和水源、食源等非生物媒介习性的影响和传染病疫情的变化规律。

(2)改善气候致贫地区的公共卫生与防疫体系,进行环境综合治理,特别是要建立安全饮用水源和废弃物无害化处理系统。

(3)开展主要传染病流行的气候风险评估和风险区划图编制,确定不同区域和不同季节的防控重点。

(4)严格按照《传染病防治法》的规定,迅速报告疫情,对患者早发现、早诊断、早隔离、积极治疗。

(5)对于重大气候敏感媒传疾病的现有疫区和潜在风险区的致病媒介采取监控、阻隔和杀灭措施。对饲养动物和宠物定期进行防疫注射和对畜舍消毒。

131.制造业怎样适应气候变化?

制造业是指将物料、设备、资金、技术等资源按照市场要求,通过制造过程转化为可供人们使用和利用的工业品与消费品的产业,是国民经济的支柱产业和经济增长的主导部门,也是我国城镇就业的主要渠道和国际竞争力的集中体现。作为综合国力提高的主要标志,我国初步确立了"制造大国"的地位,并为实现向"制造强国"的转变奠定了坚实基础。

根据国家统计局《国民经济行业分类与代码(GB/T4757—2002)》,制造业分为29个大类和许多小类。目前人们对于制造业受到气候变化影响的认识主要集中在能耗与减排压力上,其实,气候变化对制造业还具有多方面的影响,不同制造业门类影响的程度有很大差异,有些行业相对敏感,有些行业敏感度低一些。气候变化主要通过对原料生产与供应、市场需求与消费的改变、对生产耗能耗水耗材等的影响、对控制环境污染的要求提高等,对不同制造业行业的生产、工艺、劳动保护、产业布局与产品销售等产生影响。

原料高度依赖农林产品的行业有农副产品加工、食品、饮料、烟草、纺织、服装与鞋帽、皮革与毛绒、木材加工及家具、造纸等,气候变化通过对农林业生产的影响而间接影响到这些行业的原料供给与价格。

由于消费需求的改变,气候变化将明显影响产品销售的行业包括与饮食、穿着和居住习惯改变有关的上述行业与医药制造业。

气候暖干化地区由于水资源短缺而受到影响的高耗水行业有造纸、纺织、皮革、冶金等。

因气候变化加剧大气和水污染而受到限制的行业有冶金、化工、石化等,废弃资源和废旧材料回收加工业将随着适应气候变化,建设生态文明的要求而被鼓励发展。有利于节约资源的电子设备和通信设备制造业的发展也将得到促进。

制造业适应气候变化的对策:

(1)根据气候变化对不同行业的影响和市场需求的改变,调整产业结构和销售策略,促进市场需求扩大和资源节约、环境友好型行业的发展,控制和压缩高耗能、高耗水、高污染行业的生产。

(2)修订和健全不同行业的环境技术标准,改进工艺,千方百计降低能耗与资源消耗,提高原料利用率,发展循环经济,努力实现废弃物的减量化、无害化和资源化。

(3)根据本地区气候变化,改善车间与工作场所的气象环境,降低暴露度,加强劳动保护。根据本地区极端天气气候事件发生情况,制定应急预案,做好防灾减灾,减轻灾害损失。

(4)根据气候变化对原料供应、消费需求、生产条件等的影响,调整产业布局,扩大气候变化有利和需求增加地区的生产,压缩气候变化不利和需求下降地区的生产。

132. 交通运输业怎样适应气候变化?

由于暴露度高,交通运输业是受到气候变化影响最大的产业之一,突出表现在各种气象灾害对交通运输设施的破坏、对正常运行的影响和对职工与旅客安全的威胁,尤其是在自然条件较差和经济不发达的西部地区。

交通运输业适应气候变化的对策：

(1)根据气候变化对区域经济格局和地质环境的影响,调整交通基础设施建设规划、施工方案、工程选址和技术标准。如高寒地区要考虑积雪与封冻期缩短及冻土层变浅的因素,沿海地区要考虑海平面上升的威胁,炎热地区要调整公路路面铺设沥青的标号以防止熔化打滑酿成事故,考虑热胀冷缩对铁轨和电线的影响,调整间距设计标准。尽量避开山洪与滑坡、泥石流多发地段,必须经过时要采取护坡加固措施、穿越隧洞和高架桥梁,尽量绕开冬季冻雨多发和积雪障碍地段。旱季水位显著下降的航道要在枯水期到来之前疏浚,上游水库要尽量在雨季蓄水,旱季适时放水。

(2)加强交通气象监测、预警和对交通设施的隐患盘查,针对各种极端天气气候事件编制预案,储备必要的应急物资,制定不同灾害情境下的抢修方案,明确不利天气下的运输调整和旅客临时转运、救援或安置措施。对职工进行极端天气气候事件下的应急对策与技术的培训和演练。

(3)根据气候变化调整交通运输作业时间和运行方案,高寒地区随着气候变暖可适当延长道路通行季节,内河航运根据枯水期或封冻期的变化调整通航期。炎热地区夏季要确保司机午间适当休息,避免疲劳驾驶。危险天气下要首先确保安全,反对不顾生命安全的强行出车、航运或起飞。气温升高会降低飞机的升力,要适当调减载重量。

(4)根据气候变化的特点及可能产生的天气灾害,开展有针对性的交通安全宣传,提高人们的交通安全意识和自我调节意识,增进交通部门与客户之间的相互理解与配合。

133.建筑业怎样适应气候变化?

由于高度的暴露性与流动性,建筑业也是受气候变化影响最大的产业之一。建筑业适应气候变化的主要措施是:

(1)根据气候与市场需求的变化调整建筑业布局与规划

随着气候变暖,较高纬度与海拔地区的建筑施工期得以延长,吸引更多人口,对住宅和公共建筑的需求会增加。气候变化不利地区,特别是受到海平面上升、极端高温时间频发或干旱缺水威胁加重的地区,人口趋向减少,建筑市场需求将有所萎缩。建筑物选址要注意避开易受洪水威胁和暴雨滑坡、泥石流多发的地区。由于气候变化使城市热岛效应加重,风速减弱导致雾霾污染天气增多,要求城市建筑规划设计时要适当增加绿地面积。

(2)根据气候变化调整建筑设计与建材技术标准

随着气候变暖,对建筑物遮阴通风的要求会提高,对向阳保暖的要求降低,对建筑物的设计需要做相应调整,要求提高建材的隔热性能。随着冻土层变浅,地下管线的埋藏深度可适当调整,同时也对高寒地区建筑施工提出了更高要求。水泥与混凝土等建材生产在高温天气需要增加喷水次数,以防止蒸发干裂,对冬季防冻措施的要求则有所降低。

(3)针对当地气候条件的变化修订操作规程,调整作业时间

炎热地区要延长午休时间。加强对极端天气气候事件的监测和预警,在大风、冰雪、雷雨、冰雹、炎热或严寒等恶劣天气要停止室外作业,不能停止的作业要采取严密的安全防护措施。针对当地多发的突发气象灾害编制应急预案,明确应急措施和岗位职责,储备充足的抢险救援设施与器材。

134. 矿业生产怎样适应气候变化?

矿业生产也是暴露度很强的产业,尤其是露天开采。即使是深井采矿,井下环境也受到地表气候的很大影响。矿业是高耗能、高耗水和高污染的产业。矿业是生产事故相对高发的产业,其中相当大部分与冷锋过境、气压与风向突变、强降水和极端高温等极端天气有关。除适应国际减排的大趋势和市场需求的改变,调整矿业结构和发展低碳矿业外,还需要采取以下适应气候变化的措施:

(1)我国煤炭和油页岩气主要产区集中在北方,大多干旱缺水,气候变化导致这些地区的大多数降水减少。要尽可能改用其他方式开采。必须使用水炮或注水开采时要量水而行,尽可能循环用水,不能超出水资源承载力。

(2)尾矿与风化物大量堆积在旱涝急转天气下极易引发滑坡和泥石流,极端降水事件还易造成矿区局部地面塌陷。要坚决制止"只吃白菜心",掠夺式开采破坏资源的短期行为。制定严格的地方性法规和制度,制止私开乱挖,加强矿区的水土保持与生态修复。

(3)建立健全诱发井下事故的极端天气和井下环境变化的监测、预警系统,改进矿井支撑与通风系统,提高井下作业的安全保护水平。编制各类生产安全事故的应急预案并定期演练,健全安全管理的岗位责任制,储备充足的抢险救援器材与设备,普及井下突发事故防范和避险逃生的知识与技能。

135. 能源产业怎样适应气候变化?

能源产业包括常规能源开发、新能源开发、发电与输供电、能源消费等。气候变化对能源产业除加大节能减排压力外,对能源开发、生产、输送和利用的全过程都产生了深刻影响。

(1)气候变化对能源生产的影响

降水减少的地区除水力发电量锐减外,煤炭和油页岩气开采和火力发电冷却用水等都受到水资源短缺的限制。洪涝导致水力发电不稳定。太阳辐射与风速减弱

影响太阳能与风能的开发潜力,但海平面上升使潮汐发电的潜力增大。沙尘暴减少有利于延长风力发电设备的寿命。

(2)气候变化对能源消费的影响

冬季变暖使供暖耗能降低,夏季变热使空调耗能剧增。环保意识增强使人们对清洁能源的需求迅速增加。

(3)极端天气气候事件对供电系统的影响

炎热天气用电量剧增,超负荷运转常导致断电事故,高压线受热下垂还增加了电击危险;雾霾污染天气变电站易发生污闪跳闸事故;冻雨天气可导致位于迎风坡的高压线塔倒塌,严寒天气电线冷缩崩断;洪涝淹没或暴雨引发山洪、滑坡、泥石流冲击输变电设备;大风导致电杆倒折等,都会造成供电中断。沿海强台风和城市中感应雷增多对电力设施也造成了威胁。

针对气候变化的上述影响,能源产业应采取以下适应措施:

(1)根据气候变化对太阳能、风能等气候能源和水资源的影响及市场需求的变化,调整能源生产的结构与布局。

(2)调整相关规程与技术标准。随着气候变暖,适当调整电杆间距与电线拉伸度。在确保居民住宅与工作环境满足生活与工作需要的舒适度的前提下,适当调减冬季供暖耗能,增加夏季空调供电,开发智能型自动调节供电系统。

(3)加强极端天气气候事件下的输供电系统保护。利用物联网和现代信息技术远程监控输供电设施,定期盘查和消除隐患。新建和安装输供电设施尽可能避开冻雨、雷电、洪水、雾霾与地质灾害多发地段。提高现有输供电系统抵御不利天气的能力,如冻雨多发地区推广调节电流利用自身电阻发热和使用悬挂式滑行除冰装置。编制输供电系统应对极端天气气候事件的应急预案,储备充足的抢修器材。

136. 旅游业怎样适应气候变化?

由于暴露度大和涉及生物与气候景观,旅游业是受气候变化影响最大和对气候变化最敏感的产业之一,随着气候变化对旅游业的影响日益凸显,采取适应措施势在必行。

(1)调整旅游业发展规划与布局

气候变化首先影响到旅游目的地的变化。国家旅游局2008年11月发布了《关于旅游业应对气候变化问题的若干意见》指出,"旅游业要积极适应气候变化趋势,充分把握可利用因素,因势发展,顺势发展。要把气候因素纳入旅游业发展全局之中"。随着气候变暖,人们的旅游消费需求和旅游资源的和时空分布改变,高纬度、高海拔地区和滨海旅游的发展潜力增大,炎热地区夏季旅游淡季延长。冬季冰雪景观和冰雪运动适宜场所向更高纬度与海拔地区转移。气候干旱化地区与水有关的旅游项目必须压缩,暴雨洪涝多发地区的雨季高峰期也不适宜开展旅游。随着气候变化,春季植物萌芽、开花、候鸟迁飞等物候提前,秋季红叶观赏期延后,旅游项目的布点、内容和时间都需要调整。

旅游点选址要考虑气候变化与极端天气气候事件的发生,如海滨旅游要选择风暴潮与海浪较轻场所,要加固海堤和修建防浪堤;山岳旅游要加强游山步道与安全护栏的建设,旅游设施要严防雷击与山地灾害。

(2)大力开发旅游气候资源

旅游气候资源指适宜开展旅游活动的有利气象条件和可供观赏的气候景观。气候变化使这些资源的时空分布与数量、性质发生改变,需要对旅游气候资源进行重新评估和动态评估。充分利用不同地区和不同地形的气候差异开发利用旅游气候资源。充分开发利用雾凇、雪凇、云海、雨景、雪景等气候景观及与气候密切相关的瀑布、花海、草原、候鸟、踏青、红叶等其他自然景观。如北京市著名的香山红叶最佳观赏期通常在 10 月中下旬之交,北京市气象局经过对郊区不同地形的气候分析,建议利用不同海拔高度和背风向阳地段栽植红叶树种,使全市红叶观赏期从八达岭的 9 月中旬到房山张坊的 11 月初,延长到近两个月。一度沦为"死海"的昆明滇池经过初步治理后,已有 28 种鸟类在这里越冬,其中从北方飞来的候鸟占 17 种,数量最多的是红嘴鸥。

(3)加强对旅游资源的保护

气候变化已经威胁到某些旅游资源的数量和质量。华北气候的暖干化加上掠夺开采地下水资源一度导致华北明珠白洋淀干涸,号称天下第一泉的北京玉泉山的泉水已经枯竭。气候变暖使白蚁分布向北扩展,严重威胁木质古建筑。南方暴雨洪涝多发,容易淹没低地的古迹,或引发滑坡、泥石流,冲毁山区旅游设施。新疆降水增多与融雪性洪水对埋藏在沙漠和戈壁的古代文物造成严重威胁。气候暖干化与超载过牧,使得内蒙古的大部分草原"风吹草低见牛羊"的景色不再。各地应针对气候变化对当地旅游资源可能造成的损害制定发展规划,采取有效保护措施。

(4)改进旅游服务

随着社会经济的发展和气候变化,公众对旅游有了新的需求,提出了更高的标准。旅游部门要贯彻以人为本,认真研究气候变化对游客需求和心理的影响,改善旅游设施,提高服务质量。过去夏季不需要开空调和设置蚊帐的旅游点,气候变暖后可能产生新的需求。气候变暖还会影响游客的饮食习惯和作息时间,旅游部门也应考虑到。雨季要为游客提供雨伞,夏天提供阳伞或凉帽,外出要准备预防中暑的常见药物和充足的饮水等。

(5)确保旅游安全

极端天气气候事件频发增加了旅游业的人身安全风险。为此,首先要与气象部门合作,进行旅游风险评估,盘查各种隐患,进行危险天气的监测、预报和预警,并在旅游场所的显著位置发布。旅游场所要对允许进入的最大容量或最大流量作出规定。其次,要编制突发气象灾害的应急预案并定期组织演练,设置专门的疏散路径和临时避险场所,安装喇叭和电子显示屏向游客发布警报和最新信息,指引疏散避险方向。储备抢险和急救物资与器材。在地方政府协调下,与附近武警、消防、医院、部队和企事业单位保持密切联系并制定联动协议,一旦发生突发事件,迅速通报各方并迅速联合外部力量组织救援。第三,改进和维护旅游场所的安全设施,如宾馆与林地的消防设施与消防水源,山区景点的道路与护栏,高层建筑与亭子、庙宇的防雷装置、沟谷附近的防洪堤与挡水墙等。第四,与保险部门积极合作,推进旅游保险,扩大保险覆盖面。地方政府应敦促面临气候风险的景区和旅游企业面向国内外保险公司投保以降低损失。

137. 商业与服务业怎样适应气候变化?

商业和狭义的服务业都是第三产业重要的和规模最大的组成部分,广义的服务业还包括技术服务、信息服务、金融保险、科技、教育、医疗卫生、文化产业、房地产、公共管理等。气候变化通过对市场需求、原材料生产、销售与服务活动过程的影响而对商业和服务业产生深刻影响。商业与服务业适应气候变化的主要对策是:

(1)根据气候变化和市场需求调整销售与服务策略

如随着气候变暖,夏令商品、低热量食品和冷饮、空调等的需求量增大,冬令商品、高热量食品、供暖等的需求减少,商家应调整贮藏商品的数量与品种。但在突发热浪或寒潮时,上述商品的需求会在短时间内激增,商家必须做到迅速调运和上市。

(2)促进绿色消费

气候变化促进了资源节约与环境友好型产品的销售,包括低能耗、节水、节材、空气净化器等,应用现代信息技术可减少不必要的旅差、会议和办公用品消耗,商家对此类市场需求应及时预测和调整。无论是考虑未来市场潜力以追求最大利润,还是尽到自身保护地球环境与气候的社会义务,商家对于绿色消费都应大力提倡并对顾客实行优惠销售与服务。

(3)调整原材料基地与贸易对策

气候变化导致许多商品的原材料生产发生改变,如我国在20世纪80年代以前一直是南粮北调,商品大米主要出自长江中下游。90年代以后转变为北粮南调,商品大米主要来自东北。棉花最大产区则从黄淮海转移到新疆,苹果最大产区从环渤海转移到陕西。在国际上,由于气候相对有利,美国和巴西取代中国成为主要的大豆生产国。所有受到气候变化显著影响的原材料生产都存在调整的问题。未来北极航线开通和通航期延长使运输成本降低,也将明显改变国际贸易的格局。

(4)大力发展气象服务业

为应对气候变化与极端天气气候事件,气象服务作为现代社会的一项高科技产业,对经济发展发挥着巨大作用,气象服务的范围逐步扩大,服务领域在不断拓宽。海上作业、交通运输、工矿企业生产经营等通过掌握气象信息可提前采取安全防范措施,选择成本最低的作业方案或航运线路,不少商家认识到气象在商战中的重要地位,不惜花费重金接收气象信息供决策参考。如按照气温变化调节冬季供暖和夏季空调力度,不但节能降耗,而且提高了人体舒适度,有益人体健康和提高工作效率。1997 年夏季北方出现罕见的持续高温,北京市不少商业企业得到气象部门的信息测报,大力组织空调、电扇、冰箱等防暑降温的家用电器,尽管抢购成风,商店都能保证市场供应,发了一笔"天财"。

138. 城市规划怎样适应气候变化?

城市除受到全球气候变化的影响外,还受到由于城市建筑、下垫面性质改变和人为热源形成的城市气候的影响,导致城市气象灾害的加重和城市大气环境的恶化。除实行低碳城市发展战略外,还需要采取一系列的适应措施。城市规划是研究城市未来发展、城市合理布局和综合安排各项工程建设的综合部署,是一定时期城市发展的蓝图,也是城市管理的重要组成部分和城市建设、管理的基本依据。城市适应气候变化,首先要从城市规划的调整与改进开始。

城市对于气候变化的适应性规划可以在多个层面实施,包括市域、社区、系统或项目级。社区层面的适应性规划应做到一体性、战略性和公众参与性,并包含可变通方法应对风险。要综合考虑应对城市热岛效应、城市强降水事件带来的内涝、降水减少地区的水资源短缺、海平面上升对沿海城市的威胁、城市大气质量下降、极端天气气候事件增多和生物多样性锐减等与气候变化有关的问题。

(1)城市的合理布局与规模控制

城市新区与卫星城镇建设要首先进行风险评估,避开气象灾害与地质灾害多发区。摊大饼式的盲目扩建会导致城市环境质量严重下降与城市气象灾害明显加重。要形成中心城市与中小城镇配套与合理分工的布局。居民区和科技文教设施应安排在上风上水,工业污染源要安排在下风下水,与城市保持一定距离,严格实行达标排放并努力降低排放量。确保城市的水源地安全与大气环境。

(2)城市用地的合理规划

保证适当比例的绿地与城市水系等绿带与蓝带占地面积。城市建筑物之间保持一定的间隔,预留和保护好城市的开阔地与开放空间,按照盛行风向留出一定数量的风廊。制止热衷于表面光鲜的地标工程建设,忽视给排水和供电、供热、供气等地下管网基础设施建设的短期行为。伦敦的城市规划对城市区域的林地和种植用地,包括社区花园、农田和果园都制定了保护措施。巴黎大区强调保持自然空间、农业空间与城市空间三者之间的平衡。

(3)逐步改造城市下垫面

以排水性沥青、透水混凝土、多孔草皮和方格砌块替代不透水地面和路面,以缓解热岛效应与减轻排水压力。屋顶绿化可将表面温度降低 3.2~4.1℃,不但减轻了热岛效应,还可截留雨水,减缓城市内涝。德国还通过制定《国家建筑条例》对屋顶绿化做出了强制性规定。

(4)合理规划利用城市地下空间

开发利用城市地下空间可以缓解地表空间的紧缺和城市热岛效应,部分地下空间可用于蓄积雨水以缓解城市内涝和干旱缺水。

(5)沿海城市应对海平面上升的对策

有三种策略供参考:①保护性策略,修建和加高加固海堤或加强保护;②调整性策略,继续使用原有建筑物但要抬升至柱桩之上;③规避或放弃策略,放弃在海边的建筑,不采取任何保护措施。采取何种策略要综合考虑受风暴潮威胁的风险大小与采取适应措施的成本与效益。

139.城市基础设施怎样适应气候变化?

城市基础设施主要包括供水、供电、供气、供热、通信、排水、排污等生命线设施,道路、轨道、航空等交通基础设施,消防、防洪、防雷、避险场所、应急物资储备库等防灾基础设施。广义的城市基础设施还包括绿地和水体,称为绿色基础设施,而把常规的基础设施称为灰色基础设施。城市基础设施与城市的经济运行和人民生活息息相关,尤其是生命线系统以地面或地下管线的形式密布城市各处,牵一发而动全身,一旦因遭突发性灾害发生局部损害,极易产生明显的连锁反应,使灾害损失明显放大。气候变化对城市基础设施的功能和运行产生了明显的影响,极端天气气候事件的频繁发生增加了城市基础设施受损的风险,必须采取适应对策。

(1)调整城市基础设施建设规划

针对气候变化的影响调整基础设施建设规划与布局。如地势低平的上海和天津市内就没有下凹式立交桥和深槽路,过去北京城市规模不大时,洪涝灾害主要发生在东南郊平原沿河两岸和低洼地,城市扩展后市区内涝日益严重,立交桥下与深槽路经常淹没车辆,甚至有人因打不开车门而窒息死亡。气候变化导致风速减弱不利于城市污染气团扩散稀释,城市规划应设计几条与盛行风向一致的宽阔大路作为风廊。气候变暖和人口增长使城市用水量激增,尤其是在炎热天气。城市建设规划中必须确保水源地的安全稳定,并设置后备水源。上海市以长江为主要饮用水源,但随着海平面上升和枯水季节上游来水减少,咸潮上溯日益严重。为此依托长兴岛修建了青草沙江心水库,可供上海全市使用54天。

(2)修订生命线系统的技术标准

现有的城市生命线系统修建的技术标准是按照历史气象、水文和地质资料确定的,已经不完全适用变化了的气候环境。其中有些标准过去就不合理,如新中国成立初期,许多城市照搬苏联的城市排水管道设计标准,由于苏联绝大部分地区几乎不下暴雨,排水管道很窄。城市扩大和局地暴雨增加后对于中国就更不适用了,现在不得不逐步改造。过去北京市路旁草坪和绿地普遍高于路面,发生暴雨后不但不能截留雨水,反而增加了路面的径流。现在新建草坪和绿地都低于路面了。地温升高后冻土变浅,地下管线的埋藏深度需要调整。气温升高后电线会发生热膨胀,需要调整电杆间距和电线抗拉伸力。气溶胶增多,要求进一步提高输变电设备的绝缘保护标准,以防止污闪事故的发生。

(3)盘查基础设施安全隐患,加强灾害性天气的监测、预测、预警和应急响应

我国许多城市旧城区的基础设施多年失修,新建区的基础设施又往往滞后于地面建筑,气候变化使得极端天气气候事件增多,对城市基础设施的威胁明显增大。如2008年1月中旬到2月上旬的南方低温冰雪天气,之所以造成巨大的经济损失,原因在于冻雨和积雪导致供电、交通和通信三大系统瘫痪并造成巨大的连锁反应。北京市因暴雨和冰雪导致全市性交通瘫痪也已发生多次。1990年2月还发生过因雾霾污染导致输变电系统跳闸,大面积停电的事故。各地城市应对各类基础设施的安全隐患全面盘查,进行风险分析评估及时检修或更新改造。气象部门应与城市基础设施主管部门紧密合作,针对各种可能损害基础设施的灾害性天气加强监测,提高预报准确率,及时发布预警。各类基础设施的主管部门要分别不同灾种编制应急预案,明确抢修与善后措施,并经常组织演练。

140.重大工程建设怎样适应气候变化?

重大工程是指关系国家或区域经济、社会发展全局的重要建设项目,主要包括水利、电力、交通、能源、生态、海岸带等领域。气候变化对重大工程的影响包括对建设项目需求的影响,对工程选址的影响、对施工方案与技术标准的影响等,其中有气候要素改变的影响,更为突出的是极端天气气候事件对工程项目的影响。2014年,由杜祥琬院士主持的《气候变化对我国重大工程的影响与对策研究》课题组提交报告,建议加强我国气候变化与重大工程相关联的科研工作,将气候变化作为重大工程立项认证的一个要素。在工程的必要性、可行性、顶层规划、方案制定、技术标准等方面都要考虑气候变化因素。报告特别强调,要加强重大工程应对气候变化的综合管理,复核已建工程应对极端气象灾害的能力,建立和完善气象灾害的预警和实时监测系统,将气候风险管理纳入工程管理的全生命周期。

(1)将适应气候变化纳入重大工程的规划和论证

气候变化使不同区域的资源与环境发生改变,有些地区更加缺水或缺能,有的地方却雨水过多或耗能减少;海平面上升,山区的旱涝急转都使得工程建设的气候风险明显增大。因此,重大工程建设的规划论证不能只分析气候、水文、地质的历史资料,更要考虑气候的变化趋势及其所引起的水文与地质改变。如海河流域在20世纪中期,洪涝是主要矛盾。为此,在60年代以后实施了大规模的排涝工程,使各大支

流都通过海河直接入海。不料此后转为长期干旱,加上掠夺式开采地下水,致使各大支流全部干涸,大量排涝工程无用武之地。由于人均水资源下降到世界最低水平,不得不从长江与黄河调水。目前海河流域降水回升,如果未来洪涝风险明显加大,西线调水工程不必急于上马。但如未来继续干旱,则西线工程需早作准备。

有鉴于此,中国气象局已于2014年发布了《气候可行性论证管理办法》,就重大建设工程项目的气候可行性论证做出了明确具体的规定,气象部门应对与气候条件密切相关的工程规划和建设项目进行气候适宜性、风险性以及可能对局地气候产生影响的分析、评估,为工业、农业、交通、建筑等提供服务。

(2)根据气候变化修订施工方案与工程技术标准

气候变化使工程所在地的环境条件发生改变,原有的施工方案与工程技术标准需要适当调整。如北方一些水库是在20世纪50到60年代的多雨期建成的,由于当时的历史条件和技术能力,对雨季前的泄洪要求十分严格。随着气候变化,干旱缺水成为主要矛盾,经常发生为防洪将宝贵的水资源提前放走而人为加剧干旱缺水的现象。由于信息技术的发展,汛情传递、分析、决策已十分快捷,防洪配套设施与措施也远较过去完善,完全有可能对水库原有的汛限水位经严密论证后做适当调整,防止因汛前水库下泄过多而加重汛后旱情。又如青藏铁路要穿越高含冰量的冻土层,气候变暖使得冻土层更加不稳定,仅1996年至2004年沿线活动层厚度就平均增加了46cm。为此,工程实施单位研发了降低铁路路基含水量与温度的特殊工艺,使青藏铁路得以在较长时期内能够安全运行。

(3)将气候风险管理纳入工程管理的全生命周期

极端天气气候事件增多严重威胁重大工程的建设与运行,2011年浙江高铁列车就曾因雷击发生重大颠覆事故。2008年初南方的低温冰雪灾害导致大量高压线塔倒塌,导致大面积停电,严重威胁西电东输。1975年8月第3号台风深入河南中部造成的逾千毫米特大暴雨造成两座大型水库垮坝,造成世界最惨重的垮坝事故,死亡23万人,受灾人口1100万,经济损失逾百亿元。发生事故的原因,除特大暴雨不可抗拒外,也与水库修建后没有考虑气候变化因素,只重视蓄水,忽视防洪,长期对洪涝风险估计不足,水库主闸和副闸从未打开都已锈死,又因陆路交通断绝,部队无法赶到炸开副闸,错失了提前放水泄洪的宝贵时机。当时的气象预报水平不高也是一个重要原因。

因此,在重大工程的规划、设计、论证、施工、验收、运行、维护的全过程中都应当进行风险管理。工程主管部门要进行风险预估,不断进行隐患盘查并及时消除。对可能发生的极端天气气候事件要编制应急预案并组织演练,明确安全管理的岗位责任制,储备充足的抢险救援物资与器材。气象部门要主动配合做好专项监测、预报和预警,相关部门的应急响应要协调联动,气候、水文、地质、环境等资料和信息应能共享。

七、城乡社区与区域气候变化
适应对策

141. 城市社区怎样适应气候变化?

气候变化影响到全社会的发展和未来,适应气候变化也必须落实到社会的所有基层单位即社区。城市社区工作者应该把适应气候变化纳入社区工作计划与发展规划,做好以下几项工作:

(1)针对气候变化对社区资源禀赋与环境容量及市场需求的影响,调整社区气候敏感型产业的结构与布局,拓宽就业渠道,加强对因气候变化不利影响而致贫居民的救助。

(2)针对气候变化对社区基础设施的影响,全面盘查给排水、供电、供气、通信等生命线系统的风险,及时维修或调整以消除安全隐患。

(3)宣传普及适应气候变化的意义和科学知识,使广大社区居民树立与大自然和气候系统和谐相处的理念,使"世界末日"之类的邪说和灾害谣言无处藏身。

(4)提倡绿色生活方式。根据气候变化调整作息时间和活动方式。养成节水、节能、节材和反对铺张浪费的习惯,保持社区环境卫生,自觉实行垃圾分类和废弃物回收利用。

(5)爱护社区及周围的树木和绿地,充分利用社区范围内的裸地植树种草,积极参与社区绿化美化环境的活动。有条件的可利用阳台盆栽蔬菜和花卉,利用屋顶集雨种植花草,利用墙壁栽植攀缘植物,努力改善社区环境。

(6)关心脆弱群体和气候敏感病患者,尤其是在天气突变和发生气象灾害时要给他们以帮助。

(7)辅导居民学会不同天气下以尽可能节能的方式调节室内环境,保持舒适和清洁,以提高生活质量和工作效率。如夏季除适度开启空调外,要改善通风并遮阴,冬季要提高门窗和墙壁的隔热水平。出现雾霾污染天气时要减少出行,外出要戴口罩,有条件的可在室内使用空气净化器。

142. 城市社区怎样应对极端天气气候事件?

气候变化对城市居民最直接的影响是极端天气气候事件的危害,社区适应气候变化首要的工作是组织引导居民正确应对极端天气气候事件,积极参与国家减灾委和民政部开展的创建综合减灾示范社区活动。

(1)了解本地区气候变化带来的灾害新特点,对本社区的各类灾害事故的风险进行分析和评估,组织对灾害事故隐患进行盘查并尽可能提前消除。例如,对于城市暴雨内涝危险,本社区有哪些树木和电杆有倒折危险,有无可能倒塌的危房屋,可能掀起或已缺失的井盖。哪些路段地势较低,发生暴雨后有可能因积水而阻断交通,哪些房屋可能漏雨或进水等。对存在危险的地点要设立警示牌。

(2)建立健全突发事件应急机构和应急机制,明确社区领导成员中应对各类突发事件的责任人和不同的岗位责任。充分调动社区内各单位和社会团体的积极性,与所在街道办事处、附近消防队、企事业单位、学校、医院等建立密切联系,建立应对突发事件的协调联动机制,一旦发生突发事件,能够迅速响应,争取外部力量尽早到达并有效开展救援工作。

(3)密切注意天气预报和其他灾害事故的预报和预警。利用所在社区的电子显示屏、宣传栏和通知栏、手机短信、电话等多种方式,将极端天气气候事件的预警信息准确迅速传递到社区所有居民,尤其是传递到弱势群体手中。

(4)编制社区应对各类灾害、事故,尤其是极端天气气候事件的应急预案,并将每项措施落实到人。统筹本社区减灾资源,建立必要的应急物资储备。利用社区已有或附近的学校、仓库、礼堂等公共场所和地下空间,作为某些灾害的临时转移安置场所并制定启用和管理办法。

(5)了解本社区各类具有应急救援专长的专业技术与技能人员,包括医疗、电工、驾驶、心理辅导、机械检修等,动员本社区范围内,身体状况好,热心群众工作和有一技之长的人员,组成防灾救灾志愿者队伍,并分别与相关部门对接开展培训和演练,能够在专业人员指导下就地迅速开展救援和灾后恢复工作。了解本社区的脆弱人群,落实发生重大灾害事故时的帮扶对象和责任人。

143. 沿海城市怎样适应气候变化?

东部沿海是我国经济发达地区,仅长江三角洲、珠江三角洲、环渤海三大一级城市群与辽中南、山东半岛两个次级城市群的总人口就有2亿~3亿,经济总量接近全国一半。沿海城市既具有强大的经济实力,同时又处于海-陆交互作用的脆弱敏感地带,自然灾害高发。由于人口、产业和设施密集,容易造成重大损失。气候变化使海平面上升,洪涝、台风、风暴潮的危害增大,海岸侵蚀、海水入侵、土地盐碱化等加剧。多种风险因素的叠加与城市生命线系统的灾害链效应相结合,使得沿海城市在气候变化背景下的生态危机与灾害危险更加突出。

(1)应对海平面上升的威胁

海平面上升是沿海城市面临的最大威胁,据推测,长江三角洲和珠江三角洲如海平面分别上升 1m 和 0.7m,都会有 1500 km² 土地被海水淹没。对于渤海湾西岸,只要上升 0.3m 就会淹没 1 万 km²,天津全市的 44 ％将低于高潮位海面。海平面上升除与气候变暖直接相关外,还与有些城市长期超采地下水导致地面沉降有关。海平面上升还加剧了海岸侵蚀、咸潮上溯、风暴潮与海浪冲击、海岸带生态系统退化及城市内涝。为此,应采取综合适应措施:

①完善政策法规与管理机制。编制海岸带开发利用和保护的规划,建立健全配套制度和管理体系。强化海岸带水资源管理机制,建立信息资源共享平台和机制,创新海洋环保机制,重大工程设计必须进行充分的气候论证。

②加强海平面上升及其影响的监测与风险评估。沿海重大工程建设项目必须进行充分的气候论证。对未来若干年海平面上升可能造成的受损人群安置和迁移问题要及早进行预估和论证。

③完善工程建设的技术标准与规范。修订现行海堤设计标准,重新确定海堤等级及划分依据,适当提高沿海城市工程建设的设计标准和城市设防标准。吸取美国新奥尔良遭受"卡特里娜"飓风袭击损失惨重的教训,在沿海城市地面沉降地区建立高标准防洪、防潮墙和堤防,对沉降低洼地区进行整治和改造,兴建防洪排涝控制性工程。

(2)水资源管理与咸潮的应对

沿海地区大多数城市既存在洪涝危险,又严重缺水。海水入侵地下水和咸潮上溯更加剧了饮用水危机。为此,要积极推动节水型城市的建设,大力推广节水工艺和生活节水器具,并通过制定阶梯式水价,提高水资源利用效率和效益。严格控制地下水的超采,控制沿海地下水超采以防止地面沉降。

针对入海河流在枯水季节发生的咸潮上溯,要将在河流上游修建水库以淡压咸或启用后备水源。

针对上游来水减少和海水倒灌使沿海城市的工业废水和生活污水排放难度加大,河流污染严重,要强调从源头治理,严格执法,努力减少排污量。

(3)加强海洋灾害与极端天气气候事件的监测、预测、预警和应急响应

沿海地区是气象灾害与海洋灾害的高发区,尤其是台风、风暴潮与洪涝,北方沿海还存在干旱缺水与海冰的问题。要研究气候变化带来的沿海地区气象灾害与海洋灾害的新特点,充分运用现代信息技术,改进气象灾害与海洋灾害的监测,提高预报准确率,建立能及时传递到广大市民和覆盖所有企事业单位的预警系统。城市一级要建立具有权威性的突发灾害应急系统,统筹全市减灾资源,实现部门联动。重大灾害的预案编制工作要切实做到"横向到边,纵向到底",落实到每个单位和个人。每个城市都要针对当地的重大灾害按人口比例建设若干避险场所。

(4)加强国际合作,调整产业结构与贸易布局

气候变化关系到全人类的前途。沿海地区是我国对外开放的前沿,与世界其他地区的沿海城市面临同样的威胁,在适应气候变化领域要积极开展国际合作。

沿海城市大多是我国对外贸易的重要口岸。气候变化导致不同区域的资源禀赋与环境容量发生改变,世界政治经济格局发生新的变化。沿海城市要适应国内外气候环境与经济发展的新情况,及时调整产业结构与贸易布局,在全球竞争中掌握先机,立于不败之地。

144.西北地区城市怎样适应气候变化?

西北地区包括陕西、甘肃、宁夏、青海、新疆五省区和内蒙古西部,东部为黄土高原与关中平原,为半干旱气候区,气候明显暖干化;西部为干旱气候区,气候暖湿化,但由于年降水量稀少,所增加部分不足以改变干旱缺水的基本格局。现有人口总量与经济规模虽然占全国比例不大,但随着丝绸之路经济带的开发与欧亚大陆桥的开拓,将会出现跨越式的发展,目前已经涌现出一批新兴城市。

西北地区城市适应气候变化的对策有:

(1)建设节水型城市

西北干旱区水资源总量只有全国的1/24,水资源匮乏是西北地区城市发展的最大制约因素,气候变暖使生产与生活耗水增加,更加剧了水资源的供需矛盾。上下游无序争夺水资源已经造成严重的生态后果,内陆河流大多萎缩,下游径流减少甚至断流,地下水位下降,湖泊干涸,植被枯死,草场退化,土地沙漠化。黄河、塔里木河、黑河、石羊河等实行全流域统一管理和分配水资源后,情况有所好转,应推广到所有流域。城市规划与绿洲扩展都必须量水而行,不可超越水资源承载力。要根据气候变化对水资源状况的影响调整城市产业结构,压缩耗水产业与企业,制止超采地下水,发展节水型经济,推广节水灌溉方式、节水工艺与生活节水器具,建成节水型城市。西部城市应利用降水与融雪增加,在山区修建一批骨干拦蓄工程,并利用有利天气实施人工增雨和增雪作业。

(2)充分利用优越的光热资源与可再生能源

光热充足是西北干旱区的独特优势,虽然西北地区煤炭、石油、天然气资源丰富,但也应首先充分开发利用当地丰富的太阳能、风能等可再生能源。光照充足和温度日较差大,有利于优质瓜果蔬菜的生长,为城市发展特色农产品加工业提供了条件。

(3)适应性城市绿化

干旱区城市的绿化要因地制宜,不可照搬内地城市的绿化模式。由于干旱缺水和冬季严寒,外来树种草种大多不能适应,需要灌溉才能成活和生长。因此,除少数重要地段采取节水灌溉种植景观树木和草坪外,城市大部分地区应以本地耐旱耐寒植物为主,乔灌草结合,灌木、半灌木和草本植物应占较大比例,有利于降低成本和延长绿期。居民住宅区推广围合式院落布局,可营造避寒避风小气候和有利绿地植物生长的局部空间。绿地建在下凹式庭院或广场有利于集雨。

（4）应对融雪型洪水

西北地区虽然干旱少雨，但由于气候变暖促使高山冰雪加速融化，加上近年来降水增加，融雪性洪水频发，对下游城市的威胁增大。原有的平原水库与防洪堤已难以控制，需要在山区修建骨干拦蓄工程。西北地区城市过去大多无排水设施，许多房屋为半地下式，城市外围还有不少土坯房，一过水就会倒塌，对于洪涝灾害极其脆弱。除在绿洲外围更新改造防洪堤和修建排水沟外，城市内部也需要修建排水系统，对危房逐步改造。要加强对山区融雪、降水与径流的监测，建立健全融雪性洪水的预警系统和应急响应系统。

（5）防治荒漠化

荒漠化是西北地区城市的最大威胁，1993 年 5 月上旬席卷西北四省区的特大沙尘暴曾造成上百人死亡或失踪，直接经济损失 5 亿多元。沙漠化是西北干旱区荒漠化的主要形式，虽然与干旱气候及沙漠的存在有关，更主要的原因是滥垦、牲畜超载、滥伐、乱挖、超采地下水等不合理的人类活动。虽然气候变化导致西北干旱区西部降水增多和沙尘暴次数减少，但局部地区的沙漠化仍在蔓延。应坚持长期不懈的努力，制止上述不合理的人类活动，在绿洲外围营建防护林和防沙墙，对威胁绿洲城市与交通要道安全的流动沙丘采用草格固沙，同时要保护洼地与干涸湖床覆盖地表的生物结皮。

（6）调整产业与贸易结构，加大对外开放力度

气候变暖对中亚和东欧高纬度国家的资源开发和经济发展有利因素较多，西北干旱区要充分利用有利的区位优势和开拓丝绸之路经济带的历史机遇，扩大向西开放，通过比较本区与邻国的优势与劣势，调整产业与贸易结构，谋求区域经济、社会的跨越式发展。

145. 南方城市怎样适应气候变化？

南方城市的共同气候特点是夏季炎热和雨季降水充沛。多数地区在气候变暖的同时降水增加，洪涝与季节性干旱都有所加重。平原地区河湖纵横交错，由于污染物排放和水温升高导致水体富营养化日益突出并威胁饮水安全。南方城市适应气候变化要注意以下几点：

（1）应对城市热浪

历史上南京、武汉和重庆就有"三大火炉"之称，其实，江南一些河谷与盆地的中等城市的伏旱期间更加炎热。气候变暖与热岛效应叠加更加重了南方城市夏季的热浪，严重威胁居民健康和城市经济运行。2006 年重庆綦江曾出现 45℃ 的高温。由于空气湿度大，要比同等高温下的北方城市更加难熬，老年人、病人和露天工作的人很容易中暑。针对气候变暖，应适当调整作息与工作时间，延长午休。工作与学习场所尽可能安装空调降温设备并提供清凉饮料。城市建设要留出足够的绿地与水

体,住宅设计注意通风和遮阴,建筑物之间留出适当空间以利通风。

(2)应对城市暴雨洪涝

南方城市大多沿江傍湖,既受到河流洪水的威胁,也受到暴雨内涝的威胁。随着气候变化,城市局地短时暴雨有增加的趋势。应对城市洪涝,要加强江河综合治理,上游修建拦蓄工程,河流两岸和城市外围修筑防洪堤,城市内部疏浚排水沟,增强排洪能力。编制城市暴雨洪涝的应急预案,统筹协调城市减灾资源,有序开展应急抢险救援。对低洼地区的建筑和居住人群要有详细的了解,并在预案中明确规定临时转移安置路线和地点,制定抢险救援方案,明确承担任务的单位与人员。对暴雨洪涝可能引起的停电与交通阻断要提出补救措施与替代办法。

(3)应对水质下降与干旱缺水

加强环境综合整治,从源头上降低污染排放。采用物理、化学与生物措施治理富营养化水体,重点保护饮用水源,严禁其上游和周边可能排放污染物的生产活动。编制一旦城市主要饮用水源受污染时的应急抢修、输水方案和后备水源启用办法。缺乏后备水源的城市,要有足够的瓶装饮用水储备。推广节水工艺与生活节水器具,建设节水型城市,以应对季节性干旱。

(4)应对其他极端天气气候事件

气象、水利、地质等部门要全面编制极端天气气候事件及其可能引发的其他灾害的应急预案,吸取2008年南方城市低温冰雪灾害的教训,重点加强对输供电、供水、通信等城市生命线系统和弱势人群的保护,防止灾害损失的放大效应。山区城市要特别针对重要道路、桥梁、隧道的山洪与地质灾害隐患盘查与风险预估,制定紧急抢修的预案。

146.北方城市怎样适应气候变化?

北方城市在气候变化背景下,城市内涝、干旱缺水、空气污染与水污染等问题日益突出,低温与风沙灾害虽然有所减轻,但仍有相当大威胁。北方城市适应气候变化,特别是极端天气气候事件,除加强监测、预报和预警外,还要做好以下工作。此外,气候变暖也带来了某些有利因素,要充分利用。

(1)应对城市内涝

北方城市的排水系统普遍标准偏低,由于缺乏完整的城市水系,大多数北方城市的排洪能力较差。城市扩展后,由于大面积铺设不透水地面和路面,雨后迅速形成径流并向低处汇集。气候变化还使小雨次数减少,强降水次数增加,导致北方城市暴雨内涝日趋严重。近年来,北京、济南、郑州都发生过突发暴雨造成全市交通瘫痪和多人死亡的重大事件。因此,北方城市的规划要尽可能保留城市水系,原有城市河流尽量不要封盖并定期疏浚。改造现有排水系统,适当提高标准。地势低洼地区原则上不修建下凹式立交桥和深槽路。盘查全市一旦发生暴雨内涝时可能出现危险的隐患点,逐点提出应急抢险和救援方案。改进现有暴雨洪涝应急预案,统筹各部门的减灾资源,协调联动实现高效利用。预案编制要落实到所有社区与企事业单位,以调动全社会力量应对重大暴雨洪涝。

(2)应对城市高温热浪

虽然北方城市的炎热期比南方城市短,但由于地面较干,热容量小,极端高温有时还甚于南方。随着气候变暖,高温热浪更加频繁。需要对原有的工作环境防暑降温标准与夏季作息时间适当调整,高温天气下对建筑、交通运输等室外作业岗位要采取劳动保护措施。医院和社区要加强对敏感脆弱人群的观察和保护。

(3)应对干旱缺水与水污染

干旱缺水是许多北方城市的最大危机,气候变暖使工农业与生活用水量剧增,尤其是在降水减少的华北、西北东部和东北西部地区的城市。由于缺乏更新水源和雨水补给,城市水体和地下水的污染也日益严重。为此,城市发展要量水而行,不能超出当地的水资源承载力。有条件的可实施外流域调水工程,同一流域的水资源要统筹管理,要防止无序争夺、损人利己。应把建设节水型城市作为主要对策,努力提高有限水资源的利用效率。工业做到循环用水,中水回用。居民生活要全面普及节水器具。严格控制地下水的超采。由于缺乏更新水源,城市水体主要依靠物理措施增氧与生物措施降解污染。有地下微咸水资源的城市可适度利用于工业与城市环境,沿海城市可逐步扩大海水淡化生产规模。

(4)应对雾霾污染

城市人口增加和经济发展使大气污染源增加,城市规模过大和气候变化,尤其是风速降低不利于大气污染物的扩散稀释,近年来北方城市雾霾天气增多,严重影响空气质量,尤其是华北山前窝风地区。治理雾霾污染首先要从源头做起,通过调整产业结构,改进工艺,更换高排放机动车,发展公共交通等降低大气污染物排放量。城市规划要留有足够的绿地与水体面积,多栽具有吸附降解大气污染物的树木。城市上风向避免修建大量挡风建筑,外围留有一定面积开阔农田,和与盛行风向一致的主干道路一起构成有利于城市空气更新的风廊。严重污染天气要采取限制车辆出行,污染物排放大户企业临时停产、学校暂时停课等应急措施,加强对弱势群体的保护。

(5)应对低温冰雪与风沙灾害

气候变暖虽然总体上使低温冰雪和风沙灾害减轻,但由于气候波动加大仍时有发生,2010年和2012年华北、东北和新疆北部还多次出现极寒天气。冰雪和风沙经常造成交通堵塞,并危害居民健康。要吸取2002年12月7日北京市因扫雪车、融雪车和交通疏导车被封堵,导致1.7mm小雪造成全市交通瘫痪的教训,编制应急预案,一旦空中飘起雪花,这些车辆就应提前开出,发挥扫雪、融雪和疏导交通的作用。低温冰雪和风沙天气,居民要减少出行。必须出行的要注意防滑或戴口罩、风镜。

(6)充分利用气候变暖带来的商机

气候变暖使得北方城市的建筑施工期延长,春季物候提前,秋季延后,出行条件改善,有利于旅游业发展和农业产量提高。各行各业要分析气候变化对本行业的有利与不利因素,善于抓住商机。如气候变暖将促使夏令商品畅销,并有利于建筑业和交通运输业发展。旅游业要考虑气候变化引起的植物物候与气象景观的改变,调整旅游项目、时间与地点。商业部门要考虑居民消费模式的变化。

147. 高原城市怎样适应气候变化?

我国拥有青藏高原、云贵高原、黄土高原和内蒙古高原等四大高原,分布着大中小不等的若干城市。其中青藏高原和云贵高原西部的城市海拔大多在 2000m 以上,有些城市甚至超过 3000m。

高原城市共同的气候特点是气温偏低,昼夜温差大,空气稀薄,气压偏低。大部分高原城市的风速较大,太阳辐射充足,晴天时的紫外辐射较强。除云贵高原东部外,其他高原地区的气候变暖都甚于全国平均,尤以青藏高原和内蒙古高原的升温幅度最大。内蒙古高原和黄土高原的降水减少,青藏高原降水明显增加,云贵高原的冬春季节性干旱明显加重。内蒙古高原、黄土高原与青海处于中高纬度,冬季严寒,夏季温热,气温年较差很大。云贵高原与拉萨河谷处于较低纬度,但海拔较高,冬冷夏温,气温年较差较小。

针对高原城市气候与气候变化的上述特点,适应气候变化要做好以下工作:

(1)充分利用气候变暖的机遇加快经济发展

气候变暖使高原城市的冬季出行与交通条件改善,无霜期延长使农作物种植期与建筑施工期延长,都有利于区域经济活动开展。气候变暖吸引内地游客到高原度夏避暑,促进了高原旅游业的发展。高原城市要充分利用气候变暖带来的这些有利因素,加大对内对外开放的步伐,加快区域经济发展。

(2)保障水资源和可持续利用

内蒙古高原、黄土高原和云贵高原的大多数城市都存在水资源短缺或季节性缺水的问题,青藏高原虽然是中国的"水塔",但气候变暖加快冰雪消融也增加了水资源的不稳定性,洪水与山地灾害对水利设施的威胁加大。因此,高原城市都应加强水源保障和节水型社会建设。黄土高原城市由于径流量小和地下水资源贫乏,要大力发展集雨工程。云贵高原地高水低,历史上水利工程欠账较多,需要修建一批骨干供水工程,拦蓄雨季洪水以弥补冬春不足。

(3)防范紫外辐射伤害

平流层臭氧减少使高原紫外辐射增强,对人体健康和动植物的危害增大。高原城市居民在晴天外出要注意采取防晒措施,尤其是青藏高原。

（4）开发利用可再生能源

气候变化使高原水能、太阳能、风能等可再生能源的资源禀赋发生改变，要根据气候能源时空格局的新变化调整可再生能源的生产布局。

148. 农村建筑怎样适应气候变化？

我国不同地区的气候特点决定了农村房屋建设的不同特点。北方农村主要从冬季防寒保暖出发，农舍建筑讲究背风向阳，屋顶也较平缓。蒙古族牧民的蒙古包拆装方便便于迁徙，做成圆形可减轻大风袭击。南方农舍讲究遮阴通风，屋顶较尖、屋檐较长，以利雨水下泄，西北的屋顶平坦可以晒物，降水稀少地区使用土坯就可以盖房，成本很低。

随着经济发展，各地农村的房屋建筑普遍提高了档次，同时也注意到适应气候变化。北方农村在注意保暖的同时，也注意庭院植树和改善通风。传统的红砖房由于隔热性能差，冬冷夏热，许多地方已改用泡沫砖。传统的地炕被吊炕替代，既节省了能源，又提高了室温。西北地区由于融雪性洪水风险加大，土坯房被逐渐淘汰。南方农村普遍盖2~4层的楼房，一方面是为节省占地，把寝室安排在高层也可减少潮气，在洪涝多发地区，与平房相比，楼房上层不易被淹。

针对气候变化加剧农村环境污染，各地结合新农村建设实行城乡废弃物统一处理。我国农村过去以秸秆为主要生活燃料，严重污染空气且浪费资源。现在北方农村除烧煤外，太阳能和风能利用日益普及，南方农村沼气推广面逐渐扩大，农舍环境卫生明显改善。过去许多农村的家畜和家禽舍与房屋建在一起，现在对家畜和家禽都采取集中饲养，与住房分开。

149. 农村社区怎样应对极端天气气候事件？

随着气候变化，极端天气气候事件的发生和危害也在增大。虽然农村的物质、交通、消防、医疗急救等条件都不如城市，但农村在避险空间选择、短期生存所需食物与饮用水来源等方面要比城市更容易解决。应对极端天气气候事件和各类灾害事故，农村与城市各有各的优势和劣势。农村社区一般以村为单位，村委会要全面负责做好以下气象减灾工作：

（1）村舍建筑选址安全

村舍建筑选址要避开易涝的洼地、取水不易和易受雷击的岗地、可燃物较多的林地与草地边缘等脆弱地段。尽可能选择交通便利的地方以便发生灾害时能迅速疏散转移和接受外界救援。

（2）积极开展农村综合减灾示范社区创建

按照民政部《全国综合减灾示范社区创建规范》的要求，应建立社区减灾领导工作制度,开展风险评估、宣传教育、灾害预警、隐患排查、转移安置、物资保障、医疗救护和灾情上报等工作,有固定的综合减灾资金来源,有筹措、使用和监督等管理措施。各地农村要从当地实际出发,针对极端天气气候事件发生的新特点,做好上述工作,早日建成示范社区。

（3）编制应急预案

选择当地主要气象灾害编制各类应急预案,并将应急责任落实到人。发动农村青壮年,组成一支抢险救援志愿者队伍并定期组织演练。确定发生重大灾害时的疏散转移路线与临时避难场所,并储备适当数量的救灾和短期生存所需物资。

（4）隐患盘查和风险评估

村委会要对本村的各类灾害事故隐患进行全面盘查和风险分析,值得注意的是目前不少农村青壮年大批外出,留守多为老人与儿童,安全减灾与适应意识淡薄,抗灾能力弱。村委会要对全村的脆弱人群心中有数,事先明确一旦发生重大灾害时的有限救援对象。农村家用电器和电动车迅速普及,不少家庭在屋顶安装太阳能热水器和电视天线,手机几乎人手一个,加上农村没有高大建筑,使得雷击风险明显加大。许多农村的电网未经改造,但农户用电负荷增加很快,气候暖干化地区的旱季居室火灾风险也在增大。村委会要对这些隐患高度重视,及时组织盘查、消除或防范。

（5）农村减灾资源的调度与配置

村委会要全面掌握本村减灾资源,包括可供利用的抢险救灾器材与物资、可供村民短期生存的食物和饮用水储备、伤病应急处理所需药品和材料、消防水源、具有专门技能的村民如电工、驾驶员、卫生员、兽医等、党团员和复员军人等。同时要了解附近村庄和单位的减灾资源并与他们建立协调联动机制。发生重大灾情时,首先动用和统筹运用本村资源,必要时吁请周边和上级协助救援。

150.黄淮海平原适应对策要点是什么？

黄淮海平原又称华北平原,人口接近全国30％,耕地占20％,是中国经济较发达地区和粮棉油主产区之一。首都北京是全国政治、文化中心,京津冀是与长三角、珠三角并列的三大都市圈之一。黄淮海平原为暖温带大陆性季风气候,是我国气候暖干化最突出的地区,尤其是中北部。气候变化导致黄淮海平原水资源日益短缺,尤其海河流域人均不足 $300m^3$,京津两市人均不足 $100m^3$,不但严重制约工农业发展,而且导致生态恶化。海河各大支流常年断流,地下水位持续下降,部分地区地面下沉。水质恶化与大气污染也十分严重。近年来全国十大空气污染城市几乎全部处于本地区。气候变化和快速城市化还导致内涝明显加重,北京、济南、郑州都发生过特大暴雨导致多人死伤和交通瘫痪的事件。

黄淮海平原区适应气候变化的主要对策有：

（1）发展节水型经济，建设节水型社会

农业调整种植结构与品种布局，全面推广节水灌溉与旱作节水技术，提高灌溉水利用率和作物水分利用效率，开发利用非常规水资源，山区推广集雨补灌。加强流域水资源统一管理，严格控制超采地下水。北调南水要与本地区水利工程联合调度并节约使用。城市实行以供限需，以水定产业结构，以水定经济布局，以水定发展速度和建设规模。统筹协调生产、生活和生态用水。调整产业结构，实行最严格的水资源管理模式。积极开展海水直接利用或淡化利用、城市建筑与道路集雨和中水回用，全面推广节水工艺、节水材料和节水器具，创建节水社区和节水城市，营造全民节水，构建节水型社会的氛围。

（2）调整种植结构，推广适应技术，提高农业气候资源利用率

气候变化对本地区农业有利有弊。气候变暖有利于提高复种指数，小麦—玉米和小麦—棉花两熟制面积扩大。中北部冬小麦改用冬性略有下降的品种有利于长大穗。小麦秋播适当推迟，夏玉米选用生育期更长的玉米品种，春玉米和蔬菜播种、移栽也适当提前。降水减少干旱加剧是对本地区农业最大的不利因素。要加强耐旱耐高温品种选育推广，压缩耗水较多的水稻和小麦种植。全面推广以管灌为主的节水灌溉方式和蹲苗锻炼、冬季镇压、秸秆粉碎还田、地膜覆盖、水肥耦合、化学抗旱等节水栽培技术。灌溉水资源严重不足的黑龙港和丘陵地应以旱作为主。蔬菜生产以保护地为主。加强农田防护林网建设。

（3）促进京津冀都市圈协调发展

统筹规划京津冀城市群建设，疏解北京市的非首都功能，形成中心城市与中小城市及卫星城镇合理分布、交通便捷、合理分工的格局。气候干暖化和城市迅速扩展导致的水资源紧缺和空气污染严重是京津冀城市群发展的最大制约因素。必须采取最严格的节水措施，实行流域水资源与南水北调统一管理，调整产业结构，全面建设节水型城市，缓解水资源枯竭的压力，逐步消除地下水漏斗、地面下沉和水体污染等水环境问题。为缓解城市热岛效应、减轻内涝与雾霾污染，应适当扩大城市绿地与水体面积，除主干道外尽量以栅格地面替代不透水地面。城市外围建设绿化隔离带，郊区基本农田不得随意占用，大力发展都市型生态农业。建筑物之间应有适当的绿地隔开以利通风透光。黄淮海平原中北部的窝风地形不利于大气污染物的扩散稀释，要从源头治理，压缩产能已经严重过剩的重化工业与建材产业，提高能源效率，减少废气排放，大力发展公共交通，减少私车出行。

针对局地暴雨、高温热浪、雾霾、雷电、冰雪等城市气象灾害，加强监测、预报和预警，建立健全应急机制，特别是加强极端天气发生时对道路、供电、供水、供热、通信、排水等生命线系统的保护，并随着未来气候变化情况修订城市生命线工程的设计标准。

（李克南）

151. 东北地区适应对策要点是什么?

东北三省和内蒙古东部面积占全国 1/8,人口占 1/10,是我国最大的商品粮基地和主要重工业基地之一,也是最大林区和湿地所在。大部地区为中温带大陆性季风气候,仅大兴安岭北部为寒温带。近几十年来气温升高幅度明显大于全国其他地区,降水有所减少。气候变化对于东北地区的有利因素较多,也存在一些不利因素,主要是粮食生产的不稳定性增加,水资源趋于紧张影响区域经济发展,局部生态系统有退化趋势。东北地区在确保国家粮食安全和振兴老工业基地上肩负重要使命,主要适应对策是:

(1)充分利用热量条件改善机遇,构建粮食生产适应技术体系

随着气候变暖,玉米、水稻等高产喜温作物种植向北适度扩展,改用生育期更长的品种以提高产量。播种期适当提前。冬小麦种植可在东北南部适当扩大。辽西、辽南充分利用光热资源优势发展设施农业。针对干旱威胁加重,推广带水播种机、节水灌溉方式和地膜或秸秆覆盖等节水栽培技术。针对气候变暖导致病虫害发生提早和危害期延长,调整防治策略与重点。

(2)加强水利建设,发展节水型经济

虽然东北水资源状况好于华北,但目前许多地方存在超采地下水的现象,也要注意避免重蹈华北的覆辙。要加强水资源管理,发展经济要量水而行,制止以牺牲湿地和超采地下水盲目扩大水稻种植。加强水利基础设施建设,有条件的地区实施东水西调工程。工农业生产和城市建设都要量水而行,大力推广节水工艺和生活节水器具,推进节水型经济与节水型社会的建设。

(3)加强生态修复与建设

加强森林生态系统建设,充分发挥涵养水源、保持水土、减缓风速和减少水土流失的作用。平原西部加强农田防护林建设与修复,以减轻风沙侵蚀。针对气候变暖加快土壤有机质分解和肥力下降,实施沃土工程和推广适合国情的保护性耕作技术,遏制黑土地退化。西部的退化和盐渍化草场要以草灌、围封和保护为主,宜林则林,宜草则草,促进草原生态恢复。湿地周围严禁抽取地下水和扩种水稻,通过东水西调工程恢复部分湿地。

(王晓煜)

152. 黄土高原适应对策要点是什么?

黄土高原是中华文明的最早发源地,面积 64 万 km^2,是重要的能源、化工基地和最大的苹果产区。中南部为半湿润暖温带大陆性季风气候,北部为半干旱中温带大陆性季风气候。黄土高原是世界上水土流失最严重的地区,北部还兼有风蚀,使黄

土高原从历史上比较平坦和植被茂密变成如今的千沟万壑,植被稀疏,成为中国贫困人口最集中的地区。黄河泥沙含量堪称世界之最,在中下游河床淤积形成"悬河",旱涝灾害频发。近几十年来黄土高原地区气温明显升高,降水减少,呈暖干化趋势。虽经治理,水土流失总体减轻,但由于小雨次数减少,强降水事件增加,部分地区水土流失仍很严重。干旱仍是农业生产最大制约因素。

黄土高原地区适应气候变化应做好以下工作:

(1)坚持不懈做好水土保持,促进生态恢复

以小流域为单元综合治理,治坡与治沟,生物措施与工程措施相结合。在河谷与旱塬建设高产稳产旱涝保收基本农田,缓坡建设水平梯田,沟谷修建淤地坝建成阶地。继续做好陡坡退耕还林,严禁垦荒,改变粗放的耕作方式。林地实行轮封轮牧。基本丧失生存条件的严重水土流失区实施生态移民。

(2)趋利避害,调整农业结构,发展特色农业

充分利用气候变暖的有利因素,冬小麦和玉米种植北界适度北扩。春播作物根据热量条件改用生育期更长的品种并适当提早播种,冬小麦适当推迟播种以避免冬前过旺。南部水源较好地区可实行小麦收获后复种。在保证基本口粮供应的基础上,适当调减粮食作物播种面积,大力发展苹果、大枣和梨等干鲜水果,建成我国温带果品的最大基地。北部和西部农田扩大马铃薯种植,干旱少雨的山塬区广种牧草,建成以舍饲为主的草地畜牧业基地。充分利用本地区能源优势,农作物秸秆不再用作农村燃料,或还田以增加土壤有机质和抑制水土流失,或用作草食动物的饲料发展畜牧业。

(3)发展集雨补灌旱作农业

黄土高适宜发展灌溉农业的面积十分有限,但完全依靠雨养产量很不稳定。利用屋顶、道路或在坡脚人工修建集雨面收集雨水,贮存于水窖,发展庭院蔬菜、瓜果种植,或用于基本农田抗旱播种及关键期补充灌溉,配合其他旱作节水栽培技术的应用,可大幅度提高产量,同时也改善了生活质量。

基本农田粮食作物生产推广沟植垄盖,可将微量降水沿垄上覆盖地膜流入沟中,变无效降水为有效降水,增产效果显著。

由于降水持续减少,高产旱作农田与果园的深层土壤出现干层并不断加厚,不利于可持续发展。为此,发展旱地农业要量水而行,不宜片面追求绝对高产,以追求不出现干层的较高产量为最佳决策。

153.北方农牧交错带适应对策要点是什么?

北方农牧交错带指我国东部农耕区与西北部草原牧区之间的半干旱生态过渡带,兼有种植业与草地畜牧业,是农业生产的边际地带和生态脆弱带,也是东北平原与华北平原重要的生态屏障。农牧交错带的东部与东北地区的西部有所重叠。南

部与黄土高原的北部重叠。

历史上本地区以放牧为主,随着内地人口增加,清廷被迫开放蒙荒与关东,大量内地农民"走西口、下关东",使蒙古草原的东南部边缘部分形成农牧交错带,牧区向更北的草原退缩。大面积草原开垦为农田后,由于失去草被覆盖,冬春土壤裸露,风蚀沙化日益严重,土地生产力明显下降,草原也因日益超载而不断退化。气候暖干化则进一步加剧了农牧交错带的生态恶化。

北方农牧交错带为半干旱中温带大陆性季风气候。根据本地区33个气象站1960—2010年资料,多年平均气温上升2℃左右,年降水量减少约40mm,呈持续暖干化趋势。以冬季增温和夏季降水减少最为明显。气候变化对农牧交错带的农牧业和生态环境产生了深刻影响,农牧交错带有整体向东南移动的趋势,草地发生旱生化演替,生物多样性下降。为此,农牧业生产和生态治理应采取以下适应对策:

(1)调整产业结构,建立农业与牧业、农区与牧区协调的可持续发展模式

目前北方农牧交错带已基本变为纯农区是违背生态规律的,应还其农牧过渡交错的本来面目。改变广种薄收粗放经营方式,在水土条件较好地段建设高产基本农田,低产农田退耕还草。提倡农区与牧区联合实行易地育肥,实现农区与牧区畜牧业资源的优化配置与高效利用。随着区域经济发展和农村劳动力向城镇的转移,在基本农田逐步实行适度规模集约经营,并逐步推行草田轮作和围栏轮牧,建立农牧有机结合的可持续发展模式。

(2)调整种植结构,构建抗旱防沙农业技术体系

随着气候变暖和适当扩大玉米和马铃薯的种植,适应市场需求,早熟玉米品种不能成熟的地区可适当种植青饲玉米。推广集雨补灌、带水播种、带状留茬间作、生物篱、施用土壤改良剂扩蓄增容、化学抗旱等抗旱防沙技术。

(3)加强生态治理,促进植被恢复

继续实行退化农田与草地退耕退牧还草,对严重退化草地围栏封育,初步恢复后,在保持草畜平衡的前提下实行季节性适度放牧利用。乔灌草结合,以灌草为主,促进植被恢复。退耕还草应以耐旱耐瘠牧草或灌木为先锋植物,不可片面追求表面形象,盲目强行种植速生耗水树种。根据不同地形的草地类型,尽可能划分出冬季和夏季草场,以便合理利用。

154.西北干旱区适应对策要点是什么?

西北干旱区包括新疆、内蒙古西部、宁夏绝大部分及甘肃的河西走廊。大部地区为干旱温带大陆性气候,以灌溉农业为主,少数为旱作农业,一年一熟,牧业占较大比重。新疆南部为干旱暖温带大陆性气候,农业集中于有灌溉的绿洲,可一年两熟,牧业占一定比重。

西北干旱区的太阳辐射强烈,昼夜温差大,风能资源丰富,但降水稀少,水资源不足。广布沙漠与戈壁,风蚀沙化严重。近几十年来气候明显变暖,大部地区降水增加,融雪性洪水频发,水资源状况有所改善,但不稳定性增加。沙尘暴次数减少,但由于不合理的人类活动,局部地区的沙漠化仍然严重。

西北干旱区适应气候变化的主要对策有:

(1)建设水利枢纽工程,实现地表水—地下水联合调度,建设节水型社会

充分利用西北干旱区降水增加和冰雪消融加快的机遇,建立冰雪消融监测系统,预估未来水资源变化趋势。针对原有平原水库大多老化淤塞,新建一批山区水库和水利枢纽工程,除险加固现有水库和水利工程。适度利用浅层地下水补充灌溉,实施地表水—地下水联合开发,缓解春季作物灌溉和城市工业与生活的缺水。所有河流实行按流域统一管理与优化配置水资源,增强水资源联合调度和防洪抗旱能力,减轻干旱和洪涝灾害损失。在有条件的地区实施跨流域调水工程。推广膜下滴灌等高效节水灌溉与节水农艺,绿洲扩大垦荒要在节水的基础上量水而行。工业实行循环用水,提倡生活节水,建成节水型社会。

(2)发挥气候资源优势,调整种植结构,发展特色农业

西北干旱区光照充足,昼夜温差大,有利于优质瓜果、夏淡季蔬菜和棉花种植。要调整种植结构,在确保粮食安全的基础上大力发展特色农业及其加工业。随着气候变暖和降水增加,可适度扩大灌溉面积和使用生育期更长的品种。

(3)加强防沙治沙,促进生态恢复

在风蚀沙化严重地区实行退耕还林还草和退化草地的禁牧封育,严禁超采地下水,促进植被恢复。在绿洲外围营造植被保护带,综合治理沙荒地和盐碱地。加强对干旱区生物多样性的保护,适当扩大各类自然保护区的范围。重要交通要道两旁和工程项目周围使用草方格和种植沙生植物以固定流动沙丘。

(4)抓住丝绸之路经济带的发展机遇

气候变暖有利于我国西北和中亚地区增加出行与活跃经济,要抓住丝绸之路经济带开拓的历史机遇,加强对西开放,积极开展与周边国家的交流与合作,实现西北地区的跨越式发展。

155.长江中下游适应对策要点是什么?

长江中下游地区指秦岭、淮河以南,南岭以北,三峡以东的长江中下游平原及江南丘陵与闽浙丘陵,本区地势低平,江河纵横,湖泊星罗棋布,俗称鱼米之乡。长江中下游平原是我国水稻的最大产区,作物一年两熟,以小麦或油菜复种水稻为主,江南以双季稻为主。本区是中国经济的发达地区,长三角城市群是整个长江经济带的龙头。

长江中下游属北亚热带或中亚热带季风气候,四季分明。近几十年来气候变暖,但升温幅度小于全国平均。全年降水增加,但旱季降水有减少趋势,洪涝灾害与季节性干旱都在加重,长江及各大支流沿岸的城市都是有名的火炉,夏季高温酷暑难熬。长江中游热浪与洪涝重于下游,但长江下游台风危害和水体富营养化问题更为突出,有时甚至威胁到饮用水安全,空气污染也有加重趋势。

本区适应气候变化的主要对策有:

(1)调整城市发展规划与产业布局,改善城市环境

将适应气候变化纳入城市发展规划,合理布局城市群,适当增加城市绿地与水体面积,增强建筑物隔热、遮阴和通风功能,以缓解热岛效应。调整能源结构与产业布局,严格控制污染物排放及农业面源污染,生物技术与工程技术相结合,综合治理城市水污染和大气污染,防止水质性缺水。

(2)提升应对气象灾害特别是台风与洪涝的能力

加强气象灾害对经济社会发展和城市安全影响的评估与预警,编制主要气象灾害的应急预案,建立多部门跨省市联动机制,增强台风、高温热浪、局地强对流天气、低温冰雪等灾害性、关键性、转折性重大天气、气候及所引发地质灾害的预报预警能力,重点加强对城市生命线系统、交通运输和重要设施的安全保障。

(3)调整农业布局和种植结构,选育适应良种,推广适应技术

发挥气候资源优势,随着气候变暖适度提高复种指数和利用冬季种植快熟蔬菜或绿肥。调整和改进排灌系统,提高应对春夏洪涝和夏秋伏旱的能力。适当提前早稻播种,推迟中稻插秧,蔬菜推广遮阳网以减轻热害。针对气候变化导致病虫害发生规律的变化调整防治策略,尤其要加强台风活动导致稻飞虱与稻纵卷叶螟等两迁害虫大发生的测报与防治。运用现代信息技术对江南丘陵山区进行农业气候资源的精细区划,利用冷空气难进易出的有利地形扩大种植脐橙等优质水果和冬季喜温蔬菜的种植。

(4)加强湿地保护及山区水土保持

由于长期过度的围湖造田,长江中游平原的湿地大面积萎缩,导致水体调蓄功能和生物多样性严重下降。"退田还湖"是恢复湿地生态服务功能价值的主要手段,要加强山区水土保持和通江湖泊治理,加大平垸行洪工程力度,提高防灾减灾能力,促进湖区经济社会可持续发展。

(5)建立完善健康保障体系,防控血吸虫病蔓延北扩

本区冬季湿冷,盛夏闷热,人体舒适感较差。长江中游是我国血吸虫病的主要疫区。气候变暖导致血吸虫病有向北发展的趋势。要健全城乡卫生监测与疾病防控体系,完善居民健康保障体系,加强血吸虫病监测防控体系建设。加强夏季高温时期的劳动保护和敏感脆弱人群的健康保护。

(高继卿)

156.西南地区适应对策要点是什么？

西南地区包括四川、重庆、云南和贵州,人口约2亿,是我国的战略后方工业基地和面向东南亚与南亚的开放前沿。地形复杂,兼有高山、高原、盆地与河谷平原,气候呈立体分布,是我国生物多样性最丰富和地质灾害最严重的地区。东南部为石灰岩地貌,水土流失严重地区石漠化加剧,贫困人口集中。近几十年气候变暖,但四川盆地局部地区不明显,总降水量变化不大,但云贵与川西冬春干旱及重庆与川东的伏旱加重,由于地势高差大,同等降水量的洪涝灾害要比东部地区重。旱涝急转导致水土流失加重。气候变化还严重威胁生物多样性。

西南地区适应气候变化的主要对策有:

(1)加强山地灾害监测、预警防范

构建包括气象、国土、水利、民政等部门的综合监测网,实现信息共享,建立应急联动机制和高效及时的预警系统,并确保能够及时传达到所有农户。山地灾害与洪灾多发区的村镇都应设避险场所。

根据地质环境、易发区脆弱性、山地灾害发育和危害程度和经济活动布局等进行灾害风险区划,分为重点防治区、次重点防治区和一般防治区。工程措施与生物措施相结合。危害严重地段不宜作为居民点或安排重大基本建设项目,必须安排的要实施工程治理。

(2)综合治理岩溶地区的石漠化

科学规划,坚决制止滥垦、滥伐、滥挖等掠夺性开发行为。已经石漠化和不适宜耕种的土地要退耕还林还草。工程措施与生物措施相结合。开展小型水利工程建设,首先解决人畜饮水困难,农田推广集雨补灌。植树造林和营造生物篱以控制水土流失。根据降水与径流的改变调整水利工程的布局,选用适应气候变化和地形、土壤条件的树种、草种。多渠道拓宽生计,加快脱贫步伐。基本失去生存条件的要组织生态移民,妥善安置。

(3)提高区域粮食自给水平,发展特色立体农业

西南地区冬春干旱频发日益加重,田高水低提水困难,多年来水利建设欠账较多,应以集雨、拦蓄、提水与灌溉等小型工程为主,大力开展坡改梯和中低产田改造等农田基本建设,普及节水灌溉、集雨补灌和旱作节水农艺技术,研发适于旱作坡地的小型农机具,提高粮食自给水平。充分利用生物多样性与气候资源丰富多样的优势,应用现代信息技术进行精细农业气候区划,因地制宜发展高效特色立体农业,使西南地区成为中国最重要的经济作物优势产区,包括中药材、淡季蔬菜、热带与亚热带经济林木和水果、花卉、优质烟草等。引进和培育产量潜力高、品质优良、综合抗性突出和适应性广的作物品种,特别要重视抗旱、抗高温、抗阴雨、抗倒伏和抗病育种。构建不同类型地区农业适应气候变化的技术体系。

(4)保护生物多样性与民族文化,发展生态旅游和民俗旅游

针对气候变化对生物多样性与民族文化多样性的影响,加强自然保护区管理和对珍稀濒危动植物的保护,建立生态廊道、种子库和基因库,在保护区周围建立缓冲区,严格限制有可能干扰野生动植物的人类活动。对环境恶化的自然保护区进行综合治理或实行迁移保护。气候变化与社会经济发展都会加快人口与产业的迁移,要加强气候敏感和生态脆弱地区少数民族文化与特色景观的保护,适度发展生态旅游和民俗旅游。

157. 华南地区适应对策要点是什么?

华南地区包括广东、广西、海南、香港、澳门,地理上广义的华南还包括台湾、福建和云南三省的南部。大部地区属南亚热带季风气候,湛江以南的雷州半岛和海南岛、台湾南端、云南南部和南海诸岛属热带季风气候。冬暖夏热,虽有雨季和旱季之分,但全年雨量充沛。本区得改革开放先机,是我国经济发达地区,以外向型加工业为主。本区是我国热带亚热带经济作物和冬季蔬菜的主要产区,水产养殖业也很发达。近几十年气温升高,降水虽然增加不多,但更加集中,春末夏初的雨季经常发生洪涝,冬季枯水季节珠江的咸潮上溯威胁珠三角城市群的饮水安全。台风登陆次数虽然没有增加,但强度与危害增大,路径复杂化。海平面上升使风暴潮加重,威胁海岸带设施与沿海居民生命财产的安全。热量增加有利于热带、亚热带经济作物北扩,但气候波动加剧也使得农业生产的风险增大,2008年初的低温冰雪灾害和20世纪90年代的几次寒害都造成了巨大的经济损失。

华南地区适应气候变化的主要对策是:

(1)提升综合防御台风及其次生灾害的能力

加强台风监测预报,提高预警能力,编制风险区划和防台预案,健全应急机制,修建避险或临时转移安置场所。提高公众防台减灾意识和自救互救能力。特别要注意加强台风引发山区地质灾害的预警和防范。

(2)发挥气候资源优势,大力发展热带亚热带特色农业和冬季农业

华南全年热量丰富,水稻可种植两到三季,蔬菜可种植十几茬,尤其冬暖优势突出。可适当调减粮食作物播种面积,扩大瓜果、甘蔗、橡胶、香料等热带亚热带经济作物种植面积。冬季是华南蔬菜生产的黄金季节,可利用冬季变暖扩大蔬菜种植面积销往北方。海南还是农作物育种的南繁基地。针对气候波动加剧,要吸取20世纪90年代和2008年寒害的教训,防止热带、亚热带作物的盲目北扩。纬度与海拔较高地区要在农业气候资源精细区划的基础上,利用冷空气难进易出有利地形种植不耐寒经济作物,并采取应急保护措施。

(3)提高珠三角和沿海地区应对海平面上升与极端天气气候事件的能力

珠三角与沿海地区在高速工业化和城市化的过程中,环境污染、生态恶化与气

象灾害也日益突出。要通过在珠江上游修建水库在雨季蓄水,枯水季节放水以淡压咸,保障城市居民的饮水安全。根据海平面上升程度适当加高加固海堤,加强风暴潮监测预警,建立风险防范与应急救援机制。充分利用有利水热条件,增加城市绿地与水体面积以缓解城市热岛效应。综合治理污染源,坚持达标排放,防止河流与近海水质的恶化。

(4)加强媒传疾病与人畜共患病的防控

随着气候变暖和国际交往与贸易的规模扩大,一些过去只在热带发生的登革热等媒传疾病目前在广州等南亚热带地区频繁发生,外来有害生物入侵形势严峻。华南一些地方有捕食野生动物的陋习,容易导致人畜共患病的蔓延。要加强媒传疾病与外来有害生物的监测与防控体系,做到早发现、早隔离、早处理。要宣传普及保护野生动植物与生物多样性的知识,杜绝捕猎野生动物的不文明行为,树立与大自然和谐相处的理念。

(5)加强南海岛礁保护和建设

海平面上升、台风等海洋灾害加重与海水酸化对南海航运、岛礁与海洋生态系统的安全造成威胁。需要加强对海洋灾害与生态系统的监测,利用填海造陆建成气象、海洋、生态等与气候变化影响相关的监测系统,为海上航运和航空提供安全保障的气象服务。根据海平面上升、台风强度和风暴潮动态确定岛礁设施的建设与防护标准。对靠近岛礁周围的生态系统采取保护措施,禁止滥捕滥采。

158. 青藏高原适应对策要点是什么?

青藏高原包括西藏、青海、甘肃东南部、四川西部、云南西北部和新疆南部,面积约 250 万 km^2,平均海拔 4500m 以上,是世界面积最大海拔最高的高原,是我国藏族同胞的聚居区,具有重要的战略地位。气候寒冷,长冬无夏,一半以上地区年平均气温在 0℃ 以下,降水量自东南向西北减少,植被以高寒草甸和草原为主。青藏高原是中国和南亚、东南亚最重要的河源区,高原生态对于中国和南亚、东南亚的经济发展和生态安全具有重要意义。

青藏高原是对全球气候变化最为敏感的区域之一,近几十年变暖幅度明显大于全球平均,有利于河谷农业的开发,改善了出行条件,但土壤沙化加剧,草地生产力下降,生物多样性减少,冰川持续退缩,冻土加速融化,威胁建筑物和工程基础的安全和铁路、公路的运行。

青藏高原适应气候变化的主要对策是:

(1)加强高寒草地保护与修复

以草定畜控制牲畜总量,实行划区轮牧和季节性休牧。在条件好地区发展人工草地并进行配套建设。退化草地实行退牧还草、围栏封育以恢复生态。大力推广生态畜牧业与"农繁牧育"的农牧耦合方式。

(2)加强水资源管理,预防冰川融化次生衍生灾害

冰川退缩和冻土融化直接影响水资源状况和当地生态环境。应以流域为单元实行水资源统一管理,逐步加大配套水利设施建设。加强冰川冻土监测并调查其次生和衍生灾害,编制风险区划,重点监测冰湖堤坝稳定性、冰雪融化速度与趋势,对于高危冰湖及时采取工程措施重点治理。坚持重大工程的气候可行性论证程序,科学规划高原特殊地理环境条件下的重大工程建设。

(3)利用特殊气候资源优势开发河谷农业

充分利用气候变暖和低纬度高原冬温夏凉、光合作用没有"午睡"现象的气候优势开发河谷农业。在保持水土与生物多样性的前提下,适度开垦河谷荒滩,推广高光效与节水的作物和品种,提高粮食和主要农产品的自给水平。发挥高原光照充足和昼夜温差大的优势,扩大保护地生产,推广转光薄膜以充分利用高原紫外辐射,争取在未来使青藏高原地区成为中国邻近地区与邻国的重要淡季蔬菜与花卉生产基地。

(4)加强三江源生态保护

三江源是我国最重要和影响范围最大的生态功能区。依据《青海三江源自然保护区生态保护和建设总体规划》,考虑气候变化的影响,对三江源重点核心区域和生态脆弱区实施退牧还草、退耕还林、退化草场治理、森林草原防火、草地鼠害治理、水土保持等生态环境保护建设,尽快实现和恢复三江源生态功能、促进人与自然和谐可持续发展,使农牧民生活达到小康水平。

159.怎样抓住"一带一路"战略实施的机遇促进区域经济发展?

"一带一路"是丝绸之路经济带和21世纪海上丝绸之路的简称。其中,丝绸之路经济带重点畅通中国经中亚、俄罗斯至欧洲,经中亚、西亚至波斯湾、地中海,中国至东南亚、南亚、印度洋等线路。21世纪海上丝绸之路重点方向是从中国沿海港口过南海到印度洋并延伸至欧洲与过南海到南太平洋等航线。"一带一路"战略贯穿亚欧非大陆,一头是活跃的东亚经济圈,一头是发达的欧洲经济圈,中间广大腹地国家的经济发展潜力巨大。虽然"一带一路"借用古代丝绸之路的历史符号,但与历史上中亚等丝绸之路沿途地带只是作为东西方贸易和文化交流的过道不同,而是要发展与沿线国家的经济合作伙伴关系,共同打造政治互信、经济融合、文化包容的利益共同体、命运共同体和责任共同体,推动建立持久和平、普遍安全、共同繁荣的和谐世界。

"一带一路"对中国经济的发展也是极大的机遇。中国目前拥有巨量的资本与过剩的产能,也就具备了大规模进行基础设施建设的技术能力。为了避免中等发展陷阱,也必须开拓海外空间。这一战略涉及我国沿海、沿边的十多个省、市、自治区,并以内地的省市为起点或支撑,形成全方位对外开放的格局,势必全面带动我国尤

其是西部沿边和东部沿海地区的经济发展。

古代丝绸之路在气候温暖湿润的汉唐时期十分繁荣,随着中世纪中亚气候干冷化而逐渐衰落。海上丝绸之路在宋元时期贸易发达,郑和下西洋达到顶峰,随着明朝后期气候恶化和闭关自守而逐渐冷落,被西方的炮舰霸权与殖民主义所取代。虽然现代社会具有高度发达的生产力,气候变化仍然对"一带一路"战略的实施产生重要的影响。

陆上丝绸之路经济带位于中高纬度,变暖更为突出,中亚和东欧的降水也在增加,气候变化总体有利于区域资源开发与经济发展,并起到衔接欧亚大陆东西两端两大经济圈的作用,给我国西部向西开放与北部向北开放提供了重要机遇。

我国东南沿海在对外开放初期以来料加工劳动密集型产品出口为主,这种经济发展模式已走到尽头。必须通过海上丝绸之路的开拓,利用我国与海上丝绸之路周边国家的经济互补性,寻求和共享新的发展空间。但这些国家都处于中低纬度沿海,气候变化导致海平面上升与海洋灾害加剧,国家减排行动又加大了中东石油输出国的经济困难。

目前,"一带一路"战略还处于顶层设计与酝酿之中,中央为此成立了领导小组,亚洲基础设施投资银行宣告成立,各项准备工作陆续展开。除政策、法律、人力、财力、物资、技术等多个方面的准备外,如何适应气候变化,更加有序和高效地实施这一战略的研究也应提上日程。具体研究项目如下:

(1)适应气候变化与实施陆上丝绸之路经济带战略

①气候变化对陆上丝绸之路沿线国家资源开发与经济发展的影响;

②气候变化对我国西部和北方省区资源、生态与经济发展的影响;

③气候变化前景下"一带一路"国家经济互补性和贸易前景与对策;

④气候变化对沿线交通运输基础设施建设的影响与适应对策。

(2)适应气候变化与实施21世纪海上丝绸之路战略

①气候变化与海平面上升对东南亚、南亚、中东、东非与南太平洋国家资源格局和经济发展的影响;

②气候变化对我国东南沿海和西南沿边地区资源、生态与经济的影响;

③气候变化背景下,海上丝绸之路周边国家与我国经济互补性和贸易前景及对策;

④国际减排对石油输出国经济的影响及转轨发展途径研究;

⑤海上丝绸之路应对极端天气气候事件与海洋灾害的国际保障系统建设。

八、气候变化对农业的影响
与适应对策

160.气候变化对我国农业有什么影响?

现代农业系统由农业生物、农业自然资源与农业生态环境、农业设施与工程、农业服务业及涉农二、三产业等构成。现代大农业已发展成为横跨一二三产业,运用先进技术、装备与管理,兼具生产、生态与社会服务功能,高度发达的新型综合性产业。尽管如此,农业仍然是对气候变化最为敏感的产业部门,这是由于农业生产以对气候十分敏感的生物为生产对象,而且主要在露天下进行,暴露度大。气候变化已经对农业系统的各个方面产生深刻的影响。

从对农业生物的影响看,有利有弊。二氧化碳浓度的增高可促进植物光合速率并提高作物的水分利用效率,热量增加有利于提高复种指数和改用生育期更长的品种,作物可种植界限北移,从而增大了作物的生产潜力;冬季变暖可减轻作物的越冬冻害,缓解动物的冷应激,降低牲畜越冬死亡率和掉膘率。但气候变暖也提高了有害生物的越冬基数,使植物病虫害和动物疫病的发生提前,危害期延长,发生范围北扩,损失加大;极端天气气候事件增多,北方大部地区的干旱、南方大部地区的洪涝与季节性干旱加重;虽然低温灾害总体上有所减轻,但霜冻灾害反而加重,过去危害不大的作物高温热害与动物的热应激现在频繁发生。

从对农业自然资源与生态环境的影响看,虽然气候变化导致热量资源和二氧化碳浓度增加,但由于北方大部降水减少和耗水量增加导致水资源日益紧缺,极大限制了上述有利因素的利用;气候明显暖干化地区的草原退化;气温升高加速了土壤有机质分解,尤以东北黑土地的退化明显;水温升高加速微生物繁衍,促进水体富营养化,水体溶解氧减少,使泛塘死鱼的风险增加;海平面上升对沿海地区种植业和养殖业都构成极大威胁;极端降水与旱涝急转事件加大了山区水土流失;气候的急剧变化不但导致野生生物多样性减少,同时也加快了农业生物多样性的流失和外来有害生物的入侵。

从对农事作业和工程设施的影响看,气候变暖使农耕期延长,耕作、播种、移栽、收获等农事时间改变;气温升高使化肥加速分解,利用率降低,挥发和渗漏损失增加,并使农药毒性增大,挥发和分解加快;高寒地区冻土层变浅,有利于减轻翻浆对农事作业和运输的影响;气候变暖使农田基本建设和水利工程的施工期得以延长,但极端天气不利于各种田间作业,且容易损害各种农业设施。

从对农业生产布局、市场需求和贸易的影响看,气候变暖对高寒地区的农业生产有利因素较多,而对低纬度和沿海地区农业生产的威胁较大。气候继续变暖必然会影响区域和全球的农业生产布局与结构,一些热带地区和降水量明显减少的地区农业生产将更加困难,过去高寒地区的一些不毛之地有可能成为新的农产品生产基地。农产品优势产区的转移会影响到国内和国际农产品贸易格局。气温升高还会影响到人们的食欲、饮食习惯和对纺织品消费需求的改变,对高脂肪和高热量摄入的需求降低,但二氧化碳浓度增高导致许多农产品的蛋白质含量降低,又不得不通过增加摄入量来弥补。

总之,气候变化对农业系统的影响十分复杂,许多问题有待深入研究。总体上看,对低纬度和降水量减少地区的农业不利因素较多,对高纬度地区农业的有利因素较多;近期的影响有利有弊,远期的影响有可能弊大于利;未采取适应对策或气候变化的速率过快,有可能弊大于利;气候变化的速率控制在一定范围内并采取适当的适应对策后,也有可能争取到大部分地区的利大于弊。

161. 气候变化对我国的农业气候资源有什么影响?

农业气候资源(agroclimatic resources)是指对农业生产有利的气候条件组合与大气中可被农业利用的物质与能量,是农业自然资源的重要组成部分。由于农业气候资源具有空间分布的不均衡性,导致大范围内光热水资源存在不同程度的区域差异性,根据杨晓光等(2014)的研究,气候变化导致农业气候资源时空分布格局的改变,对不同地区和不同季节的农业生产产生了复杂的影响。

(1)热量资源的变化

1961—2007 年,我国年平均气温、≥0 ℃积温总体上均呈增加趋势。以东北增幅最大,依次为西北、华北、长江中下游、华南和西南,但≥10 ℃积温增幅最大是华南,依次为长江中下游、华北、东北、西北和西南。

(2)光照资源的变化

1961—2007 年,全国年日照时数、喜凉作物和喜温作物生长期内日照时数总体均呈减少趋势。年日照时数以华北减幅最大,依次为长江中下游、华南、东北、西南和西北。喜凉作物生长期日照时数华北减少,西北增加。喜温作物生长期日照时数除西北和东北增加外,其余区域均减少,华南减幅最大,其次为长江中下游、华北和西南。年日照时数的减幅大于喜温作物生长期日照时数,更大于喜凉作物生长期日照时数。喜凉作物生长期日照时数减幅以华北最大,喜温作物生长期日照时数减幅则以华南最大,但二者在西北地区均呈增加趋势。

（3）水分资源的变化

1961—2007年年降水量、喜凉和喜温作物生长期内降水量总体均呈减少趋势，但减幅较小。年降水量增加的有华南、长江中下游和西北，其余地区减少，减幅最大是华北，其次为东北和西南。华北喜凉作物生长期降水量减幅度达每十年18.2 mm。喜温作物生长期降水量增加区域有华南、长江中下游和西北西部地区，华北、东北、西南和西北东部呈减少趋势。喜凉作物生长期降水量减幅大于喜温作物生长期和全年，尤以华北的减幅最大，华南、长江中下游和西北西部年降水量和喜温作物生长期降水量均呈增加趋势。

1961—2007年参考作物的年蒸散量、喜凉和喜温作物生长期蒸散量全国总体均为减少趋势。年蒸散量以华北减幅最大，依次为长江中下游、西北、西南、华南和东北。但由于生长期延长，东北、华南、西南和西北地区喜温作物生长期参考作物的蒸散量却呈增加趋势，增幅最大为东北。

（4）总体评价

气候变化表现为暖干趋势的地区有西南、华北和东北，西北、长江中下游和华南表现为暖湿趋势。喜凉作物生长期内华北为暖干趋势，西北总体呈暖湿趋势。喜温作物生长期内与全年趋势相同。

气候变化对我国东北、西北和青藏高原农业的影响总体上利大于弊，对黄淮海地区和南方农业的影响有利有弊，未来不利影响还会增大。

（5）未来趋势

根据赵俊芳（2010）等的研究，A2和B2[①]情景下与基准状态（1961—1990年）相比，预估2011—2050年我国大部分地区平均无霜期日数明显延长，热量资源显著增加。农耕期即日均气温稳定通过0℃的持续日数不同程度地延长。全国大部分地区降水量与基准状态相比将增加，大多数地区的增加小于100 mm。农耕期间太阳总辐射量和潜在蒸散量有所增加。

162.气候变化对我国的粮食安全有什么影响？

粮食安全是指能确保所有的人在任何时候既买得到又买得起他们所需的基本食品。粮食安全是人类生存发展的首要问题，与社会和谐、政治稳定、经济持续发展息息相关。目前全球仍有10亿人口忍受饥饿，绝大多数位于撒哈拉以南和南亚的发展中国家。中国虽然以占世界9%的耕地和人均不足世界1/4的水资源养活占世界

---

① 政府间气候变化专门委员会（IPCC）为科学预估未来的气候变化及其影响，基于全球温室气体排放的不同情景构建了未来气候情景的不同模式。其中第四次评估报告采用的SRES排放情景包括A1、A2、B1、B2四个情景族，A1情景强调不同能源类型与平衡的作用，A2情景强调区域性经济、社会发展；B1情景强调全球趋同的经济、社会与环境可持续发展，B2情景强调区域性经济、社会与环境可持续发展。不同情境下得出的全球和区域增温幅度有很大差别。

19％的人口并逐步实现小康,但粮食增产仍赶不上消费增长,粮食供销处于紧平衡,农产品进口逐年增加。除土地资源和水资源约束外,气候变化也带来了新的不确定因素。作为一个人口大国,中国如出现粮食危机,会引发世界粮价上涨和粮食短缺,因此,必须确保较高的粮食产能、自给能力和储备水平。

气候变化对粮食安全的影响包括对产量及其稳定性、品质、分布与贸易格局、生态脆弱贫困地区的民生等方面。

气候变化对粮食作物生产的影响有利有弊。

不利影响:气温升高导致喜温作物发育加快,生育期缩短;作为我国粮食主产区的东北与华北气候明显暖干化,降水量持续减少,气候变暖却导致生产生活耗水量不断增加,日益挤占农业用水;极端天气气候事件加大了粮食生产的不稳定性,尤其是北方大部地区的干旱、南方洪涝与季节性干旱及高温热害加重;气候变暖使有害生物的越冬基数增大,病虫害发生提前,范围扩大,危害期延长;气温日较差缩小和太阳辐射减弱不利于光合积累;气温升高将加速土壤有机质分解和土地退化;二氧化碳浓度增高会加大 C_3 类杂草的竞争力。

有利因素:热量增加有利于提高复种指数,改用生育期更长和增产潜力更大的品种,有利于高寒地区粮食作物的扩种;气候变暖使冻害和冷害等低温灾害减轻;二氧化碳浓度增高具有施肥效应,可促进光合作用,并可提高作物的水分利用效率;太阳辐射与风速减弱抑制了植被蒸腾和土壤蒸发,可减轻干旱胁迫。

对粮食作物产量的实际影响将取决于上述因素的综合效应和是否采取合理的适应措施。气候变化影响在区域之间差异明显,对于高纬度地区的粮食生产有利因素较多,低纬度地区则不利因素更多。采取适应措施将能更加充分地利用高纬度地区的有利因素和减轻低纬度地区的不利因素。

研究表明,如现有种植制度、作物品种布局和栽培管理不变,气候变暖对我国主要粮食作物生产力的影响以负面为主。全球气温升高 2.5℃时,中国的小麦、玉米、水稻等三种主要粮食作物的单产水平都将下降。加上农业用水量的减少和城市化导致耕地面积下降,未来中近期,粮食供给总量最大可下降20％。

农业生产的气候条件有利还是不利是相对的,原因在于农业系统和农业生物都存在多样性。如谷子和甘薯等作物相对耐旱,水稻、油菜等相对耐湿;小麦、油菜等作物相对喜凉,棉花、甘蔗等作物相对耐热。气候变化使得原有的农业结构不适应,通过调整种植结构、作物布局、品种类型和栽培管理等趋利避害措施,就有可能使农业系统能够适应新的区域气候环境。在此基础上,再采取增加粮食储备,改进粮食管理与调配,沿海地区适度进口和利用国外资源建立粮食生产基地等措施,在气候变化的一定幅度以内是能够确保中国粮食安全的。

(刘志娟、郑大玮)

163. 气候变化对我国的种植制度有什么影响？

种植制度是一个地区或生产单位作物种植结构、配置、熟制与种植方式的总体，其中种植方式又包括轮作、连作、间作、套作、混作、单作和复种等多种形式。由于我国人多地少，为确保农产品的供给，种植制度调整与改革集中体现在提高复种指数和推广多熟制。气候资源是推广多熟种植最重要的条件，全球气候变暖改变了各地的农业气候资源格局，对中国的种植制度带来了深刻的影响。

20世纪60年代以来，气候变暖导致我国≥0℃、≥5℃和≥10℃界限的积温增加，无霜期延长，使我国种植制度发生了深刻变化，一年两熟和三熟种植界限北移，复种指数提高。其中一年两熟可种植北界位移最大区域为陕西省和辽宁省，一年三熟可种植北界位移最大区域在云南、贵州、湖北、安徽、江苏和浙江等省。在不考虑作物品种变化和社会经济等因素的前提下，随着气候变暖，这些区域将由一年一熟改变为一年两熟或由一年两熟改变为一年三熟，主体种植模式单位面积周年产量可不同程度提高。推广双季稻后，虽然一季中稻的产量分别高于早稻和晚稻，但仍明显低于早稻和晚稻产量的总和。华北中北部地区过去以两年三熟制或小麦—玉米套种为主，复种指数约为1.5。随着气候变暖，自20世纪80年代以来逐渐改为小麦—玉米平作一年两熟制为主，产量大幅度提高。

降水的变化也会影响到界限制度界限的移动，未来降水量的增加将使大部分地区雨养冬小麦—夏玉米稳产种植北界向西北方向移动。但内蒙古中东部气候的暖干化将迫使农牧交错带整体向东南方向移动，农区面积进一步缩小。

在热量条件一茬有余，两茬不足，或两茬有余，三茬不足的地区，为充分利用气候变暖增加的热量资源，间作套种有显著的扩展，如华北平原北部和低山丘陵、黄土高原等地，小麦套种玉米比较普遍。川中丘陵在降水减少的气候背景下，"水路不通走旱路"，改传统的冬水田种植一季水稻为小麦、玉米、甘薯三种作物套种，粮食产量显著提高。

气候变化使有害生物入侵的威胁和植物病虫害危害加大，气温升高还加剧了土壤有机质的分解，降低了化肥与农药的效力，加重了农业废弃物污染。在长期单作与连作的情况下，土地退化和生产潜力下降更为明显。为此，需要探索合理的轮作休闲与间作方式，保持农业生态系统的平衡与协调。

（王晓煜、刘志娟）

164. 气候变化对我国的作物和品种布局有什么影响？

气候变化对作物和品种布局的影响主要表现在种植界限、分布区域和品种类型等几个方面。

（1）作物种植界限北移

气候变暖使我国冬小麦种植界限在辽宁、甘肃和宁夏都不同程度北移,在青海省西扩明显。不考虑其他因素影响的前提下,以冬小麦替代春小麦可带来单产与品质的提高。黑龙江省的水稻种植已北扩到 50°N 以北,成为世界上水稻种植纬度最北的产区。热带作物安全种植北界在广西和广东北移明显,种植面积增加,但由于气候波动加剧,北界附近敏感区域的寒害风险明显增大。

（2）作物种植区域分布的改变

气候变暖使东北水稻和玉米种植区域明显北扩,春小麦种植转移到更高纬度与海拔地区。冬小麦在辽宁南部种植面积也有所扩大。西北地区气候变暖和降水增加有利于扩大水稻生产,但水资源紧缺仍是最主要的限制因素。气候变暖使青藏高原作物种植向更高海拔扩展,原来以种植青稞为主,现在大面积扩种了小麦和油菜。西南的高原和山区随着冬季变暖,冬季马铃薯面积显著扩大。气候变暖使黄淮海平原的棉铃虫危害明显加重,加上西部地区热量与水分条件改善,20 世纪 90 年代后期我国棉花主产区转移到新疆,取得了显著的增产效果。

（3）作物品种类型及分布的改变

在复种指数难以提高的地区,对气候变暖所增加热量资源的利用方式主要是改用生育期更长和增产潜力更大的品种,如东北玉米早熟品种安全种植北界由 1961—1980 年的 $49.3\sim50.6°N$ 北移到 1981—2007 年的 $52°N$,中熟品种在黑龙江省南部北移约 $0.8°N$,在吉林省东移约 $1.0°E$;晚熟品种分别北移 $0.5°N$,东移 $1.3°E$。在其他条件满足的情况下,东北地区年平均温度每升高 $1℃$,水稻品种熟型可变化一个熟级。在相同的土壤和气候条件下,生育期延长会相应增加产量,但如使用生育期过长的品种,也会增加低温冷害与干旱的风险。

冬小麦晚熟品种与早熟品种之间全生育期长度的差别很小。由于小麦品种的冬性与丰产性之间存在负相关,随着冬季变暖和冻害减轻,北方小麦生产上普遍改用冬性适度降低的品种,可使穗分化期提前和延长,有利于增加粒数。但在黄淮麦区,由于冬前旺长引发越冬冻害和春季霜冻害成为重要威胁,有些地方反而改用了冬性适当增强的品种。

（高继卿）

165.农业系统适应气候变化的基本对策和技术途径有哪些?

农业是对气候变化最为敏感和受气候影响最大的产业。与其他产业不同,农业适应气候变化存在三种机制:

（1）农业设施的弹性

农业设施是非生命系统,对外界环境干扰具有一定弹性。在不超过阈值的范围内,干扰解除后仍能恢复原状,超过阈值会遭到破坏。

(2)农业生物与复杂设施系统的自适应机制

农业生物能够对环境干扰做出响应,通过自身行为、生理或生化的调整来适应环境的变化。这种能力源自自身固有的遗传特性。农业生物的自适应机制成本最低且较稳定,应充分利用,但任何农业生物的自适应能力同样存在阈值。农业生物的自适应机制又分为基因、个体、群体等不同层次。

复杂设施系统由于人为设计一系列反馈和响应机制,具有类似的自适应机制,但不可能像生物那样具有多种灵活的适应功能,而且需要较高成本。

(3)人类支持适应机制

包括增强农业生物自适应能力和改良农业系统局部生境两类措施。由于当代气候变化经常超出农业生物的自适应能力,人为支持适应机制显得尤其重要,但也需要付出成本并具有一定阈值。

根据上述三种机制,不难引申出农业适应气候变化的基本技术途径(图 8-1):

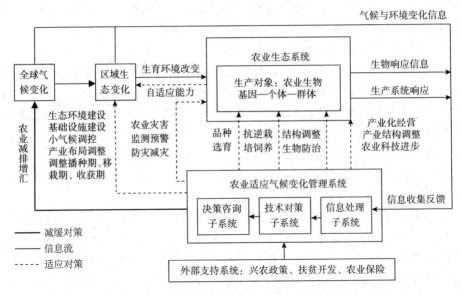

图 8-1　农业系统适应气候变化的技术途径

(1)了解和利用农业生物的自适应能力,适用于气候变化胁迫不大时。

(2)在基因层次上提高自适应能力:选育推广抗逆品种。

(3)在个体层次上提高自适应能力:抗逆与适应性栽培和饲养管理。

(4)在群体水平上提高自适应能力:调整种植结构或饲养结构,进行有害生物的综合防治。

(5)增强整个农业生态系统的自适应能力:产业化经营、产业结构调整、农业科技进步。

(6)降低农业系统对于气象灾害的脆弱性:加强灾害监测、预警,推广防灾减灾措施。

(7)改善农业系统局部生境:农业生态工程、农业基础设施建设、农田与畜舍小气候调控、农业产业布局调整、调整播种期、移栽期或收获期。

(8)外部支持:兴农政策、扶贫措施、农业保险等。

每一条技术途径包括多种具体的适应技术,如作物的适应性栽培就涉及合理的密度与种植方式、适时适量灌溉和追肥、蹲苗锻炼、合理整枝、灾后补救等。农田小气候调控包括薄膜或秸秆覆盖、适时耕作、节水灌溉、遮阳网等。

166.什么是农业适应气候变化的核心?

农业适应气候变化的核心是自适应与人工支持适应两类机制的有机结合。包括以下主要对策:

(1)选用与环境相适应的作物与品种

具有自适应机制是农业不同于其他产业的显著特点。这种自适应机制是由农业生物固有的遗传特性所决定的。如气候变化胁迫没有超出自适应能力就不必投入太多成本。即使超过,也应首先充分利用这种自适应能力以降低适应成本。不同的农业生物在不同发育阶段对环境变化的自适应能力不同,需要有科学的判断才能做出正确决策。例如30℃以上高温对于喜凉作物马铃薯生长发育是灾难性的,处于灌浆期的小麦也会因过快成熟或早衰而减产,但玉米、水稻等喜温作物却是生长发育的适宜温度。对于高粱与甘蔗35℃也不致造成危害。因此,选用与环境相适应的作物和品种是最基本的利用自适应机制措施。

(2)提供和创造诱导自适应机制的条件

有些作物的自适应机制需要在一定环境条件诱导下才能表现出来。如小麦的抗寒品种如在夏季播种,出苗后遇接近0℃的低温就会冻死。但如在冬前较低零上温度下经历充分的抗寒锻炼,在隆冬能够经受零下十几度到零下二十度的低温。要想利用这种抗寒机制,就得提供或创造这样的锻炼条件。早春蔬菜大棚育苗在移栽前揭膜放风也是一种抗寒锻炼。

(3)增强自适应能力的人工措施

在气候变化的条件下,环境胁迫往往超过农业生物的自适应能力,必须施加人工支持适应措施,或增强农业生物的自适应能力,或努力改善局部生境。

如在干旱少雨水的条件下,通过中耕切断部分浅根,促进根系下扎以利用深层土壤水分,并可促进基部节间短粗,增强抗倒能力。越冬作物增施磷肥并用氯化钙拌种,可加大细胞液浓度,提高抗寒能力。

(4)改善局部生境的措施

一种是改良局部区域气候,如利用有利天气进行人工增雨作业,大面积实施水土保持与植树造林等生态建设工程。前者可利用的时机有限,往往越需要雨水的时候,空中水汽不够,难以实现人工增雨;不需要水的时候却水汽充足,无须人工作业也下雨不停。后者虽然有效,但需要较长时间和巨大成本。

另一种是更经常使用的改良农田或畜舍局部生境。其中:

提高温度的措施:农田覆盖薄膜或地膜,设风障,畜舍建背风向阳处、加温;

降低温度的措施:农田灌溉、遮阴、通风,畜舍通风、喷洒;

提高湿度的措施:农田灌溉、覆盖、施保水剂,畜舍喷洒;

降低湿度的措施:农田松土、揭膜,畜舍通风、撒干燥剂;

调节光照的措施:调整植株密度、果树整枝,畜舍补光或遮阴,大棚内设置反光地膜;

应对大风的措施:农田防护林、风障,温室与畜舍加固。

值得注意的是有的措施具有双重效应,如农谚"锄头底下有水有火",松土可促进表层土壤水分散失,形成的表层干土又抑制了深层土壤水分蒸发,是重要的抗旱措施。灌溉在天气炎热时可通过蒸发降低地温,但在早春往往提高地温。怎样合理应用,要看天看地看苗,根据适应气候变化的需要灵活掌握。

无论是增强生物自适应能力还是改善局部生境,都会付出一定的成本。科学鉴定农业生物对于环境气候要素的各种阈值,有助于我们合理运用两种适应机制,以较低的成本获得更好的适应效果。

167. 什么是气候智能型农业,怎样发展气候智能型农业?

针对气候变化对农业的影响日益凸显,联合国粮农组织(FAO)在 2010 年 10 月 28 日提出"气候智能型农业(climate－smart agriculture)"的发展模式,以应对日益变暖的世界并养活日益增加的人口。2011 年召开的第一届全球农业、粮食安全与气候变化大会通过"农业、粮食安全与气候变化行动路线图",指出通过开发新技术,增加资金投入来发展气候智能型农业,从而化解气候变化带来的负面影响和粮食增产之间的巨大矛盾。2013 年召开的第三届大会继续探讨了如何在全球推广。粮农组织给出的气候智能型农业的定义是:能够可持续地提高工作效率,增强适应性,减少温室气体排放,并可以更高目标地实现国家粮食生产和安全的农业生产发展模式。

虽然"气候智能型农业"的概念也涉及减排农业源温室气体,但主要还是从适应的角度提出来的,正像"低碳农业"的概念也涉及适应的内容,但主要还是从减排的角度提出来的。

为实现农业的可持续发展,近几十年来还先后提出过生态农业与智慧农业的概念,前者强调运用生物技术与生态技术,后者强调信息技术的应用。气候智能型农业既包含着生态农业的理念,即通过调整农业生态结构与优化协调功能实现与生态环境协调发展,也包含智慧农业的理念,即充分应用现代信息技术和通过风险管理来实现农业的智能化。可以说,气候智能型农业是生态农业与智慧农业在适应气候变化领域的综合。

发展气候智能型农业,首先要在深入研究农业生物与气象环境相互关系的基础上,弄清农业系统适应气候变化的机制与技术途径,形成一整套应对气候变化基本趋势的适应性技术措施,并构建适应已发生气候变化的分区域、分产业,具有可操作性的技术体系。在此基础上,结合对未来气候变化情景的预估,制定农业市场未来气候变化的中长期规划。

其次,针对气候波动与极端天气气候事件对农业的影响,要应用物联网与可视化信息传输技术进行农情与农业气象要素的远程监控,并与气象部门的常规监测、预报相结合,进行气候变化的农业风险分析评估和风险管理。

第三,要在现有作物栽培、动物饲养和病虫害防治技术的基础上,开发出针对气候波动与极端天气气候事件的应变栽培、饲养和植物保护技术体系。提高工厂化设施农业的自动化与智能化管理水平。

第四,积极探索与开发适合中国国情的农业保险体制,扩大作物天气指数保险的试点。

第五,气候智能型农业也包含检测和减排农业源温室气体的内容。由于农业源温室气体的排放远比工业部门复杂和分散,需要研发智能化和高效率的检测手段,探索高效率的减排技术途径。

168. 怎样利用生物多样性原理促进农业适应气候变化与波动?

自然生态系统随着气候变化会发生生态演替。如内蒙古草原随着气候暖干化,耐旱牧草的种类增加并成为主要的建群种。东北南部的森林随着气候变暖,阔叶树种的比例增大,针叶树种的比例减小。很明显,自然生态系统是利用生物多样性调整系统结构来适应气候的变化,保持生物与环境之间的协调。

农业系统同样可以应用生物多样性原理来适应气候变化,所不同的是,农业生物多样性不是自然产生,而是人为培育和选择的结果。农业生态系统的适应性演替难以自然进行,需要通过人为措施来实现。

农业气候资源不同于其他自然资源的一个显著特点是其相对性。由于生物多样性的存在,对于此种物种或品种有利的气候条件,对于另一种物种或品种却是不利的。如较高的温度对喜温作物有利,对耐寒作物不利;谷子适宜在半干旱气候区种植,水稻适宜在湿润气候下栽培;光照不足会导致棉花大量蕾铃脱落,人为栽培却非搭棚遮阴不可。同一种作物的不同品种也有相当大的差异。如在无霜期短的地区只能种植早熟玉米品种,如种植中熟品种还没有成熟就会遇到秋霜冻;而在无霜期较长的地区如改种早熟品种,会因生育期缩短而减产,种植生育期较长的品种能获得高产。小麦品种的区域性更强,1975年北京市的通州曾有人从河南引种高产品种,尽管是暖冬麦苗仍然全部冻死。

农业气候资源的这种相对性源于农业生物的多样性。只要农业生物的多样性与气候的多样性能够协调一致,就能适应气候的变化。为此,首先要对农业生物多样性资源进行调查和鉴定,明确在什么气候环境下适宜哪些物种或品种的生长发育和生产。第二,要明确气候变化的趋势,以便选择与变化了的气候环境相适应的物种或品种。第三,由于气候的波动加大,农业生产单位要储备不同类型作物或品种的种子来应对气候的波动和极端天气气候事件的发生。如预测当年降水偏少,就要多种耐旱的作物和品种;如预测降水偏多,就可多种水稻和蔬菜等耗水较多的作物。第四,农业部门还要准备一些特早熟的救灾作物种子。由于目前短期气候预测的准确率不高,极端天气气候事件突发造成绝收后,往往已经不能种植常规品种,只能种植特早熟谷子品种或豆类、荞麦等,这些品种由于低产,农民一般不会自己储备,农业部门有责任建立适当的储备。

自然生态系统在气候变化幅度超过其自适应能力时将发生逆向的生态演替而导致退化甚至崩溃。同样,农业生态系统在气候变化幅度过大时,应用生物多样性原理适应的能力也是有限的。如某个地区如降水减少过多,气候变得十分干旱,即使能够找到比较耐旱的植物或品种,但由于产量明显下降,仍然会蒙受巨大的经济损失。因此,以农业生物多样性适应气候变化与波动还需要与区域生态环境建设及改善局部生境的措施相结合,才能取得更好的适应效果。

169. 气候变化对我国的小麦生产有什么影响和适应对策?

小麦是我国三大粮食作物之一和北方人民的主粮,气候变化对小麦生产的影响表现在以下几个方面:

(1)对冬小麦种植区域的影响

冬小麦种植北界主要取决于能否安全越冬,春小麦则主要取决于生长季积温能否满足正常成熟。随着气候变暖,冬小麦种植北界将不同程度北移西扩。

(2)CO_2浓度变化对小麦生长发育和产量的影响

小麦属C_3植物,CO_2浓度升高的施肥效应要比C_4植物更加突出,同时还促进了氮素吸收利用、营养生长和发育进程,有利于产量提高。由于同等光合速率所需气孔开度变小,还抑制了蒸腾,可提高水分利用效率。

(3)温度变化对小麦生长发育、播种期和产量的影响

小麦为喜凉作物,最高气温超过32℃产量会显著降低。研究表明,黄淮海地区秋冬季适度增温,有利于产量提高,但春季升温愈高减产愈多。

秋季温度升高后,按照原有播期,麦苗冬前会生长过旺,越冬容易遭受冻害。

（4）光照变化对冬小麦生长发育和产量的影响

冬小麦是喜光作物,研究表明弱光显著影响生长发育,产量下降幅度与小麦基因型、弱光程度、历期、时期及周围环境密切相关。1961—2000 年全国平均太阳辐射以每十年 2.54% 的速率下降,不利于光合作用,加上温度日较差缩小不利于光合产物积累,一定程度上抵消了 CO_2 浓度增高的施肥效应。

（5）降水变化对冬小麦生长发育和产量的影响

北方冬小麦生长基本处于旱季,降水远不足以弥补蒸散,需要补充灌溉。生育前期降水增加有利于产量提高,但灌浆后期降水过多因光照不足、贪青晚熟和不利于机械收获会导致减产。

（6）极端天气气候事件对冬小麦生长发育和产量的影响

气候变化背景下极端天气气候事件发生频率和强度增大,特别是黄淮麦区的霜冻、北方与西南的冬季干旱、长江流域的高温逼熟与冬春湿害、黄淮与长江流域收获期间的连阴雨、西北干旱区的融雪性洪水等灾害都有加重趋势。

针对气候变化对我国小麦生产的影响,各地已经采取了以下适应措施:

（1）种植界限与区域的调整

随着冬季变暖,我国冬小麦种植界限不断北移西扩,如辽宁省 20 世纪末冬小麦种植界限比 50 年代北移一两个纬度,宁夏北移一百多千米。过去青藏高原以种植青稞为主,现在春小麦扩种到更高海拔地区,一些河谷地区还种植了冬小麦。华南由于冬温过高已不适宜种植冬小麦。江南中南部因春雨过多,冬小麦种植日益被油菜所替代。西南山区冬春干旱加重,许多地方的小麦被马铃薯替代。随着气候变暖,东北春小麦分布整体向北移动,内蒙古由于干旱加重和气候变暖,不少地区的春小麦被早熟玉米品种所替代。华北北部由于严重缺水,小麦种植面积被迫减少,地表水资源与地下水资源均贫乏的黑龙港地区改种相对耐旱的谷子和棉花。

（2）小麦品种的调整

华北随着冬季变暖,生产上使用的品种冬性普遍有所下降,由极强冬性或强冬性改为强冬性或冬性,有利于提早开始幼穗分化,增加粒数。黄淮麦区由于秋冬变暖后容易冬前生长过旺,霜冻风险增大,小麦品种由春性或弱春性改为弱春性或弱冬性,以推迟穗分化。北方春小麦品种选择更加强调抗旱性。

（3）播种期的调整

随着秋季变暖,北方冬小麦播种期普遍推迟 5～10 天,可避免冬前生长过旺。由于化冻提前,北方灌溉地春小麦播种普遍提前,但内蒙古旱地春小麦为避开初夏的“卡脖旱”,播种期明显推迟。

（4）栽培技术的调整

北方大部分地区由于降水不断减少和地下水位不断下降,小麦生产普遍推广了管灌、喷灌、滴灌等节水灌溉方式,同时还采取了拔节前中耕蹲苗、喷洒抗旱剂、增施磷肥等措施。冬春湿害是长江流域小麦的主要灾害,除继续狠抓麦田排水降湿外,近年来江苏省推广了摆种①以替代传统的撒播,播种质量显著提高。

(5)病虫害防治技术的调整

随着气候变暖,病虫害发生范围整体北移,发生提前,防治重点与策略、技术也相应调整。如小麦锈病的越冬基数明显增加,过去在长江流域经常发生的赤霉病,现在河南、山东也频繁发生。

(孙爽、郑大玮)

170. 气候变化对我国的玉米生产有什么影响和适应对策?

玉米是我国第一大粮食作物和最重要的饲料粮,属喜温短日照作物,以日平均10℃为生物学零度,稳定通过10℃以上持续日数为可种植期,在最热月平均气温高于20℃的地区可广泛种植。我国玉米生产分布广泛,但主产区位于东北、华北、黄淮、西北东部到西南的东北-西南向带状分布。按照播种期大部为春玉米,但黄淮海平原为夏玉米,西南、华南还有一些秋玉米和冬玉米。随着气候变暖,玉米可种植期延长,但日照时数减少,主产区生育期间降水量呈下降趋势。

热量资源增加导致玉米可种植北界进一步北移,面积不断扩大。气候变暖使同一品种的生长发育加快,全生育期明显缩短,但有利于改用生育期更长和产量潜力更大的品种。CO_2浓度增高也有利于增强光合作用和提高水分利用效率。

气候暖干化导致东北、华北和西南部分地区的降水量减少是对玉米生产最大的制约因素。过去北方以春旱为主,现在经常发生春夏连旱且与高温相结合,抗旱难度加大。夏秋气温升高和降水量减少还缩短了灌浆期,降低灌浆速率,使粒重下降。气候变暖虽然减少了气候学意义上冷害与霜冻的发生概率,但改用生育期更长品种、播种期提前和收获期延后,加上气候波动加剧,实际生产上冷害与霜冻仍时有发生,成熟度不好的玉米含水量过大也难以储存。

气候变暖还使玉米大斑病、小斑病、褐斑病、粗缩病、黑穗病、玉米螟、黏虫、红蜘蛛等主要病虫害的越冬基数增加,危害期提前和延长,发生范围北扩。如过去黏虫主要在华北危害,东北很少发生,但2012年在东北也大面积发生。

针对气候变化对玉米生产的影响,应采取以下适应措施:

(1)种植界限与分布区域调整

随着气候变暖和市场需求扩大,原来不能种植玉米的东北北部和内蒙古阴山北麓已成为特早熟玉米品种或青贮玉米的种植区。气候变暖促使华北地区种植制度由二年三熟改为一年两熟,夏玉米面积明显扩大,但近年来有些地区因严重缺水又改回春玉米一熟。

---

① 针对南方稻茬麦因地湿无法机播,传统撒播方式种子分布不均,麦苗生长不齐,江苏省研制了摆播机,可以在稻田作业,将种子成行均匀摆放土壤表面,增产效果显著。

（2）品种调整

随着无霜期的延长，春玉米产区普遍代之以生育期更长的品种。为避免盲目引种，东北地区气象部门按照每100℃·d间隔划分成若干积温带，提出气候变暖后与原有品种分区相比，可以跨一到两个积温带引种，但跨越三个积温带仍有发生冷害与霜冻的危险。由于小麦的播种期显著推迟和成熟期略有提前，给黄淮海地区夏玉米种植让出了更多积温，各地普遍改用生育期更长的品种。如北京地区过去夏播使用特早熟玉米品种，在小麦适播期前仍经常不能成熟。现在小麦播种已从9月下旬初推迟到9月底和10月上旬，普遍改种中早熟品种玉米。

（3）推广促早熟技术

尽管热量条件改善，但气候波动也在加剧。为确保品种调整后仍能正常成熟，东北各地推广了一系列促早熟技术。包括发生春涝时及时排水，大喇叭口期氮磷结合追肥促进心叶伸出，抽雄前后隔行去雄，遇旱千方百计抗旱保苗，灌浆中后期浅锄、割除空秆及病株、打底叶、除无效穗、站秆剥皮晾晒、喷施磷酸二氢钾、收获前10天喷施玉米脱水剂等。

（4）抗旱技术的改进

针对春旱影响出苗普遍推广了玉米带水播种机。推广沟植垄盖技术可集雨增墒，极大提高微量降水的有效性。行间覆盖碎秸秆也有明显保墒效果。深松耕可提高土壤蓄墒能力。

（5）病虫害防治技术的调整

气候变暖使玉米的病虫害发生规律有所改变，病虫害防治对象和防治期都需要适当调整。如黏虫的发生比过去提前，防治需要相应提前。

（赵锦、郑大玮）

171. 气候变化对我国的水稻生产有什么影响和适应对策？

水稻是我国居民的主粮之一，气候变化对我国水稻生产的影响有利有弊。

虽然水稻是喜温作物，但国际水稻研究所报告，由于夜间温度升高，日平均气温每升高1℃，水稻产量将下降15％。气温升高还使热带、亚热带地区水稻生育期缩短，产量和品质下降。高于36℃授粉将无法进行。气候变暖使早稻高温热害日趋严重，灌浆期缩短，空瘪率增大，粒数和粒重下降。

CO_2浓度增高有利于增强光合作用、抑制呼吸和提高水分利用效率，随着CO_2浓度增高，水稻发育加快，生育期缩短，株高和总生物量增加，但持续处于较高浓度下施肥效应将变得迟钝，还有可能降低稻米的蛋白质含量。CO_2浓度增高还促进了稻田中C_3杂草的生长和稻瘟病的发生。

臭氧层破坏使到达地面的中波紫外辐射UV－B增加，抑制水稻幼苗叶片生长，使植株变矮，产量降低，在低温寡照年份的危害更大。

极端天气气候事件对水稻生产的威胁加大,特别是华北和西北东部降水减少,水资源日益紧缺,许多地区水稻种植面积下降甚至绝迹,黄淮地区也不得不采取节水栽培或湿润管理。长江流域伏旱威胁也十分严重。南方春夏的洪涝经常淹没或冲击稻田,东南沿海的台风强度增大,除引发洪水和致使水稻倒伏外,还诱发稻飞虱与稻纵卷叶螟等"两迁害虫"从东南亚大举侵入。气候变暖虽然使低温灾害总体上减轻,但改用中晚熟品种后仍存在冷害与霜冻的风险。

气候变化对我国水稻生产的有利因素主要是热量增加。气候变暖使得东北地区的无霜期明显延长,夏季温度升高使冷害明显减轻,水稻种植北扩至50°N以北,原来的不适宜区成为可种植区,次适宜区变成适宜区。目前黑龙江省水稻种植面积比30多年前增加了十几倍,成为我国粳稻和商品大米最大产区。虽然长江流域不存在扩种水稻的可能,但气候变暖使满足双季稻安全种植所需条件,即≥10℃积温≥5300℃·d的区域向北扩展,有利于通过提高复种指数来扩大水稻播种面积和增加总产。

长江中下游早稻播种每10年提前3～7天,开花期提前3～8天;晚稻开花期提前2～4天。与20世纪60—70年代相比,南方水稻寒露风灾害明显减轻。但气温进一步升高后,高温热害和生育期缩短的不利影响将更加突出。

水稻生产适应气候变化的主要对策:

(1)调整生产布局

气候变暖有利于水稻种植面积北扩,黑龙江省已成为我国最大商品大米产区,但有些地区超采地下水和牺牲湿地不可持续,水资源恶化地区必须压缩种植。

(2)种植制度的调整

随着热量条件改善,淮河流域部分地区由小麦、玉米一年两熟改为小麦、水稻一年两熟。长江中下游部分原双季稻产区改为小麦、水稻两熟制,虽然主要是为节省劳力和农资投入,但也可避免早稻烂秧、灌浆期热害和晚稻冷害。四川中部丘陵因降水减少,传统的冬水田改为旱三熟制。

(3)品种的调整

随着热量条件改善代之以生育期更长的品种,如1950—2008年东北新选育水稻品种的生育期平均延长了14天。

(4)调整播种期

针对长江流域高温伏旱加重,适当提早早稻播期争取在高温期到来前成熟。中稻适当推迟播种可减轻伏旱威胁。北方一季稻产区普遍将播期提前以利用增加的热量,近20年来,东北水稻实际播种期提早了3.7天,收获期推迟了1.7天,三江平原21世纪初的水稻插秧期比10年前提早了10天。长江中下游早稻播种每10年提前3～7天,增产效果显著。

(5)水稻节水灌溉与节水栽培

针对北方的干旱缺水,大面积推广了水稻节水灌溉与节水栽培技术。除返青、孕穗和灌浆期等需水高峰期保持浅水层外,其他时间均实行干湿交替管理,分蘖后期到拔节期适当晒田。有些地区甚至实行水稻旱种,即只在移栽后保持薄水层返青活苗,此后除施药追肥外各生育阶段都不再维持水层,仅保持土壤表面湿润即可。南方丘陵采用地膜覆盖也可节水 35%～50%。北方缺水地区还有改种旱稻的,但目前产量水平仍低于水稻。秧田施旱地龙,实行旱育秧,以水带肥,控制氮肥用量,增施有机肥、磷肥、钾肥和硅、钙、锌及微量元素,配合蹲苗晒田,都可促进根系发育,提高植株抗旱能力。

(6)调整育种目标

20 世纪 60 到 70 年代由于冷害频发,水稻育种强调早熟抗冷,现在强调耐旱、耐热、抗病与高光效育种。

(7)调整病虫害防治策略

冬季变暖使越冬基数增加和台风活动强度增大,导致南方水稻灰飞虱和稻纵卷叶螟等“两迁害虫”空前猖獗,某些过去的次要病虫害上升为主要病虫害。需要调整防治重点与时期,特别是加强越冬病虫源和台风过后的防治。

172. 气候变化对我国的棉花生产有什么影响和适应对策?

棉花是种植面积最大的经济作物和纺织工业的主要原料,棉花喜温喜光,是对气候变化比较敏感的作物。

(1)CO_2 浓度增高对棉花生长发育的影响

CO_2 浓度增加导致棉株生育加快,蕾铃脱落减少,生物量、有效铃、单铃重、籽棉和皮棉产量及纤维长度增加,且对地下部分的影响大于地上部分。但 CO_2 升高促进营养生长也会使冠层通风透光变差,僵烂铃率提高。

(2)温度增高对棉花生长发育与产量的影响

温度增高使棉花播种期提前和生育期积温增加,发育提前,开花和结铃期延长,可增加蕾铃数量。秋季低温霜冻延迟有效增加了干物质积累,提高了霜前花产量,改善了棉花品质。

(3)年降水分布变化对棉花生长发育、产量和品质的影响

气候变化导致降水时空分布不均衡,干旱胁迫主要发生在华北棉区的春季到初夏,长江流域主要发生在伏旱期间。渍涝主要发生在长江流域的春夏。干旱使绿叶面积减少,光合速率降低。盛花期缺水使单株成铃率降低,盛铃至始絮期受旱减产,导致铃重下降。土壤水分不足或过多均能导致纤维粗短,马克隆值[①]增大,比强度减小。

---

① 马克隆值是棉花纤维细度和成熟度的综合反映,可作为评价棉纤维内在品质的综合指标,直接影响纤维色泽、强力、细度、天然性、弹性、吸湿、染色等,以取值范围 4.1～4.3 皮棉品质最好。

（4）光照变化对棉花生长发育与产量的影响

随着气候变化，大部地区太阳辐射减弱。光强不足可导致光合产物减少，蕾铃脱落率上升，纤维比强度和马克隆值下降，短纤维增加，长度整齐度下降。日照时数不足导致僵烂铃率及脱落率升高，铃重、衣分、总纤维量降低，光照不足与温度偏低相结合会使纤维伸长速率下降，纤维长度缩短。

（5）极端天气气候事件对棉花生产的影响

随着气候变化，短期极端高温、极端干旱、暴雨、台风及强对流天气日趋频繁。花铃期渍水导致蕾铃大量脱落，棉花品质变劣。棉花对低温十分敏感，任何阶段遭遇短期极端低温都将使产量和品质显著下降。

高温胁迫概率增加或时间延长也会导致棉花产量品质显著下降。气温 38℃ 以上光合作用受抑，呼吸强度升高。高温还增大了棉叶蒸腾，使棉株水分供求失衡，花粉生活力下降，不孕籽粒增加，蕾铃大量脱落，铃重下降。

暖冬使棉铃虫越冬基数增加，春暖使发生期提前，孵化率和虫株率提高，20世纪90年代以来华北棉铃虫危害明显加重。气温升高和 CO_2 浓度增高导致棉蚜种群发生和危害加重，还使干旱半干旱棉区的红蜘蛛危害加重。

棉花生产适应气候变化应采取以下对策：

（1）调整棉花生产布局。气温升高和降水增多进一步扩大了西北棉区的优势，促使棉花生产重点明显西移，在节水和提高作物水分利用效率的基础上扩大种植面积。冀东南和鲁西北降水减少，棉花相对于其他作物具有优势。春秋季降水明显增加和高温伏旱明显加重的长江流域部分地区棉花种植面积将会压缩。

（2）利用冷尾暖头天气适当提早播种，争取早发棵早现蕾。热量偏少地区可采用早熟品种，覆盖地膜，温棚营养钵育苗移栽。长江中下游力争棉花早发有利于使现蕾期避开梅雨和使吐絮躲开秋季早霜冻。

（3）选育抗旱、耐涝、耐热和抗虫等多抗性品种。

（4）随着气候变暖，棉花发育提前，应适当降低密度，加强整枝与化控。

（5）加强极端天气的监测、预报和预警，为棉花播种、移栽、灌溉、施肥、收获、晾晒等农事作业提供趋利避害的适宜时机。加强病虫害测报与综合防治。

（郑冬晓、郑大玮）

173. 气候变化对我国的果树生产有什么影响和适应对策？

果树大多为多年生乔木，也有一些是灌木或草本。气候变化对我国果树生产的主要影响表现在以下几个方面：

（1）气候变暖使高温危害更加突出

持续高温引起早熟幼果脱落甚至坐不了果。果实膨大期平均温度，尤其是最热月温度升高会加速果实成熟，对水果的香气质量和酚类物质含量产生较大影响，导致品质下降。许多果树的花芽分化需要一定强度与时间的适度低温刺激,气候变化使华南频繁出现暖冬,荔枝、龙眼等因花芽分化不良而减产,称为暖害。暖冬还导致病菌孢子和虫卵越冬基数增加,加剧了病虫害风险。

(2)气候波动与低温冻害

气候波动加剧使北方果树冻害并未减轻。严重的越冬冻害大约十年左右发生一次,如 1957 年、1968 年、1977 年、1991 年、1999 年和 2010 等年。1977 年和 1991 年南方的冻害造成大量柑橘树枯死,2008 年的南方低温冰雪灾害使许多果树的枝干折断和枝叶冻枯。有些年份秋季气温过高,果树营养生长旺盛,冬前抗寒锻炼不足,花芽提前分化和萌发也不利于安全越冬。

气候变暖还使果树的物候期整体提前,花芽分化与开花提前增大了霜冻的风险。2010 年 4 月 28 日陕西苹果产区在开花期下雪并发生霜冻,导致明显减产。果实成熟期霜冻则会使果实冻裂甚至变质。

(3)北方大部地区降水减少增加了干旱风险

春季缺水会造成物候期延迟,芽体发育不良,影响新梢生长,往往引起落花落果。夏季高温干旱,果树会出现卷叶、落叶、小果甚至落果,引发果实灼伤等干旱并发症。秋季果实成熟期缺水则影响果实膨大,造成落果。土壤缺水常导致果树幼嫩枝条或幼树在冬季或早春失水干枯,发生抽条现象。

(4)其他极端天气气候事件

暴雨、大风、冰雹和冻雨都会造成枝叶及果实的机械损伤和生长发育不良。

(5)生产布局

长期的气候变化可能会改变果树的种植边界和果树品种,导致产区向更高纬度或海拔迁移。如苹果主产区在 20 世纪 80 年代以后由环渤海地区转移到黄土高原中南部。过去河北坝上地区和东北中北部只能种植太平果、海棠等小苹果,目前耐寒苹果品种秋栽成活率已由过去的 50% 提高到 80%,坐果率和产量都明显提高。华南的热带、亚热带水果种植也明显北扩。

果树生产适应气候变化的对策有:

(1)适度调整果树种植区域分布

虽然气候变暖促使果树种植整体北移,但由于气候波动与极端天气气候事件,调整布局应留有余地,充分利用冷空气难进易出和水体附近有利地形,结合应急防寒措施,方能取得最佳适应效果。

(2)调整果树生产作业方法与时间

如随着气候变暖,河北坝上葡萄除一年生幼树仍需埋土越冬外,其他树龄常规管理即可越冬,幼树栽植改传统春栽为秋栽,有利于根系发育和安全越冬。北方秋季浇灌冻水和培土时间应适当推迟,春季施肥、灌溉等管理相应提前。由于开花坐果提前,收获也相应提前,要有计划栽植部分偏晚熟品种以利均衡上市。发育提前还使果实收获后的营养生长期延长,要注意掌握营养生长与生殖生长的平衡,适时整枝,防治枝叶徒长。

(3)加强防冻防寒

除果园建设合理选址和选用耐寒品种外,北方可将树干刷白,冬前及时浇冻水和培土,覆盖地膜、碎秸秆和干草。南方可采用浇水、熏烟、覆盖等应急措施。早春喷洒抑制生长剂推迟花芽分化可防御霜冻。开花期遭受霜冻后,如花药冻坏,柱头尚好,可放蜂或人工授粉;如柱头损伤子房完好,可喷洒生长刺激素促进子房膨大结果。

(4)北方果树加强抗旱

推广节水灌溉、地膜、秸秆覆盖和盖草。冬季变暖有可能加大早春抽条风险,冬前要及时浇好冻水和培土,必要时向树体喷洒抑制蒸腾剂。

(5)南方果树高温热害的防御

针对长江流域高温伏旱加重,果园要种植高大的防护林,适当增大枝叶繁茂度。高温时采取喷淋措施降温。

(徐琳、郑大玮)

174.气候变化对我国的蔬菜生产有什么影响和适应对策?

蔬菜是日常生活必需品,中国是世界最大生产国。蔬菜作物种类多,季节性强,大多柔嫩多汁,难以长期贮藏和长途运输,对气候变化要比大田作物更敏感。

(1)对蔬菜生长发育、光合作用和产量的影响

气候变暖使蔬菜作物的可种植期延长,生长发育加快,加上 CO_2 浓度的增高,有利于增强光合作用和增加干物质积累。无限生长型蔬菜由于生长期延长有利于提高产量。但有限生长型蔬菜则由于发育加快生长期缩短产量会降低。夜温升高增大呼吸消耗和具有催熟作用的乙烯释放,不利于贮藏和运输。

(2)对蔬菜生产布局的影响

虽然蔬菜作物种类繁多能够适应不同气候,但需求量最大的是喜温果菜类和耐寒叶菜类。大多数耐寒叶菜类在日平均气温5℃以下停止生长,大多数果菜类在日平均气温25℃以上和多雨季节生长不良,导致我国大部地区蔬菜供应存在淡季和旺季的差异。长城以北有漫长的冬淡季,夏季是蔬菜旺季;华北到江南存在冬末早春和夏末初秋两个淡季和其间的两个旺季;华南以冬季为旺季,夏季为淡季。随着气候变暖,夏淡季发生区域将扩大,时间延长;冬淡季范围将缩小,时间变短。夏淡季蔬菜生产基地向更高纬度与高海拔地区转移,冬淡季生产基地由华南向西南和江南扩大。各类蔬菜的种植界限总体北移。气候变暖还导致北方冬季保护地蔬菜生产的规模扩大,极大改善了冬季蔬菜的市场供应。

(3)暖冬对蔬菜生产的影响有利有弊

冬季变暖有利于温室、大棚、地膜等保护地蔬菜生产,使产量增加,上市提早,保

暖成本降低。但在冬季育苗的春播果菜常因反复经受低温刺激而提前抽薹,令品质下降或难以越冬。暖冬年有的蔬菜会因缺乏足够的低温刺激未能顺利通过春化,翌年结果不大影响产量。冬季苗床温度过高促使菜苗发育提前并徒长,抗寒力减弱。冬季变暖还有利于南方利用冬闲期进行蔬菜生产和南菜北运。

(4)对病虫害的影响

温度升高使病原菌和害虫越冬基数增加,春夏发生提前,分布范围北扩,繁殖世代增加,为害加重。CO_2浓度增大使得植株含碳量增高,含氮量下降,害虫通过增大采食量来满足对蛋白质的需求,也使得对蔬菜的为害加重。

(5)极端天气气候事件的危害加重

气候变暖使夏季高温热害明显加重,台风强度增大对沿海蔬菜生产造成威胁。气候变暖后虽然春季终霜冻提早结束,但蔬菜播种、移栽和生长发育也同步提前,加上前期在较温暖环境下生长脆弱性增大,春季低温冷害反而在加重。华北气候暖干化加剧了水资源的紧缺,对需水量明显大于粮食作物的蔬菜生产形成明显制约。随着保护地栽培面积迅速扩大和太阳辐射减弱,初冬和早春的低温寡照已成为北方大棚和日光温室蔬菜生产的主要灾害。

蔬菜生产适应气候变化的主要对策有:

(1)调整蔬菜生产布局

利用我国幅员辽阔,各地气候差异大的有利条件,充分发挥各地气候优势,发展旺季蔬菜生产,压缩淡季生产,建立全国性的淡季或反季节蔬菜生产基地。随着气候变化,北方夏淡季和南方冬淡季蔬菜基地适当北扩。

(2)适当调整播种期、移栽期和品种类型

随着气候变暖,冬季保护地蔬菜育苗期要适当推迟,选用冬性更强的品种,控制苗床温度和适时放风锻炼,以避免发育过快与徒长,春季蔬菜播种和移栽适当提前。秋季蔬菜播种根据秋季变暖程度适当推迟。

(3)加强对高温热害的防御

夏季蔬菜生产推广遮阳网和适时喷淋降温。选育耐旱耐热蔬菜品种。

(4)加强保护地应对极端天气的能力

针对各地不同气候变化特点改进大棚和日光温室的结构与材料,增强隔离热性和抗风、抗雪压性能,高寒地区应以耐寒叶菜类生产为主,如生产喜温果菜类应配置临时加温设备。建立健全蔬菜生产灾害性天气的预警机制。

(5)改进蔬菜生产的病虫害防治

针对气候变暖加剧蔬菜病虫危害,加强高效、低毒、无污染新型农药和生物防治制剂的研发。根据病原和害虫发生规律的变化,调整防治时机和重点。大棚和日光温室要利用夏季高温闷棚进行土壤消毒。

(白蕺、郑大玮)

175. 气候变化对我国花卉生产有什么影响和适应对策？

观赏植物包括花卉、草坪、观叶植物和景观树种，以花卉生产为主体，其中在人工设施内种植的十分讲究对环境的调控。不同种类的观赏植物与花卉的生物学性质各异，气候变化的影响也不尽相同。

（1）气候变化对花卉生产的影响

①对花卉类型与分布的影响

花卉产业以生产色彩丰富的鲜花、干花和其他观赏植物提供人们美学享受。随着生活水平提高消费量迅速增长，我国已成为世界最大花卉生产国。数十万种被子植物中，花朵具有较大观赏价值的不下几千种。按其原产地可分为大陆东岸气候型、温带海洋性气候型、地中海气候型、墨西哥气候型、热带气候型、沙漠气候型和寒带气候型等。我国大部属大陆东岸气候型，也有少数地区属寒带气候型、沙漠气候型和热带气候型，云贵高原气候与墨西哥有相似之处。在自然条件下只有同一气候型的花卉才能正常生长和开花，其他气候型的花卉则需要在人工控制小气候环境下才能生长和开花。数十年尺度的气候变化一般不至导致区域气候类型的根本改变，但可以导致某种气候类型区的边界有所变动。气候变暖使各种植物的分布向更高纬度与海拔地区扩展，同一种花卉植物种植也向更高海拔扩展，由于紫外辐射增加，花朵将更加鲜艳。但夏季炎热也将不利于喜凉花卉植物的生长发育。降水量的变化也将影响花卉与观赏植物的分布。

②对花卉生长发育的影响

气温升高使桃花、牡丹等长日照植物春季开花提前，菊花等短日照植物秋季开花延后。气候变暖和 CO_2 浓度增高使植物光合作用增强，枝叶更繁茂，容易发生营养生长与生殖生长的失衡。低纬度地区有些植物可能因缺乏必要的低温刺激不能顺利通过春化阶段而导致花芽分化不良。

气候变暖，提早萌芽使得早春开花的植物花卉观赏期得以延长，但晚春和初夏开花的植物则因发育加快，观赏期明显缩短。冬季变暖还使得有些花卉植物过早萌芽，增加了早春霜冻危害的风险。

人工控制环境的花卉生产受外界气候的影响较小，但气候变暖将增加温室夏季花卉生产的空调降温成本，降低冬季温室保暖的成本。由于温室内的花卉植物要比自然条件下生长的植物更加脆弱，一旦受灾损失将更加惨重。

气候变化导致极端天气气候事件的危害加大，2008 年的南方持续低温冰雪天气使大量温室倒塌，花卉植物受冻减产甚至死亡。有的温室虽然植物受冻不明显，但持续低温寡照使发育迟缓，错过了春节上市最佳时机，仍然蒙受了巨大经济损失。霜冻、暴雨、大风、冰雹、高温、干旱等灾害也经常使露地花卉严重摧残大煞风景。气候变化还将增大花卉生产病虫害的危害。

(2)花卉生产适应气候变化的对策

①调整花卉生产布局,原有产地适度向北扩展。充分发挥各地气候资源优势,重点发展不同地区的特色花卉生产,利用各地的花期时间差调剂淡旺季市场,尤其要发挥云南纬度较低海拔较高和气候类型与生多样性丰富的得天独厚优势,建成我国最重要的花卉生产基地。

②温度与光照长度是控制花期的主要环境因素,气候变化使原有的开花期发生改变,为此要调整花卉生产的季节安排,针对当年气候冷暖对光照、温度、水分等环境因子采取调控措施,使各类花卉在气候变化背景下仍能应时开花,需要时甚至能做到反季节投放市场,尤其是确保重大节日期间的花卉消费。

③建立花卉生产极端天气气候事件的预警系统,扩大保护地花卉生产,增强花卉生产抵御各种自然灾害的能力。

176.气候变化对我国的草坪生产有什么影响和适应对策?

(1)气候变化对草坪的影响

草坪在现代城市环境美化中具有不可替代的景观与生态效应,绿期长度是衡量草坪草美化与生态价值的主要指标。草坪草主要分为暖地型和冷地型两大类。前者适宜生长温度是 25～30℃,大于 38℃仍能生长而不黄枯;后者适宜生长温度是15～20℃,低于—20℃甚至—30℃仍可越冬。冷地型草坪草在较低温度下能保持较长绿期,暖地型草坪草则在较高温度下能保持较长绿期。草坪草要保持鲜绿需要适宜的土壤和空气湿度。水分亏缺会导致草坪草枯萎甚至死亡,水分过多则失绿烂根,并诱发多种病虫害。由于不同类型的草坪草对环境条件的要求不同,不同气候区的主流草坪草种也有所不同。

气候变暖使高纬度城市冷地型草坪越冬冻害减轻,春季返青提前,秋末停止生长推迟,全年绿期延长。但冷地型草坪草在低纬度地区更加不适应,长江流域的盛夏高温对冷地型草坪草的安全越夏带来一定威胁。温带和北亚热带地区兼有冷地型和暖地型草坪草,未来冷地型草坪草的比重将有所降低。

华北和西北东部气候暖干化趋势明显,西南的冬春干旱和长江流域的伏旱也在加重,干旱缺水对城市草坪的发展是极大的制约。

(2)草坪生产适应气候变化的对策

①调整草坪草的布局,华北到江南适当减少冷地型草坪的比重,增加暖地型草坪的比重。

②适度提早春季草坪栽植时间,北方适当推迟冬前浇冻水时间。

③推广草坪节水技术。气候暖干化地区推广节水灌溉方式,尽量利用城市中水灌溉,严重缺水地区要严格限制喜湿草坪的面积。

④长江流域要选用耐热草种,夏季及时喷淋降温。

177.气候变化对我国油料作物生产有什么影响和适应对策?

油料作物以生产植物油为目的,主要有油菜、花生、芝麻、向日葵、胡麻等。大豆和玉米等粮食作物也是植物油的重要原料,但通常是作为副产品。

花生是北方暖温带地区的主要油料作物。气候变暖和 CO_2 浓度增高等有利因素不足以弥补雨养花生生育期明显缩短的不利影响,夏季高温导致受精不良甚至败育,地表高温干燥常使已受精果针接触地表时灼伤不能入土膨大。

花生生产适应气候变化的对策有:

(1)调整种植区域布局,适度北扩,南部气温过高降水过多地区适当压缩。

(2)调整播期。根据各地气候特点,分别提前或推迟播期以使开花下针期避开高温干旱。

(3)改善灌溉与排水条件,减轻旱涝灾害损失。尤其开花下针期遇旱要及时灌溉,遇涝要迅速排水。

(4)选育生育期更长和耐热耐旱的品种。

油菜是南方和北方高寒地区主要油料作物,南方为冬油菜,北方为春油菜。油菜相对喜凉喜湿。气候变暖使油菜生长期延长,并向更高纬度和海拔扩展。长江中下游因伏旱严重种植面积减少。气候变暖在热量不足地区有利于增产,但在热量充足地区因发育加快导致减产。营养生长阶段高温不利于产量形成,花期高温比灌浆期对籽粒产量形成影响更大。高温、干旱和强降水事件频发使油菜产量波动加大。暖冬使病虫越冬基数增加,发生提前,危害期延长。

油菜生产适应气候变化的对策有:

(1)选育高抗品种。四川盆地、长江中下游和华南沿海以抗病、耐渍、抗旱、耐寒、抗倒、生育期短、适应机械化和轻简化生产的品种为主;黄土高原、黄淮平原和云贵高原亚区以抗病、抗旱、耐寒品种为主;春油菜产区以抗旱、耐瘠、播种出苗抗冻品种为主。

(2)调整肥料运筹方式。针对气温升高加速养分和土壤有机质分解,采取有机无机结合、速效长效结合,采用控释、缓释技术,适度深施,延长肥料有效利用时间,提高肥料利用效率。灾后及时追施速效肥以促进恢复生长。

(3)适期晚播。针对长江中下游播种期降水量偏少影响出苗和生长,冬季气温升高诱使早薹早花,适当推迟播期,并使用早熟品种和高效抗旱剂、种子包衣剂、抗蒸腾剂等,以提高种子发芽率。

(4)适当增加密度。减少单株分枝数,促进角果同期成熟,减少收获落粒损失,利于机械化收获,也可提高肥料利用效率,促进尽早封行,减轻杂草竞争。

(5)提早病虫草害防治,发生极端天气气候事件时更要及时防治次生病虫害。

178.气候变化对我国糖料作物生产有什么影响和适应对策？

糖料作物以生产食糖为目的,以甘蔗和甜菜为主,甘蔗产区分布在华南,甜菜分布在黑龙江、内蒙古和新疆等高寒地区。此外,各地还种植一些甜高粱。糖料作物的产出包括生物量与含糖率两个方面。

(1)气候变化对甘蔗生产的影响与适应对策

甘蔗是多年生亚热带作物,全年分为蔗茎生长期和糖分积累期两个阶段。龙国夏等(1994)利用甘蔗主产区产量与气候资料统计分析,发现10月平均气温和11月温度日较差与甘蔗糖分含量呈显著正相关,10月极端最低气温则呈负相关。9—11月温度日较差≥10℃为蔗糖分高值年。蔗糖分积累需要凉爽干燥天气,要求昼夜温差较大,雨日较少,光照充沛。广西南宁等地糖厂榨季蔗糖含量与10—11月降水量及雨日、10—12月平均相对湿度等呈显著负相关,但降水量过少也导致含糖分下降。未来气候变化情景,华南蔗区特别是其南部热量可能偏高,降水继续增加,对甘蔗糖分积累不利。但华中、西南蔗区和华南北部目前糖分积累时期温度偏低地区,未来温度和水分条件都较适宜,适宜种植区有可能北移。

甘蔗生产的适应对策:调整布局,适度北扩;加强秋季雨后排水降湿;随着秋季变暖适当推迟榨糖季节。

(2)气候变化对甜菜生产的影响与适应对策

气候变化导致华北春旱加重,对播种出苗形成重要障碍,叶丛繁茂期和块根糖分增长期遇旱对产量有较大影响。目前降水趋势东多西少。未来除东北和西北部分地域外降水都将减少,干旱加重。但主产区黑龙江省降水将有所改善。随着温度升高,有可能产生高温危害。李季贞(1993)认为,由于黑龙江省降水略增,褐斑病等有加重趋势。未来随着气候变暖甜菜适种区可北移至48°N以南地区。

甜菜生产适应气候变化的对策:

①调整生产布局,适宜种植区进一步北移,尤其是黑龙江省。

②防御高温危害,培育选用耐高温品种。

③未来多数产区降水减少,干旱加重,要加强水利建设。

④推广秋翻、秋耙、秋施肥、秋起垄和地膜覆盖,实现一次播种保全苗。

179.气候变化对我国茶叶生产有什么影响和适应对策？

茶叶、咖啡、可可号称世界三大饮料作物,但只有茶叶在中国具有特殊的重要性,属"出门七件事"之一,更是牧民的生活必需品。

茶树是亚热带喜温灌木,相对耐阴,弱光与散射光下有利于增加茶叶中的含氮物质和芳香物质,形成优良品质。中国茶叶总产量超过100万 t,为世界第一。气候变暖使茶树生长提前,生长期延长,产量增加,品质改善。茶树种植向更高纬度与海拔地区扩展。由于茶叶采摘期提前,过去人们讲究清明前后品尝新茶,现在春节就有新茶上市,使得茶叶价格难以上涨。

影响茶树分布北界的主要限制因素是越冬冻害,目前山东省日照市已成为淮河以北最大茶产区。如五莲县1970—2000年-10℃以下最低气温出现天数从20世纪70年代的91天减少到90年代的26天,-15℃以下低温90年代以后再未出现。但降水持续减少,高温天气增多,对茶树光合作用与品质均不利。蒸发量有所减少,相对湿度变化不大,对高温干旱威胁有一定缓解。

南方茶区也在变暖,如江西省修水县宁红名茶主产区稳定通过10℃日期提前9天,生长期延长,但生长最旺的5月和6月气温变化不明显,有利于产量和品质提高。冬季冻害减轻,夏季高温威胁加重。年降水量变化不大,3—6月降雨充沛有利于茶叶保持鲜嫩和优良品质。但相对湿度略降和日照时数增加对茶叶品质稍有不利。

极端天气气候事件威胁加重,2008年持续低温冰雪使头茬茶叶基本绝收,部分茶树冻死。

茶叶生产适应气候变化的对策有:

(1)调整生产布局。随着气候变暖,茶树种植可向更北更高地区适度扩展,但应选择降水增加或至少下降不明显,相对湿度较大,多云雾的山区。

(2)调整采摘时间。由于茶树发育提前,春季采摘和茶园管理都要提前,过去以明前茶为新茶品牌,现在需要创造新的品牌。

(3)针对部分茶区夏季高温干旱加剧,要在茶园中间植乔木遮阴,加强喷淋灌溉,以保持茶叶的产量和品质不下降。

(4)由于目前农药残留严重制约我国茶叶出口和市场对有机茶的需求旺盛,针对气候变暖导致茶树病虫害发生提前和扩大蔓延,要大力推广生物防治和综合防治,严禁滥用农药。

180. 气候变化对我国烟叶生产有什么影响和适应对策?

烟草是我国最主要的嗜好作物和国家重要税源。烟草喜温喜光,优质烤烟对温度的要求前期较低后期较高。气候变暖和CO_2浓度增高有利于增强光合作用与烟叶产量,提高水分利用效率,但也将导致C/N值升高,影响烟叶品质。气候变暖使烟草种植区向更高纬度与海拔地区扩展。如河南省平顶山市1961—2008年平均气温上升0.70℃,春夏季延长,秋冬季缩短。年降水量变化不大,但夏季暴雨增多,春秋常出现干旱。大风与冰雹减少,近10年病虫害明显加重。云南、贵州等西南烟区冬春干旱明显加重,严重影响烟草幼苗生长。

气候变化导致不同产区气候资源与气象灾害发生特点改变,影响优势产区的转移。如张超等(2012)分析湖南省近 50 年烟草大田期日照减少,降水增加,尤其是成熟期。湘西北和郴州种植适宜度降低,湘西南和长沙提高,湘西中部、邵阳、永州变化不大。并提出烟草生产适应气候变化的对策有:

(1)调整布局,适北扩,但气候明显干旱化地区要适当压缩。

(2)选育相对晚熟、耐旱和抗病虫的品种。

(3)春旱严重地区适当推迟移栽期,使旺盛生长期与雨季基本吻合。推广地膜和秸秆覆盖,灾后要及时中耕培土,促进根系发育,增强抗涝能力。

(4)加强病虫监测,调整防治适期。北方烟田冬灌可消灭部分越冬害虫。

181. 气候变化对我国中药材生产有什么影响和适应对策?

气候变化对中药材的影响包括对药用植物的影响和对中药材市场需求的影响两个方面。

(1)气候变化对药用植物及其有效成分的影响

中药材形成受到多个外部环境因子的综合影响,包括温度、湿度、降水、风、地形、土壤、微生物等。不同的气候与水土条件通过影响中药材化学成分而影响药性发挥。通常道地药材都是在最适宜气候与水土条件下栽植和炮制的。

气候变暖导致药用植物发育提前,生长期延长。加上 CO_2 浓度增高将促进药用植物的生长。但不同药材的入药器官和部位不同,枝繁叶茂对于以枝叶入药的药用植物有利,但对以其他器官入药的药用植物不利,需加强营养生长与生殖生长的协调。气候变暖使可种植区北移扩大,但药用植物种类很多,对气候与土壤的要求各异且十分严格,改变后的气候适宜区不一定能保持道地药材的效能。

气候变暖还将使药用植物的病虫害发生提前,范围扩大,危害加重。

(2)气候变化对中药材市场的影响

气候变化对疾病传媒与人体健康的影响导致常发疾病类型发生改变,从而影响到对不同类型中药材需求的改变,如冬季变暖可减轻呼吸道和心脑血管疾病,夏季高温加剧易加大中暑风险,气候变暖使得病菌和害虫等传染病媒介的传播提前并向北蔓延,都会影响到市场对于不同种类中药材的需求改变。

(3)中药材生产适应气候变化的对策

随着气候变化,中药材生产基地的布局需要适当调整,总的趋势是向更高纬度与海拔地区转移。但传统道地药材的形成还与水土条件及栽培方式有关,需要进行全面试验研究才能确定。针对气候变化对药性的影响,需要加强药效机理的研究,探索在气候变化背景下保持和加强中药材药效的栽培措施。中药材是市场和单产年际波动最大的农产品,不少药农因盲目跟风种植导致滞销而蒙受损失。因此,必须建立兼顾市场信息与气候信息的监测和预警系统。

182.气候变化对植物病虫害有什么影响,怎样调整防控措施?

农作物病害是指作物在生物或非生物因子的影响下发生一系列形态、生理和生化上的病理变化,阻碍了正常生育进程,从而影响种植业的产量和效益。农作物病害的流行程度与侵染循环周转速度密切相关。病原物的越冬越夏、传播和初侵染、再侵染是制约病害侵染循环周转的关键,其中气象条件起主导作用。农作物虫害是指害虫危害作物导致减产和品质降低的程度超出允许范围并造成经济损失的现象,影响其发生的主要气象因子有温度、降水、湿度、光照、风等。

(1)温度的影响

暖冬使病虫害越冬基数增加,次年危害加重。气候变暖和植物的物候提前使大部地区的病虫害发生期或迁入期提前,危害期延长。温度偏高伴随阶段性干旱时,病虫害种群世代数量呈上升趋势,繁殖数量倍增,往往造成病虫害的大发生。气候变暖使病菌和虫卵生长发育加快,繁殖一代经历时间缩短,发生世代增多。气候变暖促使病虫害发生范围北扩,如小麦赤霉病和白粉病以前在黄河流域很少发生,但近年在华北大面积流行,产量损失巨大。葛根是大豆锈病病的候补宿主,暖冬促使分布范围北扩,使美国伊利诺伊州大豆锈病发生提前到早期生长阶段。

(2)水分的影响

通常干旱少雨有利于大多数虫害生长发育和繁殖,但黏虫和某些水稻害虫需要相对湿润的条件。潮湿多雨有利于细菌类和真菌类病害的传播,但主要以虫媒传播的大多数病毒类病害在干旱年发生加重。春季干旱少雨对麦蚜和麦蜘蛛等虫害的发生繁殖有利,但连续干旱对有些病害的发生有抑制作用,如2003年的连绵秋雨导致棉花叶斑病和铃病在华北大发生,但随后几年秋雨偏少未再发生,2010年华北再度秋雨连绵,发病率达15%～30%。山西省因连年干旱不利于油松生长,导致红脂大小蠹大面积发生。

(3)CO_2和O_3浓度增高的影响

植物在高CO_2浓度环境中生长更快,植被茂密荫蔽环境有利于多数病害的发生,但气孔开度缩小也有助于防止一些病原体入侵,如可抑制叶斑病的发生。

臭氧浓度增高会抑制植物生长,使生育期缩短,但荫蔽度下降可减缓某些病原体的生长和繁殖。

(4)极端天气气候事件的影响

植株因台风、暴雨、冰雹等极端天气受到损伤使抵抗力减弱,有害生物易于侵入。如2009年受"莫拉克"台风影响,江苏省棉花黄萎病大面积流行,一些抗病性差的品种落叶成光秆,不少棉田绝产。台风侵袭时东南亚的稻飞虱和稻纵卷叶螟会利用气流大举侵入我国东南沿海,严重危害水稻生产。

防控对策的适应性调整:

(1)针对气候变化引起主要植物病虫害发生规律的改变,调整植物保护的重点对象与工作部署。

(2)随着气候变暖导致作物与有害生物发育与物候期的改变,调整病虫害测报时间、周期与方法。

(3)调整天敌保存与培育时期和方法,使之与有害生物的发育同步。

(4)调整种植制度与轮作方式,使敏感期避开病虫害发生高峰期。

(5)根据气候变化对药性与分解速度的影响,调整化学防控的时间与农药类型。

(邵长秀)

183. 气候变化对我国草地畜牧业生产有什么影响和适应对策?

我国拥有各类草原近 4 亿 hm²,是重要的生态屏障,约 2000 万人以草地畜牧业为生,以内蒙古草地面积最大,载畜量最多。新疆草地分布在高山与盆地绿洲之间,青藏为高原草地。气候变化对草地畜牧业的影响在三大牧区各不相同。内蒙古牧区气候趋向暖干化,降水明显减少,加上长期超载过牧,草地严重退化。近十多年落实草畜平衡与退牧还草,生态开始好转。新疆气候趋于暖湿化,降水增加,冰雪消融加快,草地植被总体改善,但大部仍属荒漠草原,生物量与载畜能力增加有限。青藏高原大部气候也趋向暖湿,利于高寒草地牧草生长,但到达地面紫外辐射增加对牧草生长有一定抑制作用。

气候变化对草地畜牧业的影响表现在以下几个方面:

(1)对牧草物候期的影响

牧草生育期延长。近 10 年内蒙古车前草春季物候提前 1.9～9.3 天,秋季延后 3.7～10.7 天。水分对牧草物候也有明显影响,锡林浩特羊草常因干旱停止生长不能开花,针茅较羊草耐旱,开花期也被推迟。雨热匹配好的年份牧草成熟期和黄枯期较晚,再生性强的牧草可继续生长。

(2)对草地生物多样性的影响

随着气候暖干化,内蒙古湿润度等值线东移。科尔沁沙质草原长期定位试验结果表明,2006 年草地物种丰富度和植物多样性较 2000 年分别下降 21.2% 和 9.9%。降水增多有利于提高植物多样性,主要优势植物对水分的敏感性高于温度。

(3)对草地生物量的影响

过去 25 年内蒙古中部和青藏高原东部草地生物量呈增加趋势,西藏北部、内蒙古北部和新疆北部呈降低趋势。长期处于干暖化条件下草地生态系统恢复力将下降,存在永久性退化风险。近 46 年三江源区兴海县草原平均气温上升 1.6℃,年降水量变化不显著增加,草原气候生产力呈增加趋势。

气候暖干化地区草原干旱频繁发生,抑制牧草返青和生长。春夏严重干旱使牧草休眠,虽然雨后恢复生长,但如严重啃食再遇干旱极易死亡。干旱导致牧草产量和品质下降,干旱频繁将导致草地植被严重退化,风蚀加重甚至荒漠化。

(4)对草食牲畜的影响

牲畜是草地第二性生产力的载体。气候变化除通过影响牧草生长和品质而间接影响牲畜生长发育外,还直接影响动物疫病、牲畜生产性能、产肉量和繁殖等。

干旱导致饲草和饮水不足,牲畜掉膘甚至死亡。冬春气温升高有利于降低牲畜越冬死亡率和掉膘率,提高母畜繁殖率和幼畜成活率。如黄河首曲流域藏系绵羊的羔羊成活率每 10 年增加 7.19%,幼畜成活率 1984 年以后保持在 80% 以上。

(5)草地畜牧业自然灾害

气候变化导致内蒙古草原寒潮、大风、冰雹、沙尘暴等灾害发生次数减少,但干旱、黑灾、草原火灾等增加。虽然近十多年来北方土地荒漠化开始得到遏制,但气候明显暖干化的内蒙古中西部部分草地荒漠化仍在蔓延。20 世纪 80 年代以后虽然白灾频次增多,但由于冬季变暖和抗灾能力增强,危害程度有所减轻。暴风雪在 20 世纪后半叶趋于减少,但近十多年来内蒙古东部和北部又有增多,有地地区甚至连年出现冬季极寒。

1981—2010 年间,内蒙古旱灾成灾面积每十年增长 61.59 万 hm^2。冬季持续无雪或积雪过少,牲畜因缺乏饮水导致进食障碍、掉膘和体重下降称为黑灾,气候暖干化使北方温带草原的黑灾增多,但由于牧区加大打井建设饮水点,20 世纪 80 年代以后,黑灾危害明显减小。

虽然内蒙古牧区冷雨和湿雪发生次数增加不明显,但由于冬春变暖,牲畜皮层逐渐发松,发生同等冷雨和湿雪时将造成更大危害。

气候暖干化还使内蒙古草原火险和火灾次数呈上升趋势。

气候变暖使内蒙古和新疆风沙灾害总体减轻,但新疆融雪性洪水明显加重。

(6)草地畜牧业生物灾害

冬季增温和干旱有利于虫卵越冬和鼠类与害虫的繁殖,加上天敌减少,导致草原鼠虫害日益加重。尤其 20 世纪 80 年代以来,草原蝗虫危害总体趋于上升,干旱年份有害毒草的比例也明显增加。

气候暖干化与过度放牧使草地退化,为害鼠栖息繁衍提供了条件。近 30 年来草原鼠害面积由 20 世纪 90 年代年均 0.27 亿 hm^2 上升至年均 0.40 亿 hm^2。

气候变化使动物疫病流行发生明显变化,隐性感染病例增多,新老疫病同时共存又交叉发生。许多病原体向更高纬度和海拔地区蔓延并不断发生变异,使动物疫病发病率上升。过去 30 多年出现了 40 多种新病原。

草地畜牧业适应气候变化的主要对策有:

(1)草地保护和经营适应对策

①坚持草畜平衡原则,按照牧草再生能力严格控制载畜量。严重退化农田退耕还草,严重退化草地退牧还草,轻度退化草地实行季节性放牧和围栏划区轮牧。减少越冬头数,提高母畜比例,减轻草地放牧压力。退牧草场恢复到一定程度应适度利用,否则会由于枯枝落叶覆盖、缺乏采食践踏刺激和粪便养分回归,导致牧草生长

不良,产生新的草地退化。

②调整草原火灾防御与扑救对策。全面评估气候变化背景下草原火灾态势与特点,适当提早和延长草原防火期和警戒期,适当调整重点防火区,加强消防队伍与设施建设。加大边境草原防火力度,建立隔离区,铲除一切地面可燃物,加强火情瞭望观察,拒火情于国门之外。加强牧民防火意识与技能培训。

③提高气象灾害与虫鼠害抗御能力。健全监测、预警和防治体系,调整救灾物资储备和应急救援体系布局;根据虫鼠害发生规律变化调整防治时期和方法,加强对蛇、鹰等天敌的保护。结合退化草地恢复,改良破坏鼠类的生存环境。

④加强人工草地和饲料生产基地建设以弥补气候暖干化导致的草地生物量下降,增加饲草储备以抗御夏季干旱与冬春黑灾、白灾。

⑤建立健全科学管理、保护、利用草地资源的法律、法规和规章制度,严禁滥垦、滥挖等对草地的破坏。

(2)草地畜牧业饲养适应对策

把舍饲畜牧业的集约化经营和畜舍保护等优点与草地放牧利用天然资源的高效率和低成本优势相结合,是草地畜牧业的发展方向。

①加强牧业基础设施建设,提高牲畜防灾能力。北方牧区冬季寒冷漫长多风。尽管冬季总体变暖,但气温波动也更加剧烈,加强牧区棚圈建设是防御雪灾、冷雨、湿雪等灾害的重要措施。应选择背风向阳地形,就地取材选用隔热挡风材料,并兼顾夏季遮阳和通风排湿。为防御冬季黑灾和白灾,需要加强饲草料库和饮水点的建设。气候变暖有利于动物疫病病原和寄生虫的传播,需要加强疫病监测防治体系和药浴池建设。

②调整畜群结构,提高畜群整体适应气候变化能力。牛、马、骆驼、山羊、绵羊等五畜是草原生态系统长期进化和自然选择的结果。山羊和骆驼能适应以灌木和旱生、盐生牧草为主的荒漠化草地;牛、马喜食高大、多汁、适口好的优良牧草,适宜草甸草原放牧;绵羊善食短草,喜食多汁与有气味、含盐或有苦味的牧草,适宜各类草原,特别是干草原放牧。牛的采食能力与抗雪灾能力最弱,马的采食与奔跑能力最强。发生雪灾后,牧民总是先放马破雪,再放羊,最后才牧牛。随着气候暖干化和草原旱生化演替,需减少牛马,增加绵羊比例;干草原转化为荒漠草原的地方还应增加骆驼和山羊的比例。雪灾多发草原不宜多养牛。当地牲畜品种抗灾能力通常强于外来品种,应以高产优质良种畜与本地土种畜杂交改良以兼顾增产与抗逆。引进高产良种的同时也要保持一定比例的传统地方品种。

③推广易地育肥。充分利用草原夏秋资源放牧,秋季牧草枯黄后将架子牛羊输出到农区,利用秋收后的丰富饲料资源快速育肥出栏,以满足消费高峰期的市场需求。由于资源互补和优化配置,能取得最佳经济效益,越冬载畜量减少也有利于草场的生态恢复。

(魏培、郑大玮)

184. 气候变化对我国的农区畜牧业有什么影响和适应对策？

农区畜牧业是我国畜牧业的主体,以舍饲为主,虽然暴露度小于草地畜牧业,但仍受到环境条件的很大影响。气候变化对农区畜牧业的影响包括饲料生产、饲养动物生理、畜牧生产环节和动物疫病几个方面。

(1)对饲料作物生产的影响

农区畜牧业配方饲料包括以玉米为主的能量饲料、以大豆为主的蛋白饲料和含有维生素、矿物质、微量元素等的饲料添加剂,奶牛饲养还需要大量青绿饲料。不同饲料作物对环境气象条件的要求不同。

气候变化对玉米生产的影响前文已阐述。总的来看,气候变暖和 CO_2 浓度增高有利于北方玉米增产,降水减少和显著增加地区的旱涝灾害对玉米生产不利。气候变暖虽然同样有利于大豆增产,但单产仍明显低于玉米,在土地资源紧缺的情况下,各地往往压缩大豆种植面积,导致蛋白饲料日益依赖进口。气候变暖使南方双季稻产区冬闲时间延长,有利于种植短日期绿肥或饲料作物,但 CO_2 浓度增高将使饲料作物的蛋白质含量降低。

(2)对动物生理的影响

气候变暖导致中低纬地区动物热应激事件增多,气候波动加剧导致中高纬地区冷应激事件仍频繁发生。除影响动物健康外,畜舍环境调节成本也因此上升。

高温使动物食欲、饲料利用率和畜牧生产率下降,高温天气公畜精液质量和母畜受胎率下降。现代奶牛业大多使用喜凉怕热的荷兰黑白花牛改良种,北京地区2000—2012 年平均每年有 139 天最高气温大于 25℃,处于热应激状态,有 36 天最低气温低于 5℃,处于冷应激状态。高温对养鸡业的危害更大。由于鸡没有汗腺,炎热天气靠喘气蒸发水分来降低体温,呼吸频率由每分钟 20 多次加快到数百次,排出大量 CO_2 使血液碳酸浓度降低,影响对钙的吸收,使蛋壳变薄;食欲也随之下降,导致产蛋量和增重下降。炎热天过量饮水还会导致腹泻和垫料潮湿,饲料容易发霉,鸡舍污染加重,疫病容易流行。

低温下虽然动物食欲增加,但体能消耗更快,导致增重率和饲料利用率下降。个体越小抗寒力越差。新生仔猪 $-6℃$ 就冻僵, $-8℃$ 冻死;30 日龄仔猪冻僵和冻死的临界温度分别降低到 $-8℃$ 和 $-12℃$,90kg 重育肥猪在气温 4℃ 时日增重只有适温 21℃ 下的一半。潮湿环境和有风时猪的体能消耗更大。严寒天气患黄白痢是冬季仔猪的主要死亡原因。由于气候波动加大,极端寒冷事件仍时有发生,牲畜在前期温暖的情况下气温骤降,冷应激反应也更加强烈。

(3)对畜牧生产环节与畜产品消费的影响

气候变暖使微生物活动加强,高温高湿条件下饲料和垫料易霉变,动物粪便容易发酵产生有害气体,使畜舍环境受到污染。气候变暖使动物春季脱毛、换羽、发情、配种的时间提前,各项牧事生产作业活动也相应提前。

气候变暖对人们的食欲产生一定影响,炎热季节对牛羊肉等高热量畜产品的需求量将会下降,对奶制品的需求量将会增加。

冬季变暖使高寒地区冷冻贮藏自然条件变差,高温天气制冷贮藏耗能增加。

(4)对动物疫病的影响

气候变暖导致病原体生物链和生物学特性改变,动物活动区域变迁也给传染病传播流行创造了条件。病原体尤其是病毒突破原有寄生、感染分布区域,生态环境改变迫使自然疫源性病原微生物发生基因突变和重组、转移等遗传性变化,从不致病变成致病或毒力增强而引起新的危害。如禽流感当平均温度 20℃ 时发生蔓延可得到有效控制,但气温上升和变干燥加速鸟类粪便挥发,加上候鸟迁徙时间和路径改变,使禽流感传播更加广泛。气候变化使原本冬季死亡或休眠的传病害虫安全越冬并提早活动。气候变化引起的动物生存环境改变和脆弱性增大,也增加了疫病发生的风险。

农区畜牧业适应气候变化要从以下四个方面着手。

(1)饲料作物生产

在气候变化有利地区扩大饲料玉米生产。充分应用现代生物技术,加快高产大豆品种选育,改变蛋白饲料严重依赖进口局面。随着作物生长期的延长,南方双季稻产区可利用冬闲种植绿肥和青绿饲料作物,北方一年一熟区南部也要利用剩余热量种植饲料作物。针对 CO_2 浓度增高使植物体蛋白质含量降低,调整饲料配方,确保必要氨基酸和维生素含量,增加炎热季节青绿饲料的供给。

(2)针对气候变化对动物生理的影响

应对热应激天气,一方面要改良畜禽舍环境,另一方面要改善饲养管理。以养鸡为例,降低舍温措施包括鸡舍阳面种树或搭凉棚遮阴,通风、喷水、舍顶刷白、设置水帘等;选用高能量低蛋白饲料,以植物蛋白饲料替代动物蛋白饲料,以颗粒饲料替代粉状饲料,改饲喂干料为湿料,改白天饲喂为早晚饲喂,补充 KCl、$NaHCO_3$ 和含钙饲料,添加防病药剂;提供清洁饮水,适当降低饲养密度,加强鸡舍消毒,及时清扫,防止噪声干扰。奶牛对热应激最为敏感。随着气候变暖,奶牛业要向更高纬度与海拔地区发展,控制炎热地区饲养规模。炎热地区和季节饲养奶牛要改良牛舍环境,利用太阳能、水帘蒸发、通风、空调和植树来遮阴降温。要调整饲料配方,增加青绿饲料作物的生产。

冬季虽然变暖,但气温突降时动物仍会发生明显的冷应激。首先要加强畜禽舍保暖。陕西省推广塑料薄膜覆盖暖棚,最高气温比敞棚平均高 8.1℃,最低气温高 3.9℃,养猪日增重提高 133g,每增重 1kg 节约饲料 1.3kg,仔猪成活率由 54% 提高到 80%。冬季畜禽舍地面要保持干燥,勤换垫料,堵塞漏洞,防风侵袭。适当增加精饲料和蛋白饲料的比例。

(3)生产环节的适应性调整

畜禽舍要及时清扫和经常消毒。夏季适当降低饲养密度,增加添加饲喂次数,每次量不宜过多。适应市场需求调整畜牧业结构,扩大奶牛业规模,牛羊肉主要用于冬季市场供应。春季人工授精、配种、剪毛、抓绒、产仔等生产活动的时间要根据当地回暖趋势适当提前,同时做好防寒保暖。

(4)动物疫病防控

大力加强动物疫病,特别是人畜共患病监测、预警、检疫和防控体系建设,调整重点疫病防控季节与区域。对发生重大疫情的畜禽场采取封锁、扑杀和消毒等措施。对国外已经发生,国内尚未发生的重大动物疫病和人畜共患病尽早开展病原特性、诊断方法、治疗药物及疫苗研制等的研究。

根据当地气候变化特点,加强畜舍环境综合治理,减少污染源和病原滋生地,加强畜舍清洁和消毒,严格防止候鸟粪便污染养禽场传染禽流感。

改进饲料配方,确保种畜禽和幼畜禽必要的活动空间,以增强动物对疫病的抵抗能力。严格限制抗生素的应用,防止因滥用导致病原耐药性的增强。

185. 气候变化对我国的淡水养殖业有什么影响和适应对策?

我国淡水渔业规模为世界最大。由于水生动物生长发育处于水体中,气候变化引起水环境要素的改变,进而影响到水生动物的生长发育、繁殖和洄游习性。

(1)水温升高的影响

除水生哺乳动物外,绝大多数水生动物为变温动物。不同水生动物及不同发育阶段对水温的要求不同。气候变暖引起水温升高,使水生动物生存适宜水域发生改变,导致渔业资源分布和生产布局的改变,同种水生动物将向更高纬度水体或冷水区迁移,如原产热带的罗非鱼已在我国南方大规模养殖。水温升高使一年中水生动物的生长期和摄食期延长,越冬休眠期缩短,发育加快,洄游活动提前。水温升高还导致藻类植物生长发育提前和加快,为水生动物提供更多饵料,有利于渔业增产。但由于微生物加快繁殖和人类排放污染物造成水体富营养化,容易因藻类过度繁殖堆积腐烂使水质恶化导致死鱼。南方盛夏水温常达35℃以上,鱼类消化力和食欲明显下降甚至停止摄食。如张家港市2006年炎热天气过长,河蟹与青虾成熟提前,个头变小,单产和经济价值显著降低。气候变暖还使细菌、病毒和寄生虫等病原容易越冬,繁殖加快,各类水产病害发生日益频繁。

(2)降水量改变的影响

北方由于降水减少水资源短缺,淡水养殖面积减少且不能及时更新水体。南方虽然降水充沛,但季节性干旱同样制约养殖规模。夏秋淡水养殖用水高峰期长江中下游因伏旱缺少更新用水,有时外塘水质还不如内塘,经常出现泛塘死鱼。

(3)溶解氧减少的影响

水温升高会降低水体溶氧能力,太阳辐射和风速减弱都会降低了水体溶解氧浓度,极大增加了低压阴雨天气泛塘死鱼的风险,尤其是富营养化水体。

(4)极端天气气候事件的影响

陆地旱涝、低温与热浪的频繁发生明显加大淡水养殖业的不稳定性。如2008年初的南方持续低温冰雪天气淡水养殖鱼类大量冻死。强台风登陆常造成淡水养殖设施损坏。极端降水冲击养殖水体可造成设施损坏和鱼类流失。

淡水养殖业适应气候变化要采取以下对策:

(1)调整淡水养殖布局与规模。干旱缺水的北方发展规模要量水而行;南方要加强水环境保护,有条件的可打井以地下水补充旱季养殖水源。随着气候变暖,喜温性鱼类养殖适当向北扩展。

(2)改善养殖环境。如长江流域鱼塘推广改浅塘为深塘,改小塘为大塘,改死水塘为活水塘,高温时期增加换水次数。加大基础设施投入,添置增氧机、水泵、投饵机等渔业机械硬件,采取植树、搭棚、清淤除泥、护坡固岸防渗等措施以保持水质新鲜和降低夏季高温危害。

(3)高温天气适当降低放养密度,根据天气掌握投饵次数和数量。闷热天气和水体溶氧低时少投或不投,用药前后少投;晴朗天气,昼夜温差大,水体清洁时适当多投。适当降低饵料蛋白质含量,添加维生素。

(4)贯彻"以防为主、以治为辅,无病先防、有病早治"的方针,加强高温季节鱼病防控。由于炎热天气上下水层对流几乎停止,下层水体经常缺氧并分解有害物质。应选用环保型底质改良剂,配合增氧剂和开动增氧机以调节水质,不提倡全池投放化学药剂,以免水质突变造成养殖对象药物中毒或缺氧窒息。必须使用药物治病时可选用中草药拌饵投喂或小范围泼洒。

(5)加强对暴雨、台风、热浪等灾害性天气的预测和预警,及时采取防范措施。

186. 气候变化对我国近海养殖业有什么影响和适应对策?

(1)气候变化对近海养殖业的影响

近海养殖包括筑塘引进海水养殖对虾、海蟹等,海岸带养殖鲍鱼、贝类和网箱养鱼,以及海带、紫菜等海水栽培植物。

气候变暖导致海平面上升,台风、风暴潮、海浪等海洋灾害的威胁明显增大,尤其近年来强台风和超强台风频繁发生,严重摧毁海上养殖设施。近年来渤海、黄海的海冰呈回升态势,对近海养殖的威胁也很大。

海温升高和陆地向海洋污染物排放增加使得沿海赤潮发生频率增大,导致养殖对象缺氧窒息或因饵料不足而生长不良。

珊瑚礁和红树林是许多海洋生物的栖息地或附着地,海水酸化导致珊瑚礁白化和萎缩,海平面上升导致红树林退化和消失,将严重影响近海生物多样性和鱼类产量。海水酸化还将严重影响海洋生物对钙质吸收和生长发育及繁殖。

海岸带的暴雨和洪水使养殖池水体盐度发生突变,可造成对虾身体强烈吸水膨胀而导致死亡。水温过高易导致养殖水体缺氧,养殖动物窒息死亡。

(2)近海养殖业适应气候变化的对策

调整生产布局,养殖品种随海温上升适度北扩,适度调整投苗和收获时间。

加强近海养殖设施的防风防浪加固保护。加强台风、暴雨、热浪等灾害性天气与风暴潮、海冰、赤潮等海洋灾害的监测和预警并及时传递到养殖户。

高温天气加强养殖池水体换水次数,适当加大水深。投放饵料时间改在早晚。

加强海岸带环境保护,防止沿海水质恶化。及时清理漂浮污染杂物和油污。

187. 气候变化对我国海洋捕捞业有什么影响和适应对策?

(1)气候变化对海洋捕捞业的影响

气候变暖导致海水升温,冷暖洋流路径与强度改变,导致不同鱼类适宜生活区域和洄游路线改变并向更高纬度海域迁徙。某些传统渔场削弱甚至消失,某些渔场增强并出现一些新的渔场,引起世界渔业资源分布格局的改变,引发渔业资源争夺和渔权纠纷。如中国舟山渔场各种经济鱼类正向外海和更高纬度迁移,冰山消融为南极周围海域提供营养物质促进了浮游生物繁殖,吸引磷虾到来并招来鲸类等大型动物,成为资源丰富的渔场。斑海豹每年冬季向中国沿海迁徙,海冰减少使斑海豹无法找到合适产仔场,濒危程度明显加剧。海温升高导致鱼类春季洄游提早,秋季延迟,使传统的季节性渔场和鱼汛期发生改变。

气候变化与波动导致厄尔尼诺和拉尼娜等海温异常现象频繁交替发生,通常厄尔尼诺年赤道东太平洋海温异常偏高,涌升流减弱,海水上层藻类生长不良,渔业资源萎缩;西太平洋暖池东扩,鲣鱼高产渔场随之东移。拉尼娜年则相反,辐合区和鲣鱼渔场西移,赤道东太平洋海域涌升流增强饵料丰富,渔业丰收。

海平面上升使得各种海洋灾害对海岸和渔港设施的破坏增大,但吃水加深也减少了低潮位时渔船搁浅的危险。

海水增温和气候异常导致热带风暴强度明显增大,对海洋捕捞作业安全构成极大威胁。冷空气势力减弱导致部分海域秋冬浓雾增加,易酿成海难事故。

气候变化导致陆地降水时空分布更加不均,长江入海径流季节差异明显增大,海河除上游发生暴雨天气外几乎没有径流入海。由于江河水含丰富有机物,入海径流减少或不稳定将使海洋渔业资源的季节分布改变且更不稳定。江河中的污染物对河口附近海域和海岸带的海洋生物也构成了严重威胁。

(2)海洋捕捞业适应气候变化的对策

①调整生产布局。气候变化改变了洄游鱼类的迁徙规律,根据气候变化导致的渔业资源时空分布改变,要及时调整鱼汛期和重点捕捞作业海域。我国近海渔业资源因长期掠夺式捕捞而濒临枯竭。虽然国家规定了不同海域的休渔期,仍不能改变近海渔业资源萎缩趋势。为此,要加强国际合作,积极开拓远洋渔场,特别是由于气候变化渔业资源增加的海域。

②严格遵守休渔和禁止滥捕的有关规定,通过人工养殖鱼苗定时投放到沿海海域,以遏制渔业生物资源枯竭的势头。

③加强渔港基础设施建设,改进渔船安全防护设施。加强海洋灾害和海上极端天气事件的监测、预报和预警,减少海洋捕捞业的海难事故。

④沿海城市和工业向入海河流大量排放污染物导致近海水质恶化,赤潮频繁发生。要大力加强环保执法与综合治理,还我碧海蓝天,恢复海洋渔业资源。

188. 气候变化对养虫业有什么影响和适应对策?

养虫业主要包括养蚕与养蜂,严格意义上讲不属于畜牧业,但目前归口畜牧业管理。养蚕包括桑蚕与柞蚕,目的是利用蚕茧纺织丝绸;养蜂可获取蜂蜜、蜂王浆、蜂蜡、蜂胶等蜂产品。蚕与蜂都是变温动物,易受环境变化影响。气候变化还通过对养虫业所依赖植物的影响而影响到蚕和蜂的生长发育与生产性能。

(1)气候变化对养蚕业的影响与适应对策

桑树适宜在暖温带和亚热带栽植,桑蚕以桑叶为食料,在室内饲养,饲育适温为20～30℃。气候变暖导致桑树提前发芽和展叶,桑蚕适宜饲育期相应提前,发育加快。柞蚕以柞树叶为食料,在中温带半湿润气候的柞树林中放养,更易受环境变化影响与天敌危害,仅在辽东等少数地区养殖。虽然气候变暖促使适宜养蚕区域整体北移,但华北和西北东部降水减少对桑树栽植不利,养蚕业有所萎缩,长江流域的夏季高温也不利于桑蚕养殖。

随着气候变暖和春季植物物候提早,蚕卵孵化、桑叶采摘和桑蚕、柞蚕饲养都相应提前。桑蚕随着个体长大和虫龄增加,饲育适温逐步降低,但环境气温却逐步升高,要求在蚁蚕期加强蚕室保温,大龄蚕期加强通风降温,尤其是春末夏初迅速升温之际。气候变化导致气温波动加剧,给桑蚕饲养带来困难。要密切注意天气变化和桑树发芽展叶进程,调整孵化、饲养和上蔟时间。要加强大风、寒潮、热浪、暴雨等极端天气气候事件的监测、预报和预警,及时采取防范措施。四川省南充市将原有春夏秋三季养蚕中的秋蚕调整为晚秋蚕,使养蚕用叶与桑叶适熟高产期吻合,减轻了夏秋高温天气的影响,还缓解了农蚕劳力矛盾。晚秋期留叶养树增加来年春叶和全年桑叶产量,有利于增加春蚕和全年蚕茧产量。

(2)气候变化对养蜂业的影响与适应对策

气候变化影响到蜜源植物分布的改变。随着气候变暖,同种蜜源植物的分布向更高纬度与海拔地区扩展,温带植物冬季休眠期缩短,蜜蜂冬季消耗减少,春季开花提前,某些植物的花期可能延长。降水增加地区植被更加繁茂,但也可能使某些蜜源植物的竞争力减弱,湿润条件下花蜜浓度降低。降水减少地区蜜源植物茂密程度下降,花期缩短,花蜜分泌数量下降,但浓度提高。气候变暖导致植物开花期与数量变化,使不同蜜源植物的适宜采蜜期改变。气温剧变、高温或低温胁迫、暴雨、大风等都会对蜜蜂生存和采蜜活动造成不利影响。

由于气候波动加剧和不同蜜源植物的响应不同,对于流动养蜂要建立不同地区蜜源植物花期与花量的信息系统,以充分利用气候变暖带来的有利机遇和蜜源植物资源,避开不利天气。随着春秋季物候改变,蜂群北移相应提前,秋季适当延后。本地饲养蜜蜂要根据蜜源植物花期、数量及种植结构改变,合理安排全年生产。气候干旱化和炎热地区不宜养殖西蜂,只有一种主要蜜源植物的地区应以饲养适应性较强的中蜂为主,饲养成本低,病虫害相对较少。

189. 气候变化对观光农业有什么影响和适应对策?

(1)气候变化对居民出行规律与消费需求的影响

观光农业是以农业自然资源为基础,农业文化和农村生活文化为核心,通过规划、设计与施工吸引游客前来观赏、品尝、购物、体验、休闲、度假,是农业与旅游业相结合的一种新型生产经营形态。随着社会经济发展与农业的现代化,农业功能从单纯的经济功能扩展到社会功能、文化功能和生态功能,当代农业已不限于第一产业,已成为集一、二、三产业的综合型产业。

随着气候变暖,高纬度高海拔地区的居民冬季交通条件改善,出行活动增加。低纬度地区夏季高温时段出行减少。随着人们生活水平与教育水平的提高,消费农产品不仅是为解决温饱,越来越讲究质量与特色。而且越来越愿意观赏和体验与农业生产相联系的农业生态景观和农业文化。工作时间缩短,节假日增多和交通条件改善也使人们拥有更多时间到农村和农田旅游。

(2)气候变化对自然物候与农业景观的影响

观光农业与自然物候和田园景观密切相关,气候变化引起自然物候和农业景观的很大变化。年平均温度上升1℃,木本植物物候期春季一般提前3~4天,秋季推迟3~4天,绿叶期延长6~8天。大部分植物始花期提前3~6天。气候变暖还使北方冬季封冻期和积雪期缩短。

观光农业不少项目与植物春季展叶、开花、结果,秋季叶片变色和冬季冰雪景观相联系,气候变化导致植物生长发育进程和物候发生改变,最佳观赏或体验期也相应改变。如北京郊区尽管种植冬小麦经济效益不高,但由于是冬季唯一覆盖土壤并保持一定绿色的作物,具有遏制本地起沙尘和拦截外来沙尘等生态效益和景观效果,政府给予农民一定的生态补偿,仍保留一定种植面积。

气候暖干化地区的水资源日益紧缺,使得北京西郊玉泉山下专供皇宫的京西稻无水可种,天津小站稻种植面积也大幅度萎缩,华北明珠白洋淀的水面不得不依靠调黄河水和南水北调的长江水来维持。

(3)观光农业适应气候变化对策

调整观光农业旅游项目的布局和时间。随着气候变暖,如清明踏青、北京平谷桃花节、洛阳牡丹节等都要适当提前并根据当年气候适当调整,秋天观赏红叶最佳时期相应延迟,冬季欣赏冰雕、雪雕、冰灯、雾凇及开展滑冰、滑雪等活动的时期缩短或向更高纬度和海拔转移。北京市的香山红叶观赏期比 20 世纪 50 年代大约推迟了 5～7 天，观赏期只有十多天。北京市气象局利用郊区不同海拔高度的物候差异，建议园林部门种植有关树种，使红叶观赏期扩展到从 9 月上旬到 11 月上旬的 2 个月之久。

气候变化导致极端天气气候事件增加，对观光旅游者的人身安全造成一定威胁。北京市在开发山区沟域经济时不少观光农业旅游点设在沟边，在 2012 年 7 月 21 日的特大暴雨和山洪灾害中受到严重摧残并发生多起伤亡事故。擅自攀爬野长城的游客因雷击伤亡也已发生多起。因此，随着观光农业规模的日益扩大，必须加强对极端天气气候事件的监测、预警和加强对景点的管理。

观光农业必须具有特色才有吸引力。许多名特优农产品的形成都与当地特殊的气候优势有关。随着气候变化，某些名特优农产品的生产可能更加有利，可扩大生产规模；有些则更加不利，需要研发相应栽培技术或向更适宜地区转移。

190. 气候变化对农业技术服务业有什么影响和适应对策？

农业服务业指为产前提供生产资料，产中提供技术服务和产后提供运输、贮藏、初加工、包装、营销和金融等多种服务性产业的总称。广义的农业服务业还包括农机制造、农业基础设施建设、农用化学品生产和农产品加工等工业部门。气候变化对各类农业技术服务业也带来了复杂的影响，需要采取相应的适应对策。

(1) 农机服务业

气候变化导致种植结构和作物布局的改变，加上作物发育进程和土壤状况的改变，都要求农机服务的内容需要相应调整。如气候变暖有助东北平原增产并成为最大商品粮基地，需投入更多大型农机发展规模经营。黄淮海平原冬小麦播种期明显推迟，成熟期略提前，播种机和收割机等大型农机具调度和布局要相应调整。冬季变暖使冬旱加重，但隆冬又不宜灌溉，京津等地研制了镇压器，可显著缓解冬旱威胁。气候变暖使得土壤有机质加速分解，传统的农户养猪积肥已不可行，秸秆粉碎还田成为补充土壤有机质的主要途径，需要研发高效秸秆粉碎机。作物生育期延长使耗水量增加，苗期中耕促根下扎是提高植株抗旱能力的有效措施。但目前大多数农民种完地就外出打工，需要研发中耕机和推广社会化服务。长江流域秋末常因连阴雨烂根烂种苗情很差。江苏省研制摆播机，在过湿的稻茬麦田仍能掌握合理行株距。气候变暖使高寒地区冻土变浅，早春翻浆提前，播种机必须趁冻土尚坚硬时方能承载。

(2) 农用化学品

农用化学品包括化肥、农药、兽药、薄膜、饲料添加剂等。

① 肥料。市场经济条件下由于农产品全部输出带走大量养分，必须投入化肥或有机肥补偿。气候变暖使土壤有机质加速分解，化肥加快挥发。由于大多数农民播

种时一次施足底化肥,然后出去打工不再追肥,养分大部分在苗期释放,作物旺盛生长期缺肥,产量和肥效都不高。缓释化肥可使供肥高峰与作物需肥高峰相吻合,但需进一步降低成本才能大面积推广。畜牧业生产主体已由户养改变成工厂化规模养殖,大量畜禽粪便成为主要的农业污染源,气候变暖更加剧了养殖环境污染。欧洲各国采取限制养殖规模,将畜禽粪便用作农田有机肥,中国则主要用于设施农业。

②农药和兽药。气候变暖使得农药和兽药挥发分解加快毒性增强,作物和动物及有害生物的发育进程也有所改变。需要调整喷洒农药和服用兽药的对象和时机,尽量使用高效低毒农药、兽药和生物农药、生物兽药。

③农膜。气候变暖有利于中高纬地区发展冬季设施农业,农膜需求量迅速增长,但"白色污染"成为影响土地可持续利用的重大障碍,需研制增温保墒效果不差和成本较低的可降解薄膜。

④饲料添加剂。气候变暖对饲养动物的食欲和养分需求产生影响,热胁迫增加,CO_2 浓度增高使饲料蛋白质含量下降,需要对饲料配方进行调整,增加必要氨基酸含量和有助于应对热胁迫的安全药物。

(3)作物栽培和动物饲养技术咨询

气候变化,特别是极端天气气候事件增加,要求对常规栽培和饲养技术做出调整,加强针对气候波动和极端天气气候事件的应变栽培技术和饲养技术的研发和咨询。

(4)水利和气象部门

水资源管理部门要针对气候变化引起的水资源时空分布格局改变,调整农用水资源季节和区域分配方案,大力推广农业节水技术。气象部门要加强灾害性天气监测、预测和预警,积极开展农业气候资源开发利用业务与服务。

(5)有害生物防控

植保和兽医部门要根据气候变化引起有害生物发育和时空分布的改变,调整防控策略、防控重点对象和最佳时机。

191. 气候变化对农业产后服务业有什么影响和适应对策?

农业产后服务业包括运输、贮藏、加工、产后处理与包装、营销与贸易及金融服务等。

(1)气候变化对农产品贮藏、运输、加工和包装等的影响及适应对策

气候变暖改善了高寒地区的交通条件,但大风、暴雨、雾霾等极端天气气候事件的影响加大。气温升高后农产品易加快后熟和霉变,对产后处理和贮藏提出了更高要求,农产品冷藏耗能和成本增加,对加工防腐和包装的要求也相应提高。为此,应调整各类农产品运输、贮藏和加工的环境调控技术标准,加强农业基础设施建设,大力发展鲜活农产品采收、处理、包装、运输、贮藏一条龙的冷链势在必行。

（2）气候变化对农产品营销和贸易的影响与适应对策

市场经济条件下农产品行情多变,气候变化和极端天气气候事件更增加了产量和品质的不稳定性。很多农民常因行情突变,虽获丰收但卖不出货反而赔本。同种农产品不同年份的产量和品质也有很大波动。为此,必须建立能通达所有农户的市场与气象信息系统,根据市场行情和当年气象条件选择适宜的作物或饲养动物。需要注意的是市场信息往往具有一定的滞后性,短期气象预测还比较准确,长期预报目前还不过关。因此,还需要对各种农产品生产的市场风险和自然风险进行分析评估,选择风险较小收益较大的决策方案。市场波动有一定周期性,通常在市场行情开始上升时选择最为有利,行情最好时却需要慎重,不要盲目扩大规模。气候波动也有一定的准周期性,除干旱在北方是常态外,其他气候现象连续发生的概率较低,如久旱之后要警惕暴雨洪涝,气温反常升高往往是冷空气到来的前兆。

气候变化引起许多农产品优势产地的转移。如俄罗斯与加拿大可耕种土地面积和谷物出口有可能大幅度增加。热带地区粮食生产有可能进一步萎缩。西欧大面积扩种油菜和美国大量玉米作为生物燃料生产,引起世界粮食和油料市场格局改变。厄尔尼诺年赤道东太平洋渔获量大幅下降,赤道西太平洋渔业资源却显著上升。因此,需要研究气候变化对世界主要农产品生产和贸易格局的影响,修改原有贸易对策。国内随着气候变暖,东北粮食生产的优势更加凸显,华南冬季生产更为红火。但西南冬春干旱有加重和常态化趋势,将严重影响冬淡季蔬菜生产与输出。由于新疆气温升高和降水增加,在修建控制性拦蓄工程和大力推广农业节水的前提下,有可能适度扩大耕地面积,大量输出商品粮棉与特色瓜果。由于气候变化导致的资源优势和主产区转移,国内农产品贸易格局也要调整。

（3）气候变化对农业金融和保险业的影响与适应对策

气候变化引起农业生产格局的改变必然会影响到农业金融服务的调整。东北等商品粮基地的拓展和现代化,特别是规模经营的迅速推进,要求提供更多的金融支持。黄土高原和西南岩溶山区等气候变化敏感脆弱地区为稳定脱贫和巩固现有减贫成果,需要提供小额贷款。气候变暖有利于设施农业的发展,需要大量的资金投入,但只要市场对路,回报也是丰厚的。上述种种都需要金融产业调整支农对策,更好地促进农业的产业化和现代化。

极端天气气候事件频发和危害加大,迫切要求全面开展农业保险业务。但小规模经营的保险业务难度很大。一方面要积极推进土地流转和适度规模经营,另一方面也要探索在经营规模较小情况下,开展农村合作灾害保险的路子。天气指数保险可以避免逆向选择和道德风险,且大大降低了勘损成本,是未来农业灾害保险的发展方向,已在国内外逐步推广。

九、适应气候变化中国在行动

192. 我国应对气候变化有哪些组织机构？

目前我国已经建立由国家应对气候变化领导小组统一领导、国家发展和改革委员会归口管理、各有关部门分工负责、各地方各行业广泛参与的应对气候变化管理体制和工作机制。

（1）国家应对气候变化及节能及减排工作领导小组

"国家气候变化协调小组"1990年设立于国务院环境保护委员会，负责统筹协调我国参与应对气候变化国际谈判和国内对策措施。"国家气候变化对策协调小组"1998年成立，作为部门间的议事协调机构。

为切实加强对应对气候变化工作的领导，2007年6月，国务院决定成立国家应对气候变化及节能减排工作领导小组（以下简称领导小组），由国务院总理任组长，主管副总理和国务委员任副组长，成员包括各相关部、委、局的领导人。作为国家应对气候变化工作的议事协调机构，国家发展和改革委员会（后文简称国家发改委）具体承担领导小组的日常工作。领导小组的主要任务是：研究制订国家应对气候变化的重大战略、方针和对策，统一部署应对气候变化工作，研究审议国际合作和谈判对案，协调解决应对气候变化工作中的重大问题；组织贯彻落实国务院有关节能减排工作的方针政策，统一部署节能减排工作，研究审议重大政策建议，协调解决工作中的重大问题。协调联络办公室2010年在国家应对气候变化领导小组框架内设立，以加强部门间协调配合。由国家发改委分管应对气候变化工作的领导同志担任主任，外交部、科技部、财政部、环境保护部、中国气象局、国家林业局、国家能源局等分管部（局）担任副主任，领导小组各成员单位有关负责同志为成员，国家发改委主管司负责同志为秘书长。

（2）国家气候变化专家委员会

2005年6月，叶笃正、刘东生、孙枢、孙鸿烈、巢纪平、何祚庥、吴国雄、秦大河等八位中国科学院院士联名向国家领导人提出设立国家气候变化科学特别顾问组的建议。有关领导做出重要批示，成立气候变化专家委员会。中国气象局受国家气候变化对策协调小组委托，负责组建跨部门、跨学科的气候变化专家委员会，从科学层面为党和政府的决策提供科学咨询与服务，有助于增强政府决策的民主化、科学化和法制化,从而进一步提高我国科学应对气候变化的能力。专家委员会共 11 人,孙鸿烈院士为主任委员,丁一汇院士、何建坤教授为副主任委员。2010 年 9 月 14 日,经国家应对气候变化领导小组批准,组成了 31 人的第二届专家委员会,包括气候变化科学、经济、生态、林业、农业、能源、地质、交通、建筑以及国际关系等领域的院士和高级专家,专家委员会主任由中国工程院原副院长杜祥琬院士担任,中国科学院副院长丁仲礼、国家气候中心原主任丁一汇、清华大学原副校长何建坤教授担任副主任。专家委员会日常工作由国家发改委和中国气象局负责,中国气象局副局长沈晓农担任办公室主任,办公地点设在中国气象局。作为国家应对气候变化领导小组的专家咨询机构,专家委员会主要职责是就气候变化的相关科学问题及我国应对气候变化的长远战略、重大政策提出咨询意见和建议。

(3)国家发展和改革委员会应对气候变化司

应对气候变化司 2008 年由国家发改委设置,负责统筹协调和归口管理应对气候变化工作。各省、直辖市和自治区的发改委也相应成立了气候变化处,或明确由资源环境处负责应对气候变化工作。应对气候变化主管机构的建立与明确,有力促进了全国节能减排与适应气候变化工作的全面开展。

(4)应对气候变化研究机构

为加强国家应对气候变化战略研究,推动国际应对气候变化合作,2012 年 6 月 11 日国家发改委所属国家应对气候变化战略研究和国际合作中心正式揭牌,该中心是直属国家发改委的正司级事业单位,主要职责包括组织开展有关中国应对气候变化的战略规划、政策法规、国际政策、统计考核、信息培训和碳市场等方面的研究,为我国应对气候变化领域的政策制定、国际气候变化谈判和合作提供决策支撑;受国家发改委委托,开展清洁发展机制项目、碳排放交易、国家应对气候变化相关数据和信息管理以及应对气候变化的宣传、培训等工作。目前部分省、自治区和直辖市的发改委也成立了相应的应对气候变化研究机构。

科学技术部、国家发改委、外交部、教育部、财政部、水利部、农业部、国家环保总局、国家林业局、中国科学院、中国气象局、国家自然科学基金委员会、国家海洋局、中国科学技术协会 14 个部门于 2007 年 6 月联合发布了《中国应对气候变化科技专项行动》,内容包括五个部分:全球气候变化的形势及其对科技工作的迫切需求;我国气候变化科技工作取得的成就;《专项行动》的指导思想、原则和目标;重点任务;推动《专项行动》实施的保障措施。

《专项行动》的发布有力促进了我国应对气候变化科技工作的开展。除发改委系统外,各地科研机构和高等院校纷纷成立应对气候变化科研机构,其中比较重要的有中国科学院气候变化研究中心、清华大学气候政策研究中心、北京大学气候变化研究中心、北京师范大学全球变化与地球系统科学研究院、中国气象局气候变化中心、水利部应对气候变化研究中心、中国农科院农业与气候变化研究中心等。

(戴彤)

193. 中国在应对气候变化方面采取了哪些行动,取得了什么效果?

中国作为仍处于工业化和城市化阶段的发展中大国,是受气候变化影响最大的国家之一。中国高度重视气候变化问题,把积极应对气候变化作为国家经济社会发展的重大战略,把绿色低碳发展作为生态文明建设的重要内容,采取了一系列行动,为应对全球气候变化做出了重要贡献。

中国积极参与了应对气候变化的国际谈判,包括努力促进巴黎气候大会取得成果在内,为推动公平公正的全球气候治理做出了重要贡献。中国是《气候变化框架公约》的首批缔约方之一和IPCC的主要发起国之一,积极参与了历次IPCC评估报告的编写,并已发布了两次《气候变化国家评估报告》。早在1998年就设立了由国家发展计划委员会主任为组长的国家气候变化对策协调小组,2007年成立了由国务院总理任组长的国家应对气候变化领导小组。2010年发布了《中国应对气候变化国家方案》,是最早制定和实施应对气候变化国家方案的发展中国家。从2008年起,每年发布《中国应对气候变化的政策与行动》白皮书,成为中国应对气候变化的纲领性文件。2014年又制定了《中国应对气候变化规划(2014—2020年)》。2015年6月向联合国提交了中国国家应对气候变化自主贡献的文件。中国积极开展了应对气候变化的国际合作,特别是大力促进南南合作,宣布将设立200亿元人民币的中国气候变化南南合作基金,并从2016年起在发展中国家启动低碳示范、减缓、适应和培训等大批合作项目。

在减缓方面,2009年中国政府承诺到2020年单位GDP二氧化碳排放要比2005年下降40%～45%,到2014年已下降33.8%,"十二五"减排目标超额完成。非化石能源占一次能源消费比重达到11.2%,比2005年提高4.4个百分点。人工林保存面积居世界第一,森林蓄积量比2005年增加21.88亿 m^3,比承诺目标多46%。中国近20年累计节能占全球52%,近5年全球可再生能源总装机容量中国占25%,2013年和2014年的增量中国占37%～40%。2015年6月,中国政府向联合国气候变化框架公约秘书处提交了应对气候变化国家自主贡献文件,明确提出2030年左右二氧化碳排放将达到峰值,非化石能源占一次能源消费比重提高到20%左右,单位GDP二氧化碳排放比2005年下降60%～65%,森林蓄积量增加45亿 m^3 左右。碳交易已在7个省(市、自治区)试点,广泛开展了创建低碳城市、低碳省区和民间的节能环保活动。

在适应方面,针对气候变化,特别是极端天气气候事件的影响,中国各地和各行各业已经自发采取了大量适应措施。2013年中国发布了《适应气候变化国家战略》,开始全面部署主动和有计划的适应行动。文件回顾了中国已开展的适应行动。《适应气候变化国家战略》出台后组织了一系列的培训,实施了一批示范项目,但总的来看,适应工作仍明显滞后于减缓工作。

194.中国在气候变化国家自主贡献文件中做出了怎样的承诺?

2015 年在巴黎召开的联合国气候大会达成的协议规定各方将以"自主贡献"的方式参与全球应对气候变化行动。应根据不同的国情,逐步增加当前的自主贡献,并反映共同但有区别的责任和各自能力。在会议的筹备过程中,联合国就已经要求各国于会前尽可能早地提交强化气候行动的国家自主贡献。中国政府于 2015 年 6 月 30 日提交了题为《强化应对气候变化行动——中国国家自主贡献》的文件,文件回顾了中国应对气候变化取得的成就,提出了强化应对气候变化行动的目标,进一步采取的政策和措施,以及关于 2015 年协议谈判的意见。中国是会前最早提交国家自主贡献的新兴发展中大国,为气候大会的成功做出了积极的贡献。到巴黎气候大会期间,已有 180 多个国家提交了国家自主贡献文件,为《巴黎协定》的达成奠定了坚实基础。

中国政府确定的 2030 年自主行动目标是:CO_2 排放 2030 年左右达到峰值并争取尽早达峰;单位国内生产总值 CO_2 排放比 2005 年下降 60%~65%,非化石能源占一次能源消费比重达到 20%左右,森林蓄积量比 2005 年增加 45 亿 m^3 左右。中国还将继续主动适应气候变化,在农业、林业、水资源等重点领域和城市、沿海、生态脆弱地区形成有效抵御气候变化风险的机制和能力,逐步完善预测预警和防灾减灾体系。

为实现上述目标,该文件还提出以下政策和措施:实施积极应对气候变化国家战略;完善应对气候变化区域战略;构建低碳能源体系;形成节能低碳的产业体系;控制建筑和交通领域排放;努力增加碳汇;倡导低碳生活方式;全面提高适应气候变化能力;创新低碳发展模式;强化科技支撑;加强资金和政策支持;推进碳排放权交易市场建设;健全温室气体排放统计核算体系;完善社会参与机制;积极推进国际合作。

在适应气候变化领域,国家自主贡献文件提出的政策与措施的要点是:

(1)提高水利、交通、能源等基础设施在气候变化条件下的安全运营能力。

(2)合理开发和优化配置水资源,实行最严格的水资源管理制度,全面建设节水型社会。加强中水、淡化海水、雨洪等非传统水源开发利用。完善农田水利设施配套建设,大力发展节水灌溉农业,培育耐高温和耐旱作物品种。

(3)加强海洋灾害防护能力建设和海岸带综合管理,提高沿海地区抵御气候灾害能力。

(4)开展气候变化对生物多样性影响的跟踪监测与评估。加强林业基础设施建设。

(5)合理布局城市功能区,统筹安排基础设施建设,有效保障城市运行的生命线系统安全。

(6)研究制定气候变化影响人群健康应急预案,提升公共卫生领域适应气候变化的服务水平。

(7)加强气候变化综合评估和风险管理,完善国家气候变化监测预警信息发布体系。

(8)在生产力布局、基础设施、重大项目规划设计和建设中,充分考虑气候变化因素。

(9)健全极端天气气候事件应急响应机制。加强防灾减灾应急管理体系建设。

中国提出的国家自主贡献目标和相关政策与措施,不仅是对国际社会气候治理做出的庄严承诺和对全球气候治理做出的重大贡献,而且由于气候变化已经严重威胁到中国十几亿人口的生存环境和经济、社会的可持续发展,加强应对气候变化行动也是立足国情,贯彻"创新、协调、绿色、开放、共享"的发展理念,全面实现小康和中华民族伟大复兴的必由之路。中国作为最大的发展中国家和世界第二大经济体,在巴黎气候大会之前主动提交国家自主贡献文件,受到了国际社会的普遍欢迎。

195. 我国在适应气候变化方面采取了哪些行动,取得了什么效果?

《国家适应气候变化战略》指出,我国政府重视适应气候变化问题,结合国民经济和社会发展规划,采取了一系列政策和措施,取得了积极成效。

(1)适应气候变化相关政策法规不断出台

1994年颁布的《中国二十一世纪议程》首次提出适应气候变化的概念,2007年制定实施的《中国应对气候变化国家方案》系统阐述了各项适应任务,2010年发布的《中华人民共和国国民经济和社会发展第十二个五年规划纲要》明确要求"在生产力布局、基础设施、重大项目规划设计和建设中,充分考虑气候变化因素。提高农业、林业、水资源等重点领域和沿海、生态脆弱地区适应气候变化水平"。农业、林业、水资源、海洋、卫生、住房和城乡建设等领域也制定实施了一系列与适应气候变化相关的重大政策文件和法律法规。

(2)基础设施建设取得进展

"十一五"期间,新增水库库容381亿 m^3,新增供水能力285亿 m^3,新建和加固堤防17080 km,完成专项规划内6240座大中型及重点小型病险水库除险加固任务。开展农田水利基本建设与旱涝保收标准农田建设,净增农田有效灌溉面积5000万亩。

(3)相关领域适应工作有所进展

推广应用农田节水技术4亿亩以上,"十一五"期间全国农田灌溉用水有效利用系数提高到0.50。推广保护性耕作技术面积8500万亩以上,培育并推广高产优质抗逆良种,推广农业减灾和病虫害防治技术。开展造林绿化,全国完成造林面积2529万 hm^2,森林面积达到1.95亿 hm^2,森林覆盖率达到20.36%,草原综合植被盖度达到 53%,新增城市公园绿地面积 15.8 万 hm²,城市建成区绿地率达到 34.47%,城市建成区绿化覆盖率达到 38.62%。加强城乡饮用水卫生监督监测,保障居民饮用水安全。出台自然灾害卫生应急预案,基本建立了快速响应和防控框架。开展气象灾害风险区划、气候资源开发利用等系列工作,建立了较完善的人工增雨体系。开展生态移民,加强气候敏感脆弱区域的扶贫开发。

(4)生态修复和保护力度得到加强

保护森林、草原、湿地、荒漠生态系统和生物多样性。"十一五"期间,退耕还林工程完成造林 542 万 hm²,退牧还草工程累计实施围栏建设 3240 万 hm²,草原综合植被盖度达到 53%,新增湿地保护面积 150 万 hm²,恢复各类湿地 8 万 hm²,新增水土流失治理面积 23 万 km²,治理小流域 2 万多个。建立各级各类自然保护区和野生动物疫源疫病监测站。开展红树林栽培移种、珊瑚礁保护、滨海湿地退养还滩等海洋生态恢复工作。

(5)监测、预警体系建设逐步开展

开展极端天气气候事件及其次生衍生灾害的综合观测、监测、预测及预警。开展全国沿海海平面变化影响调查和海平面观测。

应该指出,上述行动虽然具有明显的适应效果,但大多不是有意识地从适应气候变化角度主动和有计划开展的。随着《国家适应气候变化战略》的发布,近年来各省、自治区、直辖市也陆续编制本地区的适应规划或行动计划,开展了一系列适应气候变化的试点工作。与此同时,组织机构也不断健全,国家和省级发改委都已明确专人分管适应工作,成立了应对气候变化战略研究中心。2011 年还成立了由国家发改委、科技部、财政部、农业部、水利部、民政部、中国气象局等组成的适应气候变化工作机制小组。

196. 我国在适应气候变化领域开展了哪些科研工作?

我国自"八五"开始在国家科技计划中立项开展气候变化影响评估与适应研究。"八五"科技攻关课题"全球气候变化对农业、林业、水资源和沿海海平面影响和适应对策研究"应用全球气候模式生成 CO_2 浓度倍增情景评估气候变化影响,开展适应对策研究,获国家科技进步二等奖。"九五"和"十五"期间又安排了多个气候变化影响评估项目,分析气候变化对主要脆弱领域影响危险水平的阈值,并基于研究成果组织撰写了第一次《气候变化国家评估报告》。"十一五"期间加大了气候变化影响评估与适应对策研究的支持力度,在国家科技支撑计划重大项目"全球环境变化应对技术研究与示范"中设置了"气候变化影响与适应的关键技术研究"和"典型脆弱区域气候变化适应技术示范"两个课题,改进了区域气候模式驱动的影响模型,定量评估了高、中排放情景下气候变化对未来农林牧业、水资源、媒传疾病、海岸带等重点领域的影响和适应技术与对策的效果和作用;提出我国适应气候变化的国家战略和技术体系。科技部于2011年发布了《适应气候变化国家战略研究》报告,为国家制定气候变化适应战略提供了有力的科技支撑。

"十二五"期间,科学技术部、外交部、国家发展改革委等部门联合制定了《"十二五"国家应对气候变化科技发展专项规划》。组织实施了一系列技术研发与示范项目,其中包括5个影响评估与适应气候变化项目:"重点领域气候变化影响与风险评估技术研发与应用""沿海地区适应气候变化技术开发与应用""天山山区人工增雨雪关键技术研发与应用""北方重点地区适应气候变化技术开发与应用"以及"干旱、半干旱区域旱情监测与水资源调配技术开发与应用"。

2010年中国农业科学院联合中国农业大学、南京大学、中国科学院遗传发育所等国内优势单位,启动了"气候变化对我国粮食生产系统的影响机理及适应机制研究"项目。

全球变化研究国家重大科学研究计划于2010年7月9日启动第一批19个重大项目,包括"过去2000年全球典型暖期的形成机制及其影响研究""末次盛冰期以来我国气候环境变化及干旱—半干旱区人类的影响与适应""南大洋-印度洋海气过程对东亚及全球气候变化的影响"等;2012年又启动了"气候变化对社会经济系统的影响与适应策略""气候变化对我国粮食生产系统的影响机理及适应机制研究"等项目。

涉及适应气候变化的973项目有:"气候变化对我国东部季风区陆地水循环与水资源安全的影响及适应对策""气候变化对人类健康的影响与适应机制研究""全球气候变化对气候灾害的影响及区域适应研究""全球变暖下的海洋响应及其对东亚气候和近海储碳的影响"等。

各相关部门的立项有:林业公益性行业科研专项"中国森林对气候变化的响应与林业适应对策";中国气象局的"未来30年气候变化对我国北方农牧交错带生态系统的影响及其对策研究""气候变化下北方五省区草地畜牧业脆弱性评价"等。由国际鹤类基金会提供技术支持,中国林业科学研究院组织实施的"湿地适应性管理项目"2012年4月在吉林莫莫格国家级自然保护区启动。

中国科学院根据叶笃正先生生前关于"以有序人类活动应对气候变化"的理念,于2012年启动了"适应全球气候变化问题研究"院士咨询项目。

各地也先后实施了一批适应气候变化的科研或科技开发项目,如河北省沧州市2011年发布了"利用全球环境基金赠款实施适应气候变化农业开发"科研项目的招标公告。江西省气候中心利用联合国妇女发展基金—中国社会性别研究和宣传基金实施了"鄱阳湖区社会性别适应气候变化平等性研究"项目。2013年浙江由省海洋水产养殖研究所与意大利合作的欧盟项目"适应气候变化的沿海地区生态系统能力建设"开始实施。

197. 现有适应气候变化工作存在哪些不足?

《国家适应气候变化战略》指出,我国适应气候变化工作尽管取得了一些成绩,但基础能力仍待提高,工作中还存在许多薄弱环节。

(1)适应工作保障体系尚未形成

适应气候变化的法律法规不够健全,各类规划制定过程中对气候变化因素的考虑普遍不足。应急管理体系亟须加强,各类灾害综合监测系统建设与适应需求之间还有较大差距,部分地区灾害监测、预报、预警能力不足。适应资金机制尚未建立,政府财政投入不足。科技支撑能力不足,国家、部门、产业和区域缺乏可操作性的适应技术清单,现有技术对于气候变化因素的针对性不强。

(2)基础设施建设不能满足适应要求

基础设施建设、运行、调度、养护和维修的技术标准尚未充分考虑气候变化的影响,供电、供热、供水、排水、燃气、通信等城市生命线系统应对极端天气气候事件的保障能力不足。农业、林业基础设施建设滞后,部分农田水利基础设施老化失修,水利设施的建设和运行管理对气候变化的因素考虑不足,渔港建设明显滞后,难以满足渔港避风需要。

(3)敏感脆弱领域的适应能力有待提升

敏感脆弱领域涉及农业、林业、交通、旅游等诸多行业,还包括人体健康和疾病防控。比如,农业产业化、规模化和现代化程度不够,种植制度和品种布局不尽合理,农情监测诊断能力不足,现有技术和装备防控能力不足以应对农业灾害复杂化和扩大化趋势。一些区域水资源战略配置格局尚未形成,城乡供水保障能力不高,大江大河综合防洪减灾体系尚不完善,主要易涝区排涝能力不足。森林火灾与林业有害生物监测预警系统、林火阻隔系统以及应急处置系统建设有待提升,湿地、荒漠生态系统适应气候变化能力和抗御灾害能力有待加强。采矿、建筑、交通、旅游等行业部门防范极端天气气候事件能力不足。人体健康受气候变化影响的监测、评估和预警系统尚未建立,现有传染病防控体系不能满足进一步遏制媒介传播疾病的需求。

(4)生态系统保护措施亟待加强

土地沙化、水土流失、生物多样性减少、草原退化、湿地萎缩等趋势尚未得到根本性扭转,区域生态安全风险加大。对沿海低洼地区和海岛海礁淹没及海岸带侵蚀风险缺乏有效应对措施,滨海湿地面积减少、红树林浸淹死亡、珊瑚礁白化等生态问题未能得到有效遏制。

此外,与农业、林业、水资源、海洋、生态系统、人体健康等传统领域相比,有关经济与社会领域的适应工作明显滞后,有些产业和领域的适应工作甚至尚未起步。上述不足与适应气候变化的科研工作相对滞后与存在若干误区有关。

198.现有适应气候变化工作与相关研究存在哪些误区和问题？

目前适应工作的滞后与对于适应存在若干认识误区有关。

(1)与常规工作混淆

适应气候变化虽然涉及生产、生活与生态的几乎所有方面,与日常工作有着密切的联系,必须是针对气候变化带来的影响对日常工作做出的调整与补充,才属于适应工作。但在实际工作中,有些人把适应看成是一个筐,什么都往里装,把什么工作都说成是适应,由于日常工作在没有气候变化的情况下也照样进行,会很容易变成什么都不是适应。看起来似乎是重视适应工作,实际是把适应气候变化工作架空和取消了。

(2)与减灾工作的混淆

把适应气候变化与防灾减灾混为一谈也是经常出现的误区。适应气候变化固然包括应对极端天气气候事件和气候波动的内容,与防灾减灾工作具有明显的交叉,但适应工作并不包括与气候变化无关的灾害事故的防范,也不能代替日常的减灾工作。因为没有气候变化时也存在各种自然灾害与人为事故。适应工作要做的只是针对气候变化带来的灾害新特点,对原有的防灾减灾工作做适当调整和补充。其实,气候变化更深层次的影响在于全球变暖及其他气候变化的基本趋势引起自然系统和人类系统的各种变化。过分强调适应气候变化与减灾的交叉,会忽视最基础和长远的适应工作。

(3)与减缓的混淆

适应工作与减缓气候变化是有分工的,不应混淆和相互代替。有些适应行动兼有减缓效果,如植树造林改良局地生态的同时也增加了碳汇,秸秆还田既针对气温升高加速有机质分解,也具有碳汇功能。采用隔热建筑材料在提高居室舒适度的同时也具有节能效果。但大多数行动的效果是适应还是减缓还是比较容易区分的,不应厚此薄彼。但目前仍然普遍存在重视减缓,轻视适应的现象。

(4)影响归因的混淆

当前人类面临的问题是多种原因造成的,有些确与气候变化有关,有些则关系不大或并无关系。不能把所有的问题都归结于气候变化,忽视人类或与其他因素的影响。如华北的水资源日益紧缺,既有气候暖干化,降水量持续减少的原因,更有超强度的人类活动过量开采和浪费地表水和地下水资源的原因。如果不作全面分析,只是设法补足气候变化所减少的水资源部分,并不能从根本上解决华北的缺水问题。南方许多水体的富营养化也是人类大量排放污染物造成的,气候变暖只是加快了富营养化过程。正确进行归因和评估气候变化和人类活动的各自影响,是采取准确和适度的适应措施的前提。

(5)过分强调气候变化的外因,忽视受体脆弱性

矛盾论指出,外因只是事物变化的条件,内因才是事物变化的根本原因。有的人只看到冬季变暖无霜期延长就断言霜冻灾害减轻。实际农业生产上大部分地区的霜冻灾害反而是在加重。这是由于随着气候变暖,自然物候也在同步改变。春霜冻提前结束的同时,植物的发芽和开花也提前了;秋霜冻推迟出现,自然物候也在延迟。加上气候波动的加剧和植物变得更加脆弱,导致农业生产上冬小麦和果树的霜冻灾害反而加重。又如有的研究文章笼统地讲随着气候变暖,作物的生育期都会缩短。其实这只是对有限生长的一年生作物而言,对于无限生长的棉花、豆类等作物,随着无霜期的延长,作物的生育期也在延长。

(6)不考虑受体系统的适应能力简单下结论

有的研究论文运用作物模式计算结果断言气候变暖将导致东北地区粮食大幅度减产,全然不顾三十多年来东北粮食总产增长速度为全国平均两倍的事实。诚然,如果气候变暖后不进行品种与播期等的调整,由于作物生育期缩短,在其他管理措施与投入不变情况下会导致减产。但即使是文化水平不高的农民在吸取教训之后,也会随着气候变暖自发地改用生育期更长的品种和适当提早播种,以充分利用气候变暖所增加的热量资源。

(7)只注重避害,忽视趋利

现有关于气候变化影响和适应对策的研究绝大部分是针对负面影响的,鲜有针对气候变化带来有利因素及机遇利用的研究。

(8)盲目和过度的适应

在实际工作中大量存在过度适应的现象。如华南在冬季变暖的情况下,20世纪90年代的热带、亚热带作物寒害却空前严重发生,究其原因,与过高估计气候变暖和忽视气候的波动性,将热带、亚热带作物的种植范围过度北扩有关。在气候变暖的背景下,东北有些农民种植玉米仍然不能在秋霜冻到来前正常成熟,原因是适应、使用了生育期过长的品种。有些农民过高估计冬季变暖程度,使用了抗寒性过弱的品种,是造成冬季仍然发生冻害死苗的主要原因。

盲目适应的例子也很多,许多农民往往照搬上年经验,过晚或过早播种,但下一年的气象条件往往与上年不同,主观上想适应,客观效果却是不适应。

上述种种误区和偏差,与对于适应气候变化的研究还不够深入,对于适应概念和机制认识不清有关。

199.科技部组织编写的《适应气候变化国家战略研究》主要内容是什么?

《适应气候变化国家战略研究》是科技部在"十一五"期间安排的一项研究课题,经过2年多的研究,完成了研究报告,分为以下五个部分:

（1）中国适应气候变化的现状

报告回顾了全球化中国气候变化的观测事实,分析了社会经济发展趋势和未来气候变化的可能情景,评估了气候变化对主要领域已观测到的和未来的可能影响,综述了国际国内外适应气候变化的现状,肯定已有适应行动的效果,指出中国适应气候变化存在的问题,包括缺乏国家层面的适应规划与战略,适应决策的科学基础薄弱,缺乏资金保障机制,缺乏适应技术体系的集成,公众意识有待增强,国际合作不够广泛,资源约束瓶颈突出,贫困地区适应能力薄弱。

（2）中国适应气候变化的需求和目标

着重从防灾减灾、水资源安全和生态安全的角度论述了中国适应气候变化的需求。提出国家适应气候变化的指导思想是:以科学发展观为统领,以科技进步为支撑,统筹协调各部门各地区的适应气候变化行动,不断增强中国适应气候变化的能力。积极采取适应气候变化的有效措施和实际行动,通过适应气候变化增强应对极端天气气候事件的能力,通过适应气候变化与国家扶贫行动相结合保障2020年消除绝对贫困目标的实现,通过合理的适应规划降低社会经济和生态系统对气候变化的脆弱性。充分利用气候变化带来的某些有利因素和机遇,促进经济增长方式的转变和经济社会的可持续发展,增加社会就业率,提倡生态文明、绿色消费模式和生活方式,推动构建资源节约型、环境友好型和谐社会。

适应气候变化应遵循以下原则:公平、公正和可持续发展;中央统筹协调,地方与部门具体实施;主动和无悔;科学适应;规划适应;积极广泛参与国际合作。

报告还对近期(2020年)和中长期(2050年)的适应目标提出了具体建议。

（3）主要领域适应气候变化的重点任务与行动方案

报告选择农业、水资源、林业、海岸带、人体健康、自然生态系统与生物多样性、重大工程、能源和其他领域,分别论述了该领域气候变化影响的重大问题和适应气候变化的重点任务,并提出了行动方案。

（4）区域适应气候变化的重点任务与行动方案

根据综合区划,按照东北、华北、华东、华中、华南、西南、西北、青藏高原、海域等九类地区,分别阐述了每个地区气候变化影响的重大问题,提出了区域适应气候变化的重点任务和行动方案。

（5）国家适应气候变化的综合任务与行动方案

提出了跨领域、跨区域的国家综合适应气候变化重点任务和行动方案。关于适应气候变化的能力建设与保障措施,报告提出要进一步完善相关政策与法规,加强统筹协调,全面提高国家适应气候变化的科技能力,加强相关科技基础设施与平台建设,多途径增加资金投入,加强人才队伍建设,建立有效与快速响应的监测预警系统,加强科普,提高公众适应意识,推动多种形式的国际合作。

该报告由科技部长万钢作序,于2011年由科学出版社出版。这是我国第一部全面论述适应气候变化原理与国家战略的专著,为以后国家发改委组织正式编制和发布《国家适应气候变化战略》文件提供了科技支撑。

（张婧婷）

200.《国家适应气候变化战略》编制的背景是什么？

由于一些发达国家逃避气候变化的历史责任,减排国际谈判进展缓慢。随着全球气候变化的影响日益凸显,国际社会普遍认识到应对气候变化的减缓与适应两大对策相辅相成、缺一不可,对于大多数发展中国家,适应气候变化是更加紧迫的任务。近年来,国际社会加快了适应气候变化的工作部署与谈判进程,发达国家纷纷编制适应气候变化的国家战略,许多发展中国家也在联合国的帮助下制定了本国的适应行动计划。

在全球气候变化的大背景下,中国几十年来的气候也发生了显著变化:平均气温明显升高,北方和青藏高原尤为明显;降水和水资源的时空分布更加不均,极端天气气候事件的危害加重。自 20 世纪 90 年代以来,所造成的年均直接经济损失超过2000 亿元,死亡 2000 多人。未来全球气候还将进一步变暖,不利影响更加凸显,国内和国际不同区域的资源格局与环境条件将发生改变,极端天气气候事件的损失将更加严重,尤其是对气候敏感地区的生存环境和社会经济发展将形成明显的挑战。全面分析评估气候变化对不同领域和区域的影响和受体的脆弱性,采取必要的适应措施以减轻负面影响,并利用气候变化带来的某些有利因素势在必行。无论是为了本国社会经济的可持续发展,还是为了积极参与国际社会应对气候变化的努力,树立负责任发展中大国的形象,都需要大力加强对于适应工作的指导。

由于气候变化影响的复杂性,长期以来社会各界对减缓的认识比较清楚,目标与考核指标清晰,措施比较明确。但对于适应的认识模糊,缺乏明确的目标与考核指标,更缺乏总体指导和统一规划。现有的适应行动大多是自发和分散的,影响了适应行动的有效开展和国家适应能力的提升。

我国在应对气候变化的工作中一直坚持减缓与适应并重的原则,并已将适应气候变化纳入国家发展规划。《中华人民共和国国民经济和社会发展第十二个五年规划纲要》提出,"制定国家适应气候变化总体战略,在生产力布局、基础设施、重大项目规划设计和建设中充分考虑气候变化因素,提高农业、林业、水资源等重点领域和沿海、生态脆弱地区适应气候变化水平"。为贯彻落实上述要求,国家发改委在与有关部门充分沟通和协调的基础上,组织编制了《国家适应气候变化战略》,并在编制的过程中,为了给编制工作提供科学依据和调研资料,利用清洁发展基金赠款,同步安排了《国家适应气候变化整体战略研究》的课题,为正式编制《国家适应气候变化战略》提供了科技支撑。

201.《国家适应气候变化战略》是怎样组织编制和发布的？

《战略》编制工作历时两年多,经历了组织班子、初稿起草、征求意见和修改完善四个阶段。

(1)组织写作班子。2011年6月,由国家发改委组织农业、林业、水利、海洋、气象、财政等部门和相关领域的专家,成立了《战略》起草组,制定了《战略》编制大纲和工作计划。2011年8月,由国家发改委牵头,在国家应对气候变化领导小组协调办公室下设立了由科技部、财政部、水利部、农业部、中国气象局等相关部门承担气候变化工作的司局组成的适应气候变化协调联络工作小组,以统筹协调编制工作。

(2)起草初稿。由国家发改委组织有关专家分工起草后,由核心专家与发改委专职人员加工和统稿。先后召开了20次会议反复讨论、修改和征求专家意见,于2012年2月形成《战略》初稿。

(3)征求意见。编制过程中除反复征求专家意见外,还多次召开国家发改委内有关司局和部际协调会议进行审议和修改,同时还组织地方发展改革主管部门座谈,听取基层的修改意见。初稿形成后两次以书面形式分别征求相关部、委、局的意见,对各部门的意见在梳理分类的基础上进行认真研讨和充分吸收。

(4)修改完善。2012年10月31日,国家发改委主任办公会议审议并原则通过《战略》文本,根据会议审查意见对文本再次修改完善,于2013年5月送交科技部、民政部、环境保护部、水利部、农业部、卫生和计生委、国家林业局、中国气象局、国家海洋局等7个部、委、局征求意见,并对反馈意见逐条梳理和研究,吸收了大部分修改意见,形成了最终发布文本。

2013年11月18日在华沙举行的联合国《气候变化框架公约》第十九次缔约方会议(COP19)暨《京都议定书》第九次缔约方会议上,中国代表团团长,国家发改委副主任解振华正式发布了中国的《国家适应气候变化战略》,并以国家发改委和财政部、住房与城乡建设部、交通运输部、水利部、农业部、国家林业局、中国气象局、国家海洋局等九个部、委、局联合制定的形式下发各地和各有关部门。这是国际上第一部由发展中国家制定的适应气候变化国家战略,产生了较大的国际影响。

202.《国家适应气候变化战略》的编制取得了哪些成功的经验？

《国家适应气候变化战略》的编制自始至终一直是在国家发改委主管领导的亲切关怀和直接指导下进行的,编制工作的主要经验是:

(1)明确指导思想,做好顶层设计

《战略》编写专家组成立后,在国家发改委有关领导的主持和引导下,首先讨论编写大纲,进行顶层设计,形成《战略》编写的总体框架。五个部分之间有着紧密的逻辑关系,为各章节的分工编写打下了良好基础。

(2)做好组织协调,充分调动专家和各部门的积极性

《战略》编写涉及对气候变化敏感的多个管理部门,从一开始就由国家发改委牵头,在国家应对气候变化领导小组协调办公室下设立了由相关部、委、局承担气候变化工作的司局所组成的适应气候变化协调联络工作小组,从《战略》的初稿到送审稿,反复多次征求各部门的修改意见并尽可能采纳,避免了部门之间的扯皮,充分调动了各部门的积极性。

《战略》内容涉及自然科学和社会科学众多领域,编写组尽可能吸收相关领域具有充分代表性和一定权威的专家,在分工编写的基础上组织多次研讨,再由具有适应战略研究和综合研究基础的核心专家汇总加工形成初稿。既充分发挥了不同学科领域专家的优势,又能够组装综合构成《战略》的有机整体。

(3)充分利用已有科研成果,重视基层的适应工作实践

充分利用了国内已有适应研究成果,包括由科技部组织编写出版的《适应气候变化国家战略研究》;吸收了历次 IPCC 评估报告有关适应的阐述,参考了国际适应工作的经验。编写过程中还组织了多次到各地考察与座谈,听取基层科技人员和管理人员的意见。广泛收集和分析适应研究文献也是一种有效的调研方法。基层适应工作的实践和适应问题研究成果都为《战略》编写提供了丰富的素材。

(4)坚持科学性与政策性的统一

《战略》编写过程始终坚持科学性与政策性的统一,无论是基本概念的说明还是重点任务的阐述,都必须采取科学的语言表述。但是《战略》作为一个政策性指导文件,主要内容不是具体阐述适应的科学原理,而是提出指导思想、工作方针、原则、目标、任务和保障等,是为全国各地各部门开展适应工作提供指导的,要体现出很强的政策性。专家们的长处在于科学性,领导干部的长处在于政策性。《战略》编写的全过程始终坚持由国家发改委的有关领导干部与长期从事适应研究的专家相结合,较好地实现了《战略》文本科学性与政策性的统一。

(5)按照主体功能区明确适应的重点任务

以往适应战略研究中的区域格局按照气候区划来划分,优点是具有共同的气候变化特征和影响问题,有利于适应研究的深入。本《战略》按照主体功能区的划分阐述适应的区域格局和重点任务,与以往的研究相比有所创新,有利于对具体区域的适应工作进行指导并与区域社会经济可持续发展的目标相衔接。缺点是有些二级功能区范围较小且距离不远,气候变化影响问题和适应任务雷同。

(6)穿插若干专栏,以实例加深读者对适应的理解

为加深读者对与适应工作的理解,《战略》编写时在"重点任务"与"区域格局"两大部分的相应章节中共穿插了 14 个专栏,这些专栏列举了代表性区域的适应工作范例,通过典型示范可进一步增强《战略》对于我国适应工作开展的指导作用。

203.《国家适应气候变化战略》提出适应工作的指导思想和原则是什么？

《国家适应气候变化战略》提出,适应气候变化工作应遵循的指导思想是:以邓小平理论,"三个代表"重要思想、科学发展观为指导,贯彻落实党的十八大精神,大力推动生态文明建设,坚持以人为本,加强科技支撑,将适应气候变化的要求纳入我国经济社会发展的全过程,统筹并强化气候敏感脆弱领域、区域和人群的适应行动,全面提高全社会适应意识,提升适应能力,有效维护公共安全、产业安全、生态安全和人民生产生活安全。

《国家适应气候变化战略》还提出我国适应气候变化工作应坚持以下原则:

突出重点。在全面评估气候变化影响和损害的基础上,在战略规划制定和政策执行中充分考虑气候变化因素,重点针对脆弱领域、脆弱区域和脆弱人群开展适应行动。

主动适应。坚持预防为主,加强监测预警,努力减少气候变化引起的各类损失,并充分利用有利因素,科学合理地开发利用气候资源,最大限度地趋利避害。

合理适应。基于不同区域的经济社会发展状况、技术条件以及环境容量,充分考虑适应成本,采取合理的适应措施,坚持提高适应能力与经济社会发展同步,增强适应措施的针对性。

协同配合。全面统筹全局和局部、区域和局地以及远期和近期的适应工作,加强分类指导,加强部门之间、中央和地方之间的协调联动,优先采取具有减缓和适应协同效益的措施。

广泛参与。提高全民适应气候变化的意识,完善适应行动的社会参与机制。积极开展多渠道、多层次的国际合作,加强南南合作。

（黄蕾）

204.《国家适应气候变化战略》提出的适应工作战略目标是什么？

《国家适应气候变化战略》的前言中提出,本战略的目标期是到2020年。根据国民经济与社会发展规划的精神,提出以下阶段性的适应气候变化工作目标,在具体实施中还将根据形势变化和工作需要适时调整和修订。

适应能力显著增强。主要气候敏感脆弱领域、区域和人群的脆弱性明显降低;社会公众适应气候变化的意识明显提高,适应气候变化科学知识广泛普及,适应气候变化的培训和能力建设有效开展;气候变化基础研究、观测预测和影响评估水平明显提升,极端天气气候事件的监测预警能力和防灾减灾能力得到加强。适应行动的资金得到有效保障,适应技术体系和技术标准初步建立并得到示范和推广。

重点任务全面落实。基础设施相关标准初步修订完成,应对极端天气气候事件能力显著增强。农业、林业适应气候变化相关的指标任务得到实现,产业适应气候变化能力显著提高。森林、草原、湿地等生态系统得到有效保护,荒漠化和沙化土地得到有效治理。水资源合理配置与高效利用体系基本建成,城乡居民饮水安全得到全面保障。海岸带和相关海域的生态得到治理和修复。适应气候变化的健康保护知识和技能基本普及。

适应区域格局基本形成。根据适应气候变化的要求,结合全国主体功能区规划,在不同地区构建科学合理的城市化格局、农业发展格局和生态安全格局,使人民生产生活安全、农产品供给安全和生态安全得到切实保障。

(黄蕾)

205.《国家适应气候变化战略》提出了哪些重点领域的适应任务?

针对各领域气候变化的影响和适应工作基础,制定实施重点适应任务,选择有条件的地区开展试点示范,探索和推广有效的经验做法,逐步引导和推动各项适应工作。

(1)基础设施

加强风险管理。建立气候变化风险评估与信息共享机制,制定灾害风险管理措施和应对方案,开展应对方案的可行性论证,提高气候变化风险管理水平。

修订相关标准。根据气候条件的变化修订基础设施设计建设、运行调度和养护维修的技术标准。

完善灾害应急系统。建立和完善保障重大基础设施正常运行的灾害监测预警和应急系统。

(2)农业加强监测预警和防灾减灾措施

运用现代信息技术改进农情监测网络,建立健全农业灾害预警与防治体系。构建农业防灾减灾技术体系,编制专项预案。

提高种植业适应能力。继续开展农田基本建设、土壤培肥改良、病虫害防治等工作,大力推广节水灌溉、旱作农业、抗旱保墒与保护性耕作等适应技术。利用气候变暖增加的热量资源,细化农业气候区划,适度调整种植北界、作物品种布局和种植制度。在熟制过渡地区适度提高复种指数,使用生育期更长的品种。加强农作物育种能力建设,培育高光效、耐高温和抗寒抗旱作物品种,建立抗逆品种基因库与救灾种子库。引导畜禽和水产养殖业合理发展。

修订畜舍与鱼池建造标准,构建主要农区畜牧养殖适应技术体系。合理调整水产养殖品种、密度、饲养周期,合理布局海洋捕捞业,加强水环境保护、鱼病防控和泛塘预警。

（3）水资源

加强水资源保护与水土流失治理。加强水功能区管理和水源地保护,合理确定主要江河、湖泊生态用水标准,保证合理的生态流量和水位。加强水环境监测与水生态保护。构建科学完善的水土流失综合防治体系。构建水资源配置格局。加大节水型社会建设力度,因地制宜修建各种蓄水、引水和提水工程,完善骨干水源工程和灌溉工程。限制缺水地区城市无序扩展和高耗水产业发展。合理开发利用雨洪、海水、苦咸水、再生水和矿井水等非常规水资源。

健全防汛抗旱体系。加快江河干支流控制性枢纽建设,加强重要江河堤防建设和河道整治。调整城镇发展和产业布局,科学设置并合理运用蓄滞洪区。

（4）海岸带和相关海域合理规划涉海开发活动

加强沿海生态修复和植被保护。选划建设海洋保护区,实施典型海岛、海岸带及近海生态系统修复工程。保护现有海岸森林,加强海岸绿化和海岛植被修复,加大沿海防护林营造力度。

加强海洋灾害监测预警。依托现有海洋环境保障项目,完善覆盖全国海岸带和相关海域的海平面变化和海洋灾害监测系统,重点加强风暴潮、海浪、海冰、赤潮、咸潮、海岸带侵蚀等海洋灾害的立体化监测和预报预警能力,强化应急响应服务能力。

（5）森林和其他生态系统

完善林业发展规划。完善覆盖全国主要生态区的林业观测站网,加强气候变化对林业影响的监测评估。完善林业建设工程规划,加强天然林保护、退耕还林以及"三北"、长江、沿海等防护林体系、京津风沙源治理等林业重点工程建设。

加强森林经营管理。根据气温、降水变化合理调整与配置造林树种和林种,优化林分结构,选择优良乡土树种,构建适应性强的人工林系统。

有效控制森林灾害。提高森林火灾防控能力,减少火灾发生次数,控制火灾影响范围,降低火灾造成的损失。加强林业有害生物监测预警工作和测报点建设,提高森林有害生物监测防控力度,防控外来有害生物入侵。

促进草原生态良性循环。恢复和提高草原涵养水源、保持水土和防风固沙能力,提高草原火灾防控能力,加大草原虫鼠害监控和防治力度,控制天然草原的毒害草危害,有效保护草地资源。

加强生态保护和治理。完善自然保护区网络、基础设施和管理机构,加强野生动植物栖息地环境和生物多样性保护。大力推进生态清洁小流域建设,加强对重点生态功能区湿地、荒漠等生态系统的保护,人工促进退化生态系统的功能恢复。适时开展生态移民,减轻脆弱地区环境压力。

（6）人体健康

完善卫生防疫体系建设。加强疾病防控体系、健康教育体系和卫生监督执法体系建设,提高公共卫生服务能力。

开展监测评估和公共信息服务。开展气候变化对敏感脆弱人群健康的影响评估,建立和完善人体健康相关的天气监测预警网络和公共信息服务系统,重点加强对极端天气敏感脆弱人群的专项信息服务。

加强应急系统建设。加强卫生应急准备,制定和完善应对高温中暑、低温雨雪冰冻、雾霾等极端天气气候事件的卫生应急预案,完善相关工作机制。

(7)旅游业和其他产业

维护产业安全。合理开发和保护旅游资源。利用有利条件推动旅游产业发展。

(张婧婷)

206.《国家适应气候变化战略》的区域格局是怎样规定的?

按照全国主体功能区规划有关国土空间开发的内容,统筹考虑不同区域人民生产生活受到气候变化的不同影响,具体提出各有侧重的适应任务,将全国重点区域格局划分为城市化、农业发展和生态安全三类适应区。

(1)城市化地区

城市化地区是指人口密度较高,已形成一定规模城市群的主要人口集聚区。按照不同气候和区位条件划分为东部城市化地区、中部城市化地区和西部城市化地区。重点任务是在推进城镇化进程的同时提升城市基础设施适应能力,改善人居环境,保障人民生产生活安全。

(2)农业发展地区

农业发展地区指人口密度相对较小、尚未形成大规模的城市群,同时具备较好农业生产条件的主要农产品主产区。按不同气候和区位条件划分为东北平原区、黄淮海平原区、长江流域区、汾渭平原区、河套地区、甘肃新疆区和华南区。重点任务是保障农产品安全供给和人民安居乐业。

(3)生态安全地区

生态安全地区是指人类活动较少,开发相对有限,但对国家或区域生态安全具有重大意义的典型生态区域。按不同气候和区位条件划分为东北森林带、北方防沙带、黄土高原—川滇生态屏障区、南方丘陵山区、青藏高原生态屏障区。重点任务是保障国家生态安全和促进人与自然和谐相处。

(崔国辉)

207.《国家适应气候变化战略》提出了哪些保障措施?

国家适应气候变化战略提出的保障措施有:

(1)完善体制机制

①健全适应气候变化的法律体系,加快建立相配套的法规和政策体系。研究制

定适应能力评价综合指标体系,健全必要的管理体系和监督考核机制。

②把适应气候变化的各项任务纳入国民经济与社会发展规划,作为各级政府制定中长期发展战略和规划的重要内容,并制定各级适应气候变化方案。

③建立健全适应工作组织协调机制,统筹气候变化适应工作,鼓励相邻区域、同一流域或气候条件相近的区域建立交流协调机制,在防汛抗旱、防灾减灾、扶贫开发、科技教育、医疗卫生、森林防火、病虫害防治、重大工程建设等议事协调机构中增加适应气候变化工作内容,成立多学科、多领域的适应气候变化专家委员会。

(2)加强能力建设

①开展重点领域气候变化风险分析,建设多灾种综合监测、预报、预警工程,健全气候观测系统和预警系统;建立极端天气气候事件预警指数与等级标准,实现各类预警信息的共享,为风险决策提供依据;重点做好大中城市、重要江河流域、重大基础设施、地质灾害易发区、海洋灾害高风险区的监测预警工作。

②加强灾害应急处置能力建设,建立气象灾害及其次生、衍生灾害应急处置机制,加强灾害防御协作联动;制定气候敏感脆弱领域和区域适应气候变化应急方案;加强人工影响天气作业能力建设,提高对干旱、冰雹等灾害的作业水平;加强专业救援队伍和专家队伍建设,发展壮大志愿者队伍;提高全社会预防与规避极端天气气候事件及其次生衍生灾害的能力。

③建立健全管理信息系统建设,提高适应气候变化的信息化水平,深入推广信息技术在适应重点领域中的应用,推进跨部门适应信息共享和业务协同,提升政府适应气候变化的公共服务能力和管理水平。

④加大科普教育和公众宣传,在基础教育、高等教育和成人教育中纳入适应气候变化的内容,提升公众适应意识和能力;广泛开展适应知识的宣传普及,举办针对各级政府、行业企业、咨询机构、科研院所等的气候变化培训班和研修班,提高对适应重要性和紧迫性的认识,营造全民参与的良好环境。

(3)加大财税和金融政策支持力度

①发挥公共财政资金的引导作用,保证国家适应行动有可靠的资金来源;加大财政在适应能力建设、重大技术创新等方面的支持力度;增加财政投入,保障重点领域和区域适应任务的完成;划分适应气候变化的事权范围,确定中央与地方的财政支出责任;通过现有政策和资金渠道,适当减轻经济落后地区在适应行动上的财政支出负担;落实并完善相关税收优惠政策,鼓励各类市场主体参与适应行动。

②推动气候金融市场建设,鼓励开发气候相关服务产品。

(4)强化技术支撑

①围绕国家重大战略需求,统筹现有资源和科技布局,加强适应气候变化领域相关研究机构建设,系统开展适应气候变化科学基础研究,加强气候变化监测、预测预估、影响与风险评估以及适应技术的开发。

②鼓励适应技术研发与推广,积极示范推广简单易行、可操作性强的高效适应

技术,选择典型区域开展适应技术集成示范。

③加强行业与区域科研能力建设,建立基础数据库,构建跨学科、跨行业、跨区域的适应技术协作网络;编制国家、行业和区域适应技术清单并定期发布,逐步构建适应技术体系,发布适应行动指南和工具手册。

(5)开展国际合作

①加强适应气候变化国际合作,积极引导和参与全球性、区域性合作和国际规则设计,构建信息交流和国际合作平台,开展典型案例研究,与各方开展多渠道、多层次、多样化的合作。

②继续要求发达国家切实履行《联合国气候变化框架公约》下的义务,向发展中国家提供开展适应行动所需的资金、技术和能力建设;积极参与公约内外资金机制及其他国际组织的项目合作,充分利用各种国际资金开展适应行动。

③通过国际技术开发和转让机制,推动关键适应技术的研发,在引进、消化、吸收基础上鼓励自主创新,促进我国适应技术的进步。

④综合运用能力建设、联合研发、扶贫开发等方式,与其他发展中国家深入开展适应技术和经验交流,在农业生产、荒漠化治理、水资源综合管理、气象与海洋灾害监测预警预报、有害生物监测与防治、生物多样性保护、海岸带保护和防灾减灾等领域广泛开展"南南合作"。

(6)做好组织实施

发展改革部门牵头负责本战略实施的组织协调,与国务院有关部门协调配合,依据本战略编制部门分工方案,明确各部门的职责。国务院有关部门要依据部门分工方案落实相关工作,编制本部门、本领域的适应气候变化方案,严格贯彻执行。各省、自治区、直辖市及新疆生产建设兵团发展改革部门要根据本战略确定的原则和任务,编制省级适应气候变化方案并会同有关部门组织实施,监督检查方案的实施情况,保证方案的有效落实。

(崔国辉)

208.《国家应对气候变化规划(2014—2020 年)》对适应气候变化工作提出了什么要求?

2014 年 9 月,国家发改委发布了《国家应对气候变化规划(2014—2020 年)》,在指导思想中明确提出"减缓与适应并重",在基本原则中提出"坚持减缓和适应气候变化同步推动","因地制宜采取有效的适应措施"。在以"适应气候变化影响"为题的第四章中明确提出了七个方面的重点适应任务:提高城乡基础设施适应能力,加强水资源管理和设施建设,提高农业与林业适应能力,提高海洋和海岸带适应能力,提高生态脆弱地区适应能力,提高人群健康领域适应能力,加强防灾减灾体系建设。在第五章的第四节"实施适应气候变化试点工程"中提出要实施城市气候灾害防治、海岸带综合管理和灾害防御、草原退化综合治理、城市人群健康适应气候变化、森林生态系统适应气候变化、湿地保护与恢复等一系列试点示范工程。在第六章"完善区域应对气候变化政策"中,分别对城市化区域、农产品主产区和重点生态功能区提出了适应气候变化的政策导向。在第八章"强化科技支撑"中,提出"加强气候变化影响及适应研究。围绕水资源、农业、林业、海洋、人体健康、生态系统、重大工程、防灾减灾等重点领域和北方水资源脆弱区、农牧交错带、脆弱性海洋带、生态系统脆弱带、青藏高原等典型区域,加强气候变化影响的机理与评估方法研究,建立部门、行业、区域适应气候变化理论和方法学"。在专栏6"重点推广的应对气候变化技术"中列举了农林牧业和与人体健康有关的适应技术7项。在其他章节,也有一些与适应技术组织管理和保障措施的内容。

与过去发布的国家应对气候变化的文件相比,本次《规划》有关适应气候变化的思路更加清晰,内容更加充实,为今后全面协调开展适应气候变化工作指明了方向。

209. 中英瑞适应气候变化国际合作(ACCC)开展了哪些工作?

2009年9月,由中国、英国和瑞士政府联合组织实施的"中国适应气候变化项目"(ACCC)在京启动,该项目旨在更好地了解气候变化对中国的影响以及加强中国适应气候变化的能力,这是中国与发达国家首个在适应气候变化方面的多边合作项目。由国家发改委会同英国国际发展部和瑞士发展与合作署共同组织。"中国适应气候变化项目"的第一期选择宁夏回族自治区、内蒙古自治区、广东省为试点省份,针对气候变化对中国农业、水资源、草地畜牧、极端天气气候事件以及灾害、人体健康等具体领域的影响,开展详细的风险评估,并将评估结果纳入地区发展和适应目标。从2009年起开始执行,为期三年,总投资675万美元,中方主要以实物形式匹配资金。英国国际发展部、英国能源和气候变化部以及瑞士发展与合作署为项目提供资金支持和技术援助,国家发改委作为牵头机构组织中国有关部门与外方合作伙伴一起规划并具体实施项目活动。

项目一期通过跨部门合作、能力建设、推动科学和政策进步,为制定国家适应战略做出了积极贡献。不足之处是自然科学与社会经济科学相结合的综合风险评估仍然薄弱,制定适应规划时重点问题和优先地区的选取缺乏坚实的科学支撑;经济研究缺失;对现有地方适应知识和实践缺乏了解;需要对各地的气候变化影响和应对进一步深入评估以加强指导和确定优先序。

针对项目一期存在的不足,从2014年起启动了为期三年的项目二期,总资金600万瑞士法郎,目标是将适应气候变化纳入国家和省级发展政策制定过程,支持涵盖重要领域的省级综合适应规划制定实施,并与其他发展中国家分享经验和教训。增强中国应对气候变化的能力,进一步实现全球气候变化项目关于较不发达国家的减贫目标。项目还将对中英瑞气候变化领域多边合作发挥重要作用。

项目二期将针对中国适应气候变化的脆弱地区,选择宁夏、内蒙古、江西、贵州、吉林等省区和青岛市,主要涉及水资源、农业、草地畜牧业、人体健康、灾害风险减轻、海岸带防护等领域。将协助制定适应气候变化的中长期规划或专题规划并提供方法论指导,围绕上述关键领域组织适应技术示范并进行风险评估与经济效益评价,项目成果还将提供发展中国家南南合作共享。

210. 怎样开展适应气候变化的南南合作?

南南合作指发展中国家之间的合作。中国是世界上最大的发展中国家,与大多数发展中国家同样处于工业化与城市化的发展阶段,国情相近,又都受到气候变化的显著影响,适应气候变化是可持续发展战略的必然选择。除与发达国家开展适应气候变化的国际合作外,开展南南合作也十分必要,可以起到相互学习和借鉴的作用,同时也有利于在国际环境外交中取得相互理解与支持。中国作为一个负责任的大国,在做出重大努力减排增汇的同时,也应该在适应领域做出自己的贡献。虽然在高新技术领域与发达国家之间存在一定差距,但中国在基础设施建设与低成本劳动密集型实用技术方面更加适合许多发展中国家的需求。习近平主席在 2015 年巴黎气候大会上宣布将设立 200 亿元的中国气候变化南南合作基金,并将于明年启动在发展中国家开展 10 个低碳示范区、100 个减缓和适应气候变化项目及培训 1000 个应对气候变化名额。

开展适应气候变化的南南合作必须遵循优势互补,合作共赢;立足当前,兼顾长远;区别对待,分类指导;政府引领,企业开发等原则。

目前世界上的发展中国家分为六大类:干旱地区受荒漠化威胁的国家、沿海低地与小岛屿国家、热带亚热带农业国、石油输出国、经济转型国家、新型工业国。前三类是受气候化不利影响最为突出的国家,也是我国对外援助的重点,后三类国家也要在平等互利的基础上相互学习和借鉴。在实施南南合作项目时,要尽可能与国际组织及发达国家集团的相关援助项目相结合,开展多种形式的双边与多边合作,以达到优势互补、形成合力、提高效率和扩大影响的目的。

开展适应气候变化的南南合作,首先要调研气候变化对发展中国家社会经济与生态环境的主要影响,以农业、基础设施建设、民生工程、灾害监测预警和应急响应、生态治理等领域为重点,抓住对该国可持续发展影响最大和我国在该领域适应气候变化取得一些成效或具有一定技术优势的领域。为此,需要对适应气候变化的南南合作进行通盘的规划,明确适应气候变化南南合作的发展战略、总体目标、工作原则、重点领域、区域布局、合作机制与实施步骤,确定重点项目和分国别的实施方案。

其次,要构建适应气候变化南南合作的保障体系,加强组织、资金、技术、人才和物资的全方位支撑。应在国家应对气候变化领导小组的框架下,由国家发改委牵头建立部际协调机制。建立包括中央与地方财政拨款、企业与社会赞助、国际组织与发达国家资助等在内的适应气候变化南南合作基金。要全面梳理国内现有的适应技术,了解国际适应技术的研发动态,筛选成效显著和适合其他发展中国家采用的适应技术,其中比较成熟的技术可在发展中国家建立示范基地逐步推广。对于受援国急需而国内目前尚无的适应技术,要组织有关科研机构尽可能与受援国合作研发。还要适应南南合作规模逐年扩大的形势,加快培养适合承担和参与适应气候变化南南合作的各类人才,健全南南合作所需物资的保障机制与储备库。

主要参考文献

IPCC.2014.第五次评估报告第二工作组报告《气候变化 2014：影响、适应和脆弱性》.

布鲁斯·麦克卡尔，马里奥·费尔南德斯，詹森·琼斯，等.2015.气候变化与粮食安全. 国外理论
　　动态,(9):124-129.

陈鸿起,汪妮.2007.基于欧式贴近度的模糊物元模型在水安全评价中的应用.西安理工大学学报,
　　1:37-42.

陈顒,史培军.2007.自然灾害. 北京:北京师范大学出版社.

丁一汇.2008.中国气候变化科学概论. 北京:气象出版社.

段居琦,徐新武,高清竹.2014. IPCC第五次评估报告关于适应气候变化与可持续发展的新认知.
　　气候变化研究进展,**10**(3):45-50.

国家发展改革委员会,等.2013.国家适应气候变化战略.

国家发展改革委员会.2014.国家应对气候变化规划(2014—2020 年).

郝璐,高景民,杨春燕. 2006.草地畜牧业雪灾灾害系统及减灾对策研究. 草业科学,**23**(6):
　　51-57.

姜彤.2013.气候变化影响评估方法应用. 北京:气象出版社.

居辉,秦晓晨,李翔翔,等. 2016.适应气候变化研究中的常见术语辨析. 气候变化研究进展,**12**
　　(1):1-5.

科技部社会发展科技司,中国 21 世纪议程管理中心.2011.适应气候变化国家战略研究. 北京:科
　　学出版社.

李季贞. 1993.未来气候变化对黑龙江省甜菜种植业的影响及对策. 中国甜菜糖业,(5):47-49.

李万元,董治宝,吕世华,等. 2012.近半个世纪中国北方沙尘暴的空间分布和时间变化规律回
　　顾. 气候变化研究快报,(1):1-12.

李湘梅,肖人彬,王慧丽,等. 2014.社会-生态系统弹性概念分析及评价综述. 生态与农村环境学
　　报,**30**(6):3-9.

联合国气候变化框架公约. 1992.

刘锐. 2014.黑龙江省黑土地退化及其防治. 黑龙江国土资源,(11):56.

龙国夏,李桂峰,程延年. 1994.气候变化对我国甘蔗生产的影响. 中国农业气象,**15**(4):23-25.

绿色和平与乐施会. 2009.气候变化与贫困—中国案例研究. 世界环境,**9**(4):52-55.

买生,汪克夷,匡海波. 2011.企业社会价值评估研究. 科研管理,**32**(6):100-107.

潘志华,郑大玮.2013.适应气候变化的内涵、机制与理论研究框架初探. 中国农业资源与区划,
　　(6):15-20.

彭斯震,何霄嘉,张九天,等.2015.中国适应气候变化政策现状、问题和建议. 中国人口·资源与环
　　境,**25**(9):3-9.

青连斌. 2006. 贫困的概念与类型. 学习时报,06-07.

曲建升,葛全胜,张雪芹. 2008. 全球变化及其相关科学概念的发展与比较. 地球科学进展,**23**(12):1277-1284.

世界银行. 2009. 气候变化适应型城市入门指南. 北京:中国金融出版社.

宋晓猛,张建云,占车生,等. 2013. 气候变化和人类活动对水文循环影响研究进展. 水利学报,**44**(7):779-790.

孙成永,康相武,马欣. 2013. 我国适应气候变化科技发展的形势与任务. 中国软科学,(10):187-190.

孙傅,何霄嘉. 2014. 国际气候变化适应政策发展动态及其对中国的启示. 中国人口、资源与环境,**24**(5):1-9.

王宝强. 2014.《欧洲城市对气候变化的适应》报告解读. 城市规划学刊,(4):72-78.

王国庆,张建云,张九天,等. 2008. 气候变化和人类活动对河川径流影响的定量分析. 中国水利,(2):79-82.

王伟光,郑国光. 2014. 气候变化绿皮书:应对气候变化报告(2014). 北京:社会科学文献出版社.

王雅琼. 2009. 宁夏北移冬小麦适应气候变化的成本效益分析. 中国农业科学院硕士论文.

吴建国. 2008. 气候变化对陆地生物多样性影响研究的若干进展. 中国工程科学,**10**(7):60-68.

许吟隆,吴绍洪,吴建国,等. 2013. 气候变化对中国生态和人体健康的影响与适应. 北京:科学出版社.

许吟隆,郑大玮,刘晓英,等. 2014. 中国农业适应气候变化关键问题研究. 北京:气象出版社.

杨晓光、陈阜. 2014. 气候变化对中国种植制度影响研究. 北京:气象出版社.

殷永元. 2002. 气候变化适应对策的评价方法和工具. 冰川冻土,**24**(4):2579-2588.

张超,彭莉莉,黄晚华,等. 2012. 1961−2010 年湖南气候变化特征及其对烟草种植的影响. 湖南农业大学学报(自然科学版),**38**(5):32-36,117.

赵俊芳,郭建平,张艳红,等. 2010. 气候变化对农业影响研究综述. 中国农业气象,**31**(2):42-47.

郑大玮,李茂松,霍治国. 2013. 农业灾害与减灾对策. 北京:中国农业大学出版社.

Smith E R,Tran L T,*et al*. 2003. Regional vulnerability assessment for the Mid-Atlantic region: evaluation of integration methods and assessments results. EPA regional vulnerability assessment program.

附录1　国家适应气候变化战略

关于印发国家适应气候变化战略的通知

发改气候〔2013〕2252 号

各省、自治区、直辖市及计划单列市、新疆生产建设兵团发展改革委,财政厅(局),住建厅(委、局),交通厅(局、委),水利(务)厅(局),农业厅(委、局),林业厅(局),气象局,海洋厅(局):

为积极应对全球气候变化,统筹开展全国适应气候变化工作,国家发展改革委、财政部、住房城乡建设部、交通运输部、水利部、农业部、林业局、气象局、海洋局联合制定了《国家适应气候变化战略》(以下简称《战略》)。现印发你们,请认真贯彻实施。

各省、自治区、直辖市及新疆生产建设兵团发展改革委要根据《战略》要求编制省级适应气候变化方案,并会同有关部门组织实施。适应试点示范工程所在的省、自治区、直辖市要先行先试,在方案中明确开展试点的相关工作安排,做好组织实施。

国家发展改革委
财　政　部
住房城乡建设部
交 通 运 输 部
水　利　部
农　业　部
林　业　局
气　象　局
海　洋　局

2013 年 11 月 18 日

前　言

全球气候变化是人类共同面临的巨大挑战。应对气候变化,不仅要减少温室气体排放,也要采取积极主动的适应行动,通过加强管理和调整人类活动,充分利用有利因素,减轻气候变化对自然生态系统和社会经济系统的不利影响。

根据最新科学研究报告,在1880年至2012年期间,全球陆地和海洋表面平均温度上升了0.85℃,气候变化导致极端天气气候事件频发,冰川和积雪融化加剧,水资源分布失衡,生态系统受到威胁。气候变化还引起海平面上升,海岸带遭受洪涝、风暴等自然灾害影响更为严重,一些海岛和沿海低洼地区甚至面临被淹没的风险。气候变化对农、林、牧、渔等经济活动和城镇运行都会产生不利影响,加剧疾病传播,威胁社会经济发展和人民群众身体健康。

根据政府间气候变化专门委员会报告,温度上升超过2.5℃时,全球所有区域都可能遭受不利影响;温度上升超过4℃时,则可能对全球生态系统带来不可逆的损害,造成全球经济重大损失,发展中国家所受损失将更为严重。

我国是发展中国家,人口众多、气候条件复杂、生态环境整体脆弱,正处于工业化、信息化、城镇化和农业现代化快速发展的历史阶段,气候变化已对粮食安全、水安全、生态安全、能源安全、城镇运行安全以及人民生命财产安全构成严重威胁,适应气候变化任务十分繁重,但全社会适应气候变化的意识和能力还普遍薄弱。

《中华人民共和国国民经济和社会发展第十二个五年规划纲要》明确提出要增强适应气候变化能力,制定国家适应气候变化战略。中国共产党第十八次全国代表大会把生态文明建设放在突出地位,对适应气候变化工作提出了新的要求。本战略在充分评估气候变化当前和未来对我国影响的基础上,明确国家适应气候变化工作的指导思想和原则,提出适应目标、重点任务、区域格局和保障措施,为统筹协调开展适应工作提供指导。本战略目标期到2020年,在具体实施中将根据形势变化和工作需要适时调整修订。

一、面临形势

（一）影响和趋势

我国气候类型复杂多样,大陆性季风气候特点显著,气候波动剧烈。与全球气候变化整体趋势相对应,我国平均气温明显上升。

近100年来,年平均气温上升幅度略高于同期全球升温平均值,近50年变暖尤其明显。降水和水资源时空分布更加不均,区域降水变化波动加大,极端天气气候事件危害加剧。20世纪90年代以来,我国平均每年因极端天气气候事件造成的直接经济损失超过2000多亿元,死亡2000多人。气候变化已经和持续影响到我国许多地区的生存环境和发展条件。区域性洪涝和干旱灾害呈增多增强趋势,北方干旱更加频繁,南方洪涝灾害、台风危害和季节性干旱更趋严重,低温冰雪和高温热浪等极端天气气候事件频繁发生。基础设施的建设和运行安全受到影响,农业生产的不稳定性和成本增加,水资源短缺日益严重,海平面不断上升,风暴潮、巨浪、海岸侵蚀、土壤盐渍化、咸潮等对海岸带和相关海域造成的损失更为明显,森林、湿地和草原等生态系统发生退化,生物多样性受到威胁,多种疾病特别是灾后传染性疾病发生和传播风险增大,对人体健康威胁加大。预计未来气温上升趋势更加明显,不利影响将进一步加剧,如不采取有效应对措施,极端天气气候事件引起的灾害损失将更为严重。

(二)工作现状

我国政府重视适应气候变化问题,结合国民经济和社会发展规划,采取了一系列政策和措施,取得了积极成效。

适应气候变化相关政策法规不断出台。1994 年颁布的《中国二十一世纪议程》首次提出适应气候变化的概念,2007 年制定实施的《中国应对气候变化国家方案》系统阐述了各项适应任务,2010 年发布的《中华人民共和国国民经济和社会发展第十二个五年规划纲要》明确要求"在生产力布局、基础设施、重大项目规划设计和建设中,充分考虑气候变化因素。提高农业、林业、水资源等重点领域和沿海、生态脆弱地区适应气候变化水平"。农业、林业、水资源、海洋、卫生、住房和城乡建设等领域也制定实施了一系列与适应气候变化相关的重大政策文件和法律法规。

基础设施建设取得进展。"十一五"期间,新增水库库容 381 亿 m³,新增供水能力 285 亿 m³,新建和加固堤防 17080 km,完成专项规划内 6240 座大中型及重点小型病险水库除险加固任务。开展农田水利基本建设与旱涝保收标准农田建设,净增农田有效灌溉面积 5000 万亩。

相关领域适应工作有所进展。推广应用农田节水技术 4 亿亩以上,"十一五"期间全国农田灌溉用水有效利用系数提高到 0.50。

推广保护性耕作技术面积 8500 万亩以上,培育并推广高产优质抗逆良种,推广农业减灾和病虫害防治技术。开展造林绿化,全国完成造林面积 2529 万 hm²,森林面积达到 1.95 亿 hm²,森林覆盖率达到 20.36%,草原综合植被盖度达到 53%,新增城市公园绿地面积 15.8 万 hm²,城市建成区绿地率达到 34.47%,城市建成区绿化覆盖率达到 38.62%。加强城乡饮用水卫生监督监测,保障居民饮用水安全。出台自然灾害卫生应急预案,基本建立了快速响应和防控框架。开展气象灾害风险区划、气候资源开发利用等系列工作,建立了较完善的人工增雨体系。开展生态移民,加强气候敏感脆弱区域的扶贫开发。

生态修复和保护力度得到加强。保护森林、草原、湿地、荒漠生态系统和生物多样性。"十一五"期间,退耕还林工程完成造林 542 万 hm²,退牧还草工程累计实施围栏建设 3240 万 hm²,草原综合植被盖度达到 53%,新增湿地保护面积 150 万 hm²,恢复各类湿地 8 万 hm²,新增水土流失治理面积 23 万 km²,治理小流域 2 万多个。建立各级各类自然保护区和野生动物疫源疫病监测站。开展红树林栽培移种、珊瑚礁保护、滨海湿地退养还滩等海洋生态恢复工作。

监测预警体系建设逐步开展。开展极端天气气候事件及其次生衍生灾害的综合观测、监测预测及预警。开展全国沿海海平面变化影响调查和海平面观测。

(三)薄弱环节

我国适应气候变化工作尽管取得了一些成绩,但基础能力仍待提高,工作中还存在许多薄弱环节。

适应工作保障体系尚未形成。适应气候变化的法律法规不够健全,各类规划制定过程中对气候变化因素的考虑普遍不足。应急管理体系亟须加强,各类灾害综合监测系统建设与适应需求之间还有较大差距,部分地区灾害监测、预报、预警能力不足。适应资金机制尚未建立,政府财政投入不足。科技支撑能力不足,国家、部门、产业和区域缺乏可操作性的适应技术清单,现有技术对于气候变化因素的针对性不强。

基础设施建设不能满足适应要求。基础设施建设、运行、调度、养护和维修的技术标准尚未充分考虑气候变化的影响,供电、供热、供水、排水、燃气、通信等城市生命线系统应对极端天气气候事件的保障能力不足。农业、林业基础设施建设滞后,部分农田水利基础设施老化失修,水利设施的建设和运行管理对气候变化的因素考虑不足,渔港建设明显滞后,难以满足渔港避风需要。

敏感脆弱领域的适应能力有待提升。农业产业化、规模化和现代化程度不够,种植制度和品种布局不尽合理,农情监测诊断能力不足,现有技术和装备防控能力不足以应对农业灾害复杂化和扩大化趋势。一些区域水资源战略配置格局尚未形成,城乡供水保障能力不高,大江大河综合防洪减灾体系尚不完善,主要易涝区排涝能力不足。森林火灾与林业有害生物监测预警系统、林火阻隔系统以及应急处置系统建设有待提升,湿地、荒漠生态系统适应气候变化能力和抗御灾害能力有待加强。采矿、建筑、交通、旅游等行业部门防范极端天气气候事件能力不足。人体健康受气候变化影响的监测、评估和预警系统尚未建立,现有传染病防控体系不能满足进一步遏制媒介传播疾病的需求。

生态系统保护措施亟待加强。土地沙化、水土流失、生物多样性减少、草原退化、湿地萎缩等趋势尚未得到根本性扭转,区域生态安全风险加大。对沿海低洼地区和海岛海礁淹没及海岸带侵蚀风险缺乏有效应对措施,滨海湿地面积减少、红树林浸淹死亡、珊瑚礁白化等生态问题未能得到有效遏制。

二、总体要求

(一)指导思想和原则

以邓小平理论、"三个代表"重要思想、科学发展观为指导,贯彻落实党的十八大精神,大力推动生态文明建设,坚持以人为本,加强科技支撑,将适应气候变化的要求纳入我国经济社会发展的全过程,统筹并强化气候敏感脆弱领域、区域和人群的适应行动,全面提高全社会适应意识,提升适应能力,有效维护公共安全、产业安全、生态安全和人民生产生活安全。

我国适应气候变化工作应坚持以下原则:

突出重点。在全面评估气候变化影响和损害的基础上,在战略规划制定和政策执行中充分考虑气候变化因素,重点针对脆弱领域、脆弱区域和脆弱人群开展适应行动。

主动适应。坚持预防为主,加强监测预警,努力减少气候变化引起的各类损失,并充分利用有利因素,科学合理地开发利用气候资源,最大限度地趋利避害。

合理适应。基于不同区域的经济社会发展状况、技术条件以及环境容量,充分考虑适应成本,采取合理的适应措施,坚持提高适应能力与经济社会发展同步,增强适应措施的针对性。

协同配合。全面统筹全局和局部、区域和局地以及远期和近期的适应工作,加强分类指导,加强部门之间、中央和地方之间的协调联动,优先采取具有减缓和适应协同效益的措施。

广泛参与。提高全民适应气候变化的意识,完善适应行动的社会参与机制。积极开展多渠道、多层次的国际合作,加强南南合作。

(二)主要目标

适应能力显著增强。主要气候敏感脆弱领域、区域和人群的脆弱性明显降低;社会公众适应气候变化的意识明显提高,适应气候变化科学知识广泛普及,适应气候变化的培训和能力建设有效开展;气候变化基础研究、观测预测和影响评估水平明显提升,极端天气气候事件的监测预警能力和防灾减灾能力得到加强。适应行动的资金得到有效保障,适应技术体系和技术标准初步建立并得到示范和推广。

重点任务全面落实。基础设施相关标准初步修订完成,应对极端天气气候事件能力显著增强。农业、林业适应气候变化相关的指标任务得到实现,产业适应气候变化能力显著提高。森林、草原、湿地等生态系统得到有效保护,荒漠化和沙化土地得到有效治理。

水资源合理配置与高效利用体系基本建成,城乡居民饮水安全得到全面保障。

海岸带和相关海域的生态得到治理和修复。适应气候变化的健康保护知识和技能基本普及。

适应区域格局基本形成。根据适应气候变化的要求,结合全国主体功能区规划,在不同地区构建科学合理的城市化格局、农业发展格局和生态安全格局,使人民生产生活安全、农产品供给安全和生态安全得到切实保障。

三、重点任务

针对各领域气候变化的影响和适应工作基础,制定实施重点适应任务,选择有条件的地区开展试点示范,探索和推广有效的经验做法,逐步引导和推动各项适应工作。

（一）基础设施

加强风险管理。建立气候变化风险评估与信息共享机制，制定灾害风险管理措施和应对方案，开展应对方案的可行性论证，提高气候变化风险管理水平。在项目申请报告或规划内的"环境和生态影响分析"等篇章中，考虑将气候变化影响和风险作为单独内容进行分析。

修订相关标准。根据气候条件的变化修订基础设施设计建设、运行调度和养护维修的技术标准。对有关重大水利工程进行必要的安全复核，考虑地温、水分和冻土变化完善铁路路基等建设标准，根据气温、风力与冰雪灾害的变化调整输电线路、设施建造标准与电杆间距，根据海平面变化情况调整相关防护设施的设计标准。完善灾害应急系统。建立和完善保障重大基础设施正常运行的灾害监测预警和应急系统。向大中型水利工程提供暴雨、旱涝、风暴潮和海浪等预警，向通信及输电系统提供高温、冰雪、山洪、滑坡、泥石流等灾害的预警，向城市生命线系统提供内涝、高温、冰冻的动态信息和温度剧变的预警，向交通运输等部门提供大风、雷电、浓雾、暴雨、洪水、冰雪、风暴潮、海浪、海冰等灾害的预警等。完善相应的灾害应急响应体系。科学规划城市生命线系统。科学规划建设城市生命线系统和运行方式，根据适应需要提高建设标准。按照城市内涝及热岛效应状况，调整完善地下管线布局、走向以及埋藏深度。根据气温变化调整城市分区供暖、供水调度方案，提高地下管线的隔热防潮标准等。

（二）农业加强监测预警和防灾减灾措施

运用现代信息技术改进农情监测网络，建立健全农业灾害预警与防治体系。构建农业防灾减灾技术体系，编制专项预案。加强气候变化诱发的动物疫病的监测、预警和防控，大力提升农作物病虫害监测预警与防控能力，加强病虫害统防统治，推广普及绿色防控与灾后补救技术，增加农业备灾物资储备。

提高种植业适应能力。继续开展农田基本建设、土壤培肥改良、病虫害防治等工作，大力推广节水灌溉、旱作农业、抗旱保墒与保护性耕作等适应技术。到 2020 年，农作物重大病虫害统防统治率达到 50% 以上，农田灌溉用水有效利用系数提高到 0.55 以上，作物水分利用效率提高到 1.1 kg/m³ 以上。利用气候变暖增加的热量资源，细化农业气候区划，适度调整种植北界、作物品种布局和种植制度。在熟制过渡地区适度提高复种指数，使用生育期更长的品种。加强农作物育种能力建设，培育高光效、耐高温和抗寒抗旱作物品种，建立抗逆品种基因库与救灾种子库。引导畜禽和水产养殖业合理发展。按照草畜平衡的原则，实行划区轮牧、季节性放牧与冬春舍饲。加大草场改良、饲草基地以及草地畜牧业等基础设施建设，鼓励农牧区合作，推行易地育肥模式。

修订畜舍与鱼池建造标准，构建主要农区畜牧养殖适应技术体系。合理调整水产养殖品种、密度、饲养周期,合理布局海洋捕捞业,加强水环境保护、鱼病防控和泛塘预警。加强渔业基础设施和装备建设。加强农业发展保障力度。促进农业适度规模经营,提高农业集约化经营水平。扩大农业灾害保险试点与险种范围,探索适合国情的农业灾害保险制度。加强农民适应技术培训,到 2020 年农村劳动力实用适应技术培训普及率达到 70%。

(三)水资源

加强水资源保护与水土流失治理。加强水功能区管理和水源地保护,合理确定主要江河、湖泊生态用水标准,保证合理的生态流量和水位。加强水环境监测与水生态保护。在全面规划的基础上,将预防、保护、监督、治理和修复相结合,因地制宜、因害设防,优化配置工程、生物和农业等措施,构建科学完善的水土流失综合防治体系。"十二五"期间,新增水土流失治理面积 2500 万 hm²。构建水资源配置格局。加大节水型社会建设力度,因地制宜修建各种蓄水、引水和提水工程,完善骨干水源工程和灌溉工程,加快南水北调东线、中线一期工程建设和西线工程前期论证。实行最严格的水资源管理制度,严格规划管理、水资源论证和取水许可制度,强化用水总量控制和定额管理。限制缺水地区城市无序扩展和高耗水产业发展。合理开发利用雨洪、海水、苦咸水、再生水和矿井水等非常规水资源。

健全防汛抗旱体系。加快江河干支流控制性枢纽建设,加强重要江河堤防建设和河道整治。调整城镇发展和产业布局,科学设置并合理运用蓄滞洪区,严禁盲目围垦、设障侵占河滩及行洪通道,加强洪水风险管理。健全各级防汛抗旱指挥系统,完善应急机制,加强灾害监测、预测、预报和预警。

(四)海岸带和相关海域合理规划涉海开发活动

建设覆盖海岸带地区及海岛的气候变化影响评估系统,开展海洋灾害风险评估与区划工作。新编或修编各类涉海规划时,充分考虑气候变化因素,引导各类沿海开发活动有序开展。

加强沿海生态修复和植被保护。选划建设海洋保护区,实施典型海岛、海岸带及近海生态系统修复工程。保护现有海岸森林,加强海岸绿化和海岛植被修复,加大沿海防护林营造力度。

加强海洋灾害监测预警。依托现有海洋环境保障项目,完善覆盖全国海岸带和相关海域的海平面变化和海洋灾害监测系统,重点加强风暴潮、海浪、海冰、赤潮、咸潮、海岸带侵蚀等海洋灾害的立体化监测和预报预警能力,强化应急响应服务能力。

(五)森林和其他生态系统

完善林业发展规划。完善覆盖全国主要生态区的林业观测站网,加强气候变化对林业影响的监测评估。完善林业建设工程规划,加强天然林保护、退耕还林以及"三北"、长江、沿海等防护林体系、京津风沙源治理等林业重点工程建设。

加强森林经营管理。根据气温、降水变化合理调整与配置造林树种和林种,优化林分结构,选择优良乡土树种,构建适应性强的人工林系统。全面开展森林抚育经营,提升森林整体质量,构建健康稳定、抗逆性强的森林生态系统。到2020年,森林覆盖率达到23%,森林蓄积量达到150亿 m³ 以上。

有效控制森林灾害。提高森林火灾防控能力,减少火灾发生次数,控制火灾影响范围,降低火灾造成的损失。加强林业有害生物监测预警工作和测报点建设,提高森林有害生物监测防控力度,防控外来有害生物入侵。到2020年,森林火灾受害率控制在1‰以下,林业有害生物成灾率控制在4‰以下。

促进草原生态良性循环。恢复和提高草原涵养水源、保持水土和防风固沙能力,提高草原火灾防控能力,加大草原虫鼠害监控和防治力度,控制天然草原的毒害草危害,有效保护草地资源。继续推进草原保护建设工程,提高草原综合植被盖度,到2020年,"三化"草原治理率达到55.6%。

加强生态保护和治理。完善自然保护区网络、基础设施和管理机构,加强野生动植物栖息地环境和生物多样性保护。大力推进生态清洁小流域建设,加强对重点生态功能区湿地、荒漠等生态系统的保护,人工促进退化生态系统的功能恢复。适时开展生态移民,减轻脆弱地区环境压力。到2020年,自然湿地有效保护率达到60%以上,沙化土地治理面积达到可治理面积的50%以上,95%以上的国家重点保护野生动物和90%以上极小野生植物种类得到有效保护,荒漠化、石漠化治理取得较大成效。

(六)人体健康

完善卫生防疫体系建设。加强疾病防控体系、健康教育体系和卫生监督执法体系建设,提高公共卫生服务能力。修订居室环境调控标准和工作环境保护标准,普及公众适应气候变化健康保护知识和极端事件应急防护技能。加强饮用水卫生监测和安全保障服务。

开展监测评估和公共信息服务。开展气候变化对敏感脆弱人群健康的影响评估,建立和完善人体健康相关的天气监测预警网络和公共信息服务系统,重点加强对极端天气敏感脆弱人群的专项信息服务。

加强应急系统建设。加强卫生应急准备,制定和完善应对高温中暑、低温雨雪冰冻、雾霾等极端天气气候事件的卫生应急预案,完善相关工作机制。

(七)旅游业和其他产业

维护产业安全。加强极端天气气候事件增多条件下的劳动保护,及时发布气象预警信息,强化旅游、采矿、建筑、交通等产业的安全事故防控,制定应急预案,建立应急救援机制,提升服务设施的抗风险能力。

合理开发和保护旅游资源。综合评估气候、水文、土地、生物等自然禀赋状况开发旅游资源,调整旅游设施建设与项目设计,利用和整合伴随气候变化而新出现的气象景观、植物景观、地貌景观等开发新的旅游资源。采取必要的保护性措施,防止水、热、雨、雪等气候条件变化造成旅游资源进一步恶化,加强对受气候变化威胁的风景名胜资源以及濒危文化和自然遗产的保护。

利用有利条件推动旅游产业发展。把握气候变化条件下新的旅游市场需求特征,加快推动特色民俗、文化表演、时尚休闲、展览展会、美食购物等受气候条件影响较小业态的创新性发展,增强冰雪旅游、滨海旅游等自然依托型业态的应对能力。利用气候变暖延长适游时间的机遇,充实旅游产品和项目,丰富旅游内容。

四、区域格局

按照全国主体功能区规划有关国土空间开发的内容,统筹考虑不同区域人民生产生活受到气候变化的不同影响,具体提出各有侧重的适应任务,将全国重点区域格局划分为城市化、农业发展和生态安全三类适应区。

(一)城市化地区

城市化地区是指人口密度较高,已形成一定规模城市群的主要人口集聚区。按照不同气候和区位条件划分为东部城市化地区、中部城市化地区和西部城市化地区。重点任务是在推进城镇化进程的同时提升城市基础设施适应能力,改善人居环境,保障人民生产生活安全。

(1)东部城市化地区

合理规划和完善城市河网水系,改善城市建筑布局,缓解城市热岛效应;改造原有排水系统,增强城市排涝能力,构建和完善城市排水防涝和集群区域防洪减灾工程布局;减少不透水地面面积,逐步扩大城市绿地和水体面积,结合城市湿地公园,充分截蓄雨洪,明确排水出路,减轻城市内涝。

加强沿海城市化地区应对海平面上升的措施,提高城市基础设施的防护标准,加高加固海堤工程;采取河流水库调节下泄水量、以淡压咸和生态保护建设等措施应对河口海水倒灌和咸潮上溯;完善海港、渔港规划布局,加强防灾型海港和渔港建设。

加强对台风、风暴潮、局地强对流等灾害性、转折性重大天气气候事件的监测预警能力,做到实时监测、准确预报、及时预警、广泛发布;重点加强对城市生命线系统、交通运输及海岸带重要设施的安全保障。

根据资源承载力和环境容量,充分考虑气候变化的影响,科学编制城市规划,疏解中心城市人口压力,使城市群与周围腹地的资源环境实现优化配置;逐步调整产业结构,发展节水型经济,建设节水型城市。

(2)中部城市化地区

要求工业生产和城市建设量水而行,建设一批防洪抗旱骨干调蓄工程,加强原有排水系统改造及排水防涝设施建设,增强城市排水防涝能力。加强应对气象灾害能力建设。

建立并完善城市健康保障体系,加强对血吸虫等媒介传播疾病的防控;加强对南水北调中线工程的水质监控;合理规划城市群建设,预留适当比例的城市绿地及水体,保护并恢复城市周边湿地;完善城市基础设施和公共服务,提高城市的人口承载能力。

(3)西部城市化地区

限制缺水城市的无序扩张和高耗水产业发展,保护并合理开发利用水资源,采用透水铺装,建设下沉式集雨绿地,补充地下水,促进节水型城市建设;合理考虑城市建设和人口布局,宜建则建、宜迁则迁;加强西北地区城市周边防风固沙生态屏障建设。建立健全西南地区城市气象、地质灾害的应急防范机制;构建综合监测网,实现部门间信息共享,建立及时高效的城市地质、气象灾害预警系统。

(二)农业发展地区

农业发展地区指人口密度相对较小、尚未形成大规模的城市群,同时具备较好农业生产条件的主要农产品主产区。按不同气候和区位条件划分为东北平原区、黄淮海平原区、长江流域区、汾渭平原区、河套地区、甘肃新疆区和华南区。重点任务是保障农产品安全供给和人民安居乐业。

(1)东北平原区

充分利用热量资源增加的有利条件,在统筹协调农业生产与湿地保护的基础上适度发展水稻种植;建设优质玉米、大豆种植带,着力提高单产;适度提早播种和改用生育期更长的品种,调整种植结构和品种布局;大力推广农田节水技术;加强林业生态建设,减少水土流失;保护土壤肥力,促进黑土地的可持续利用。加强流域水资源管理,在有条件的地区修建必要的水资源配置工程;控制在城市和水稻产区的地下水超采,推广普及节水灌溉栽培技术;加强农作物病虫草害统防统治。加大农村土地整治力度,综合考虑田、水、路、林、村优化布局;加强湿地保护,完成三江平原、东部地区土地整理等重大工程,促进农村环境改善。

(2)黄淮海平原区

加快灌区节水改造,完善田间灌排体系,因地制宜推广管灌、喷灌、滴灌等节水灌溉技术,充分利用雨洪、中水、微咸水等非传统水资源;提高农村居民生活节水意识,加大农村饮用水工程建设力度;控制地下水资源的过度开采;利用雨季回补地下水。调整种植结构,扩大耐旱节水作物品种,北部适当扩大小麦、玉米两茬复种;针对小麦冬旱和春季霜冻加剧,加强保墒防冻管理;充分利用冬春变暖,扩大节水型保护地生产。大力推进重大病虫草鼠害的统防统治;优化农区土地利用,分区整治盐渍化土地;统筹提高农地利用效率,改善农民居住条件。

(3)长江流域区

加强长江中上游水土保持与中游退田还湖力度,推进干支流骨干水库与堤防工程建设,加强蓄滞洪区的建设管理,减轻洪涝灾害损失。加强农田水利建设,因地制宜调整种植制度,提高抗御季节性干旱与冬春湿害的能力。修订养殖设施建设标准,加强防暑降温设施改造,推广健康养殖模式,强化动物疫病防控,加强水产养殖业的水环境保护。加快推进农村房屋改造和洪水灾害高风险区移民工作;加强血吸虫等疫病的防控工作。

(4)汾渭平原区

加强灌区节水设施配套建设,维修完善水利工程;统筹工业、农业和生活用水管理,推广农田节水灌溉和栽培技术,积极推进农村饮水安全项目建设。适度扩大小麦、玉米两茬平作,提高复种指数;加强病虫害综合防治;缺水地区减少小麦面积,扩大耐旱作物种植;提高农村防灾减灾能力。

(5)河套地区

完善灌区水利工程和灌溉调度;调整种植结构,压缩水稻和小麦等耗水作物,扩大耐旱节水作物种植;推广节水灌溉技术,充分利用秋季其他农区需水不多的时机,及时引水灌溉增加底墒。加强冬末气温预报,适度提早小麦播种期以避开潮塌,适当提早玉米、向日葵播种期和改用生育期更长的品种;充分利用冬季变暖的光热条件适度扩大冬春保护地生产;加强早春凌汛预警,及时破冰泄洪。

(6)甘肃新疆区

充分利用有利的光热条件,在稳定粮食生产基础上发展棉花、瓜果等特色农业;加强流域水资源综合管理,统筹协调上、中、下游用水矛盾,控制上中游的过度垦荒规模,超采地区适度关井压田,退耕还林还草;大力推广膜下滴灌、地膜覆盖、垄膜沟灌等农田节水技术;修建拦蓄工程,减轻融雪性洪水灾害,增加可利用水资源。

甘肃东部推广集雨补灌与农田节水技术,扩大种植杂交谷子、马铃薯等耐旱高产作物以及特色林果。加强农林有害生物防控;保护与恢复森林植被;采取综合措施防沙治沙,加强边境地区野生动物疫源疫病联防联控;加快"安民富民兴牧工程"建设力度,改善贫困人口生活状况。

(7)华南区

充分利用华南气候优势,在稳定粮食生产的基础上扩大热带、亚热带经济作物、果树和冬季蔬菜生产;根据冬季变暖和气候波动状况,合理确定热带、亚热带作物种植北界;加强华南中北部的作物寒害防御;开展迁飞性、流行性病虫害的监控。鼓励山区发展立体农业,农、林、牧、渔业合理梯度布局;加强沿海台风与山区暴雨山洪灾害的预警和防范。宣传普及登革热等媒介传播疾病防控知识,提高农村基层医疗机构防治能力。

(三)生态安全地区

生态安全地区是指人类活动较少,开发相对有限,但对国家或区域生态安全具有重大意义的典型生态区域。按不同气候和区位条件划分为东北森林带、北方防沙带、黄土高原－川滇生态屏障区、南方丘陵山区、青藏高原生态屏障区。重点任务是保障国家生态安全和促进人与自然和谐相处。

（1）东北森林带

加强高温、干旱、大风、雷电等林火致灾因素和寒潮低温天气的监测预警，充分利用航空航天遥感、雷电监测等高科技手段，及时提供监测预警信息，排除火灾、冻害隐患。增强森林火灾、冻害防控力度；选用耐火树种营造防火隔离带，提高森林防火道路网密度，完善森林防火设施设备。选用耐旱树种，培育人工混交林，节约生态用水量，提高造林成活率。加强森林抚育经营，调整森林结构，提高森林质量，增强森林生态系统稳定性、适应性和抗逆性。建立森林和湿地退化评估机制，严格控制商业采伐和湿地开垦。

（2）北方防沙带

控制生态脆弱地区的人口规模，制止滥开垦、滥放牧、滥樵采，对暂不具备治理条件的连片沙化土地逐步实行封禁保护；统筹流域水资源配置，保障下游生态用水。保护沙区现有植被，加快沙化土地和退耕地植被恢复，营造防沙林，综合治理退化草原，综合运用生物和工程措施治理沙化土地。

（3）黄土高原—川滇生态屏障区

加强对水土流失、植被状况、湿地面积变化、森林火灾、山地灾害的监测。加强黄土高原丘陵地区和秦巴山区水土流失治理，重点实施 25°以上陡坡退耕还林（草）和林分改造。加强黄土高原区和秦巴山区小流域综合治理，加大坡改梯和淤地坝工程建设力度，推广集雨补灌、保墒耕作等土壤增湿措施。川滇高原山地实行草原封育禁牧；若尔盖草原湿地和甘南黄河水源补给区采取严格的湿地面积管控措施，适度发展生态旅游。

（4）南方丘陵山区

加强封山育林和抚育经营。强化山区地质灾害监测预警，综合开展防治工程，加快山区避险设施建设。结合生态扶贫工程，加大崩岗、岩溶区水土流失和石漠化综合治理力度，继续实施退耕还林，对生态破坏严重、不宜居住的地区实行生态移民。加强西南地区干旱监测预警，适时采取人工增雨等手段降低森林火险，减少火灾发生隐患。利用有利地形兴建拦蓄工程，减轻汛期洪水与季节性干旱的威胁。

（5）青藏高原生态屏障区

加强高原区草原载畜能力评估，严格控制畜牧业范围和规模；阿尔金草原实施封禁管护；藏西北羌塘地区以修复草原草甸为重点，以草定畜，促进草原植被恢复。强化冰川监测，建立冰川—湿地—荒漠综合管理系统。加大高原植被、湿地和特有物种保护力度；加强天然林保护，开展退耕还林和沙化土地综合治理。充分利用气候变暖有利条件，发展高原河谷农业。

五、保障措施

本战略为适应气候变化领域各项政策及其制度安排提供指导。各有关地方和部门要根据本战略调整完善现行政策和制度安排，建立健全保障适应行动的体制机制、资金政策、技术支撑和国际合作体系。

（一）完善体制机制

1.健全适应气候变化的法律体系，加快建立相配套的法规和政策体系。研究制定适应能力评价综合指标体系，健全必要的管理体系和监督考核机制。

2.把适应气候变化的各项任务纳入国民经济与社会发展规划，作为各级政府制定中长期发展战略和规划的重要内容，并制定各级适应气候变化方案。

3.建立健全适应工作组织协调机制，统筹气候变化适应工作，鼓励相邻区域、同一流域或气候条件相近的区域建立交流协调机制，在防汛抗旱、防灾减灾、扶贫开发、科技教育、医疗卫生、森林防火、病虫害防治、重大工程建设等议事协调机构中增加适应气候变化工作内容，成立多学科、多领域的适应气候变化专家委员会。

（二）加强能力建设

1.开展重点领域气候变化风险分析，建设多灾种综合监测、预报、预警工程，健全气候观测系统和预警系统；建立极端天气气候事件预警指数与等级标准，实现各类预警信息的共享，为风险决策提供依据；重点做好大中城市、重要江河流域、重大基础设施、地质灾害易发区、海洋灾害高风险区的监测预警工作。

2.加强灾害应急处置能力建设，建立气象灾害及其次生、衍生灾害应急处置机制，加强灾害防御协作联动；制定气候敏感脆弱领域和区域适应气候变化应急方案；加强人工影响天气作业能力建设，提高对干旱、冰雹等灾害的作业水平；加强专业救援队伍和专家队伍建设，发展壮大志愿者队伍；提高全社会预防与规避极端天气气候事件及其次生衍生灾害的能力。

3.建立健全管理信息系统建设，提高适应气候变化的信息化水平，深入推广信息技术在适应重点领域中的应用，推进跨部门适应信息共享和业务协同，提升政府适应气候变化的公共服务能力和管理水平。

4.加大科普教育和公众宣传，在基础教育、高等教育和成人教育中纳入适应气候变化的内容，提升公众适应意识和能力；广泛开展适应知识的宣传普及，举办针对各级政府、行业企业、咨询机构、科研院所等的气候变化培训班和研修班，提高对适应重要性和紧迫性的认识，营造全民参与的良好环境。

（三）加大财税和金融政策支持力度

1.发挥公共财政资金的引导作用，保证国家适应行动有可靠的资金来源；加大财政在适应能力建设、重大技术创新等方面的支持力度；增加财政投入，保障重点领域和区域适应任务的完成；划分适应气候变化的事权范围，确定中央与地方的财政支出责任；通过现有政策和资金渠道，适当减轻经济落后地区在适应行动上的财政支出负担；落实并完善相关税收优惠政策，鼓励各类市场主体参与适应行动。

2.推动气候金融市场建设，鼓励开发气候相关服务产品。探索通过市场机构发行巨灾债券等创新性融资手段，完善财政金融体制改革，发挥金融市场在提供适应资金中的积极作用。建立健全风险分担机制,支持农业、林业等领域开发保险产品和开展相关保险业务,开展和促进"气象指数保险"产品的试点和推广工作。搭建国际适应资金承接平台,提高国际合作资金的使用与管理能力。

(四)强化技术支撑

1.围绕国家重大战略需求,统筹现有资源和科技布局,加强适应气候变化领域相关研究机构建设,系统开展适应气候变化科学基础研究,加强气候变化监测、预测预估、影响与风险评估以及适应技术的开发。

2.鼓励适应技术研发与推广,积极示范推广简单易行、可操作性强的高效适应技术,选择典型区域开展适应技术集成示范。

3.加强行业与区域科研能力建设,建立基础数据库,构建跨学科、跨行业、跨区域的适应技术协作网络;编制国家、行业和区域适应技术清单并定期发布,逐步构建适应技术体系,发布适应行动指南和工具手册。

(五)开展国际合作

1.加强适应气候变化国际合作,积极引导和参与全球性、区域性合作和国际规则设计,构建信息交流和国际合作平台,开展典型案例研究,与各方开展多渠道、多层次、多样化的合作。引导和支持国内外企业和民间机构间的适应合作,鼓励中方人员到国际适应气候变化相关机构中任职。

2.继续要求发达国家切实履行《联合国气候变化框架公约》下的义务,向发展中国家提供开展适应行动所需的资金、技术和能力建设;积极参与公约内外资金机制及其他国际组织的项目合作,充分利用各种国际资金开展适应行动。

3.通过国际技术开发和转让机制,推动关键适应技术的研发,在引进、消化、吸收基础上鼓励自主创新,促进我国适应技术的进步。

4.综合运用能力建设、联合研发、扶贫开发等方式,与其他发展中国家深入开展适应技术和经验交流,在农业生产、荒漠化治理、水资源综合管理、气象与海洋灾害监测预警预报、有害生物监测与防治、生物多样性保护、海岸带保护和防灾减灾等领域广泛开展"南南合作"。

(六)做好组织实施

发展改革部门牵头负责本战略实施的组织协调,与国务院有关部门协调配合,依据本战略编制部门分工方案,明确各部门的职责。国务院有关部门要依据部门分工方案落实相关工作,编制本部门、本领域的适应气候变化方案,严格贯彻执行。各省、自治区、直辖市及新疆生产建设兵团发展改革部门要根据本战略确定的原则和任务,编制省级适应气候变化方案并会同有关部门组织实施,监督检查方案的实施情况,保证方案的有效落实。

附录 2 《国家应对气候变化规划（2014—2020 年）》的适应部分

第四章 适应气候变化影响

第一节 提高城乡基础设施适应能力

城乡建设。城乡建设规划要充分考虑气候变化影响,新城选址、城区扩建、乡镇建设要进行气候变化风险评估;积极应对热岛效应和城市内涝,修订和完善城市防洪治涝标准,合理布局城市建筑、公共设施、道路、绿地、水体等功能区,禁止擅自占用城市绿化用地,保留并逐步修复城市河网水系,鼓励城市广场、停车场等公共场地建设采用渗水设计;加强雨洪资源化利用设施建设;加强供电、供热、供水、排水、燃气、通信等城市生命线系统建设,提升建造、运行和维护技术标准,保障设施在极端天气气候条件下平稳安全运行。

水利设施。优化调整大型水利设施运行方案,研究改进水利设施防洪设计建设标准。继续推进大江大河干流综合治理。加快中小河流治理和山洪地质灾害防治,提高水利设施适应气候变化的能力,保障设施安全运营。加强水文水资源监测设施建设。

交通设施。加强交通运输设施维护保养,研究改进公路、铁路、机场、港口、航道、管道、城市轨道等设计建设标准,优化线路设计和选址方案,对气候风险高的路段采用强化设计;研究运用先进工程技术措施,解决冻土等特殊地质条件下的工程建设难题,加强对高寒地区铁路和公路路基状况的监测。

能源设施。评估气候变化对能源设施影响;修订输变电设施抗风、抗压、抗冰冻标准,完善应急预案;加强对电网安全运行、采矿、海上油气生产等的气象服务;研究改进海上油气田勘探与生产平台安全运营方案和管理方式。

第二节 加强水资源管理和设施建设

加强水资源管理。实行最严格的水资源管理制度,大力推进节水型社会建设。加强水资源优化配置和统一调配管理,加强中水、海水淡化、雨洪等非传统水源的开发利用。完善跨区域作业调度运行决策机制,科学规划、统筹协调区域人工增雨(雪)作业;加强水环境保护,推进水权改革和水资源有偿使用制度,建立受益地区对水源保护地的补偿机制;严格控制华北、东北、黄淮、西北等地区地下水开发。

加快水资源利用设施建设。继续开展工程性缺水地区重点水源建设,加快农村饮水安全工程建设,推进城镇新水源、供水设施建设和管网改造,加强西北干旱区、西南喀斯特地貌地区水利设施建设。加快重点地区抗旱应急备用水源工程及配套设施建设。在西北地区建设山地拦蓄融雪性洪水控制工程,实现化害为利。

第三节 提高农业与林业适应能力

种植业。加快大型灌区节水改造,完善农田水利设施配套,大力推广节水灌溉、集雨补灌和农艺节水,积极改造坡耕地控制水土流失,推广旱作农业和保护性耕作技术,提高农业抗御自然灾害的能力;修订粮库、农业温室等设施的隔热保温和防风荷载设计标准。根据气候变化趋势调整作物品种布局和种植制度,适度提高复种指数;培育高光效、耐高温和耐旱作物品种。

林业。坚持因地制宜,宜林则林、宜灌则灌,科学规划林种布局、林分结构、造林时间和密度。对人工纯林进行改造,提高森林抚育经营技术。加强森林火灾、野生动物疫源疾病、林业有害生物防控体系建设。

畜牧业。坚持草畜平衡,探索基于草地生产力变化的定量放牧、休牧及轮牧模式。严重退化草地实行退牧还草。改良草场,建设人工草场和饲料作物生产基地,筛选具有适应性强、高产的牧草品种,优化人工草地管理。加强饲草料储备库与保温棚圈等设施建设。

第四节 提高海洋和海岸带适应能力

加强海洋灾害防护能力建设。修订和提高海洋灾害防御标准,完善海洋立体观测预报网络系统,加强对台风、风暴潮、巨浪等海洋灾害预报预警,健全应急预案和响应机制,提高防御海洋灾害的能力。

加强海岸带综合管理。提高沿海城市和重大工程设施防护标准。加强海岸带国土和海域使用综合风险评估。严禁非法采砂,加强河口综合整治和海堤、河堤建设。控制沿海地区地下水超采,防范地面沉降、咸潮入侵和海水倒灌。

加强海洋生态系统监测和修复。完善海洋生态环境监视监测系统,加强海洋生态灾害监测评估和海洋自然保护区建设,推进海洋生态系统保护和恢复,大力营造沿海防护林,开展红树林和滨海湿地生态修复。

保障海岛与海礁安全。加强海平面上升对我国海域岛、洲、礁、沙、滩影响的动态监控,提高岛、礁、滩分布集中海域特别是南海地区气候变化监测观测能力。实施海岛防风、防浪、防潮工程,提高海岛海堤、护岸等设防标准,防治海岛洪涝和地质灾害。

第五节 提高生态脆弱地区适应能力

推进农牧交错带与高寒草地生态建设和综合治理。严格控制牲畜数量,强化草畜平衡管理;加强草地防火与病虫鼠害防治;严格控制新开垦耕地,巩固退耕还林还草成果,加强防护林体系建设;推广生态畜牧业和"农繁牧育"生产方式。加强重点地区草地退化防治和高寒湿地保护与修复。

加强黄土高原和西北荒漠区综合治理。加强黄土高原水土流失治理,实施陡坡地退耕还林还草,大力加强小流域综合治理;加强西北内陆河水资源合理利用;严格禁止荒漠化地区的农业开发,实施禁牧封育;开展沙荒地和盐碱地综合治理,推广生物治理措施,探索盐碱地的资源化开发与利用。

开展石漠化地区综合治理。以林草植被恢复重建为核心,转变农业经济发展模式,发展特色立体农业,加快退耕还林还草、封山育林、人工造林步伐。坚决制止滥垦、滥伐、滥挖,推广坡改梯、坡面水系、雨水集蓄利用等工程措施和生物篱等生物措施,减轻山地灾害和水土流失。

第六节 提高人群健康领域适应能力

加强气候变化对人群健康影响评估。完善气候变化脆弱地区公共医疗卫生设施;健全气候变化相关疾病,特别是相关传染性和突发性疾病流行特点、规律及适应策略、技术研究,探索建立对气候变化敏感的疾病监测预警、应急处置和公众信息发布机制;建立极端天气气候灾难灾后心理干预机制。

制定气候变化影响人群健康应急预案。定期开展风险评估,确定季节性、区域性防治重点。加强对气候变化条件下媒介传播疾病的监测与防控。加强与气候变化相关卫生资源投入与健康教育,增强公众自我保护意识,改善人居环境,提高人群适应气候变化能力。

第七节 加强防灾减灾体系建设

加强预测预报和综合预警系统建设。加强基础信息收集,建立气候变化基础数据库,加强气候变化风险及极端气候事件预测预报。开展关键部门和领域气候变化风险分析,建立极端气候事件预警指数和等级标准,实现各类极端气候事件预测预警信息的共享共用和有效传递。建立多灾种早期预警机制,健全应急联动和社会响应体系。

健全气候变化风险管理机制。健全防灾减灾管理体系,改进应急响应机制。完善气候相关灾害风险区划和减灾预案。开发政策性与商业性气候灾害保险,建立巨灾风险转移分担机制。针对气候灾害新特征调整防灾减灾对策,科学编制极端气候事件和灾害应急处置方案。

加强气候灾害管理。科学规划、合理利用防洪工程。严禁盲目围垦、设障、侵占湖泊、河滩及行洪通道,研究探索水库汛限水位动态控制。完善地质灾害预警预报和抢险救灾指挥系统。采取导流堤、拦沙坝、防冲墙等工程治理措施,合理实施搬迁避让措施。